单片机原理与应用及 C51 程序设计
(第 4 版)

谢维成　杨加国　主　编

清華大学出版社
北　京

内 容 简 介

MCS-51 系列单片机应用广泛，是学习单片机技术较好的系统平台，同时也是单片微型计算机应用系统开发的一个重要系列。本书以实用为宗旨，用丰富的实例讲解 MCS-51 单片机原理和软硬件开发技术，并采用对比的方法，同一功能分别以单片机汇编语言程序和单片机 C 语言程序实现，并附有 Proteus 仿真，免费提供所有源代码和电路图的资源下载。

本书为《单片机原理与应用及 C51 程序设计》的第 4 版，共分为 10 章，各章内容说明如下：第 1 章介绍计算机基础知识，第 2 章介绍 MCS-51 单片机基本原理，第 3 章介绍 MCS-51 单片机汇编程序设计，第 4 章介绍单片机 C 语言程序设计，第 5 章介绍 Keil C51 集成环境的使用；第 6 章介绍 Proteus 软件的使用；第 7 章到第 9 章，用实例介绍 MCS-51 单片机内部资源及编程，51 单片机输入输出接口及编程，51 单片机与模数、数模接口及编程；第 10 章介绍单片机应用系统设计及实例。附录中分别提供了 MCS-51 系列单片机指令表和 C51 库函数表，以及单片机相关的网络资源列表。

本书适合各类大专院校及培训机构作为“单片机原理与应用”或“单片机应用系统开发”类课程的教材，特别适合打算学习单片机应用系统开发的读者使用，也可供各类电子工程、自动化技术人员和计算机爱好者参考。

图书在版编目(CIP)数据

单片机原理与应用及 C51 程序设计/谢维成，杨加国主编. —4 版. —北京：清华大学出版社，2019.9（2024.12重印）

ISBN 978-7-302-53790-8

Ⅰ. ①单… Ⅱ. ①谢… ②杨… Ⅲ. ①单片微型计算机—C 语言—程序设计 Ⅳ. ①TP368.1 ②TP312

中国版本图书馆 CIP 数据核字(2019)第 199938 号

责任编辑：梁媛媛
封面设计：李　坤
责任校对：周剑云
责任印制：丛怀宇
出版发行：清华大学出版社
网　　址：https://www.tup.com.cn，https://www.wqxuetang.com
地　　址：北京清华大学学研大厦 A 座　　邮　　编：100084
社 总 机：010-83470000　　邮　　购：010-62786544
投稿与读者服务：010-62776969, c-service@tup.tsinghua.edu.cn
质量反馈：010-62772015, zhiliang@tup.tsinghua.edu.cn
课件下载：https://www.tup.com.cn, 010-62791865
印 装 者：涿州汇美亿浓印刷有限公司
经　　销：全国新华书店
开　　本：185mm×260mm　　印　张：19.25　　字　数：465 千字
版　　次：2006 年 7 月第 1 版　2019 年 10 月第 4 版　　印　次：2024 年 12 月第 17 次印刷
定　　价：49.80 元

产品编号：081611-01

前　言

《单片机原理与应用及 C51 程序设计》一书自 2006 年出版后，以其全新的编写思路、鲜明的应用性特色，受到了广大教师及学生的欢迎，重印了 9 次，2009 年修订出版的《单片机原理与应用及 C51 程序设计(第 2 版)》，重印了 14 次，2014 年出版的《单片机原理与应用及 C51 程序设计(第 3 版)》，重印了 12 次，累计印数已达 13 万多册。为了更加适合各院校使用，编者认真听取了广大师生的意见，权衡内容与篇幅的矛盾，《单片机原理与应用及 C51 程序设计(第 4 版)》仍然保留了第 1、2、3 版的主体框架和特色，为了减小篇幅，仍然突出应用，对相应的内容做了一些修订和增减调整。

MCS-51 系列单片机应用广泛，是学习单片机技术较好的系统平台，同时也是单片微型计算机应用系统开发的一个重要系列，是嵌入式技术的入门课程。单片机实验及实践教学的目标是培养应用型人才，根据我们理论教学和实践教学的经验，发现学生要想熟练地掌握 MCS-51 单片机应用系统软件设计，就需要完全理解单片机汇编语言，这样才能更好地理解单片机的内部结构和工作原理，更容易掌握 MCS-51 程序设计。在减少学时的背景下，用汇编语言讲授单片机原理后不可能再单独开设一门“MCS-51 程序设计”课程，因此我们在课堂上讲解单片机原理的同时也会介绍单片机 C 语言程序设计，以避免直到进入实验室或开发实践阶段时才讲授单片机 C 语言程序设计以及开发环境，从而为开设综合实验和创新实践奠定一定的基础。单片机原理与应用教材汇编语言版本较多，但在应用开发中采用汇编语言的却并不多，尤其在开发比较复杂的应用系统时，为了提高开发效率和使程序便于移植，现在多用 C 语言。C 语言不仅学习方便，而且也与汇编语言一样能够对单片机资源进行访问，因而目前大多数院校在开设单片机课程时都引入了 C 语言。但引入 C 语言后在选教材时发现存在两个方面的问题：第一，单片机原理与应用(含单片机 C 语言程序设计)的教材很多，而兼顾汇编语言和 C 语言的教材不多，所以可选择的余地较小；第二，单片机 C 语言方面的教材一般面向开发，不讲原理，属于高级教程，不适合初学者。而我们需要一本在讲单片机基本原理的同时能兼顾汇编语言和 C 语言两个方面的教材，以避免学生在学习“单片机原理与应用”课程时还要另外参考一本单片机 C 语言方面的教材。

基于上面所讲的原因，我们一直按照 “同一实例，汇编语言和 C 语言对比学习”的思路教学并编写教材及改版。在本书的实例中，相同的功能用汇编语言和 C 语言分别实现，通过编程对比，使学生能够有选择地掌握一种并认识另一种。对于把“单片机原理与应用”及“MCS-51 程序设计”作为两门课程分别开设的学校，也可以使用同一本教材。同时，为了提高学生应用设计的能力，还介绍了目前单片机接口常用的接口芯片，列举了几个简单的单片机应用系统开发实例。

根据目前各高校课堂教学学时减少的现状，本版对内容作了调整，删减了课堂教学中的部分理论和应用内容，修改了相应的实例，单片机应用系统设计的实例讲解调整了写作方式，把其他接口芯片放在实例中介绍。

考虑内容连贯、流畅和选用教材的教师的反馈意见，本版教材的总体结构和风格与第

3 版基本相同。第 4 版与第 3 版对比，做了如下内容调整：

(1) 删除了原来的 1.2 节，修改成简要介绍微型计算机结构后引入单片机，增加了通用单片机和专用单片机的概念，单片机的发展、特点和应用。介绍 51 单片机和主要品种时，增加了 ATMEL 公司的 AT89C5X 和 AT89S5X，为后续章节增加的内容做铺垫，同时简介了 PIC 和 AVR 系列。

(2) 第 2 章介绍 8051 单片机，增加了 AT89S5X 的相关内容。包含 AT89S5X 单片机的双数据指针和辅助寄存器、AT89S5X 单片机的空闲和掉电方式、AT89S5X 单片机的 ISP 编程方式。

(3) 对第 3 章内容做了适当调整，考虑现在学习和单片机应用开发基本用 C51 编程，本章的指令系统简化，汇编语言程序实例减少。

(4) 第 4 章 C 程序部分增加了数组的内容。

(5) 对第 5、6 章做了部分修改，增加了常用器件列表，实例修改成 C51 程序。

(6) 第 7 章的定时/计数器部分增加了计数方式的应用和门控位测脉冲波的应用，原理部分做了对应修改。增加了 AT89S5X 单片机的看门狗 WDT 定时器；串行接口原理部分作了修改，增加了串行通信数据传送的基本过程，串口方式 0 的应用修改；中断原理作了修改，实例做了调整，增加了应用实例。

(7) 将第 8 章修改成 51 单片机输入输出接口及编程，包含输出显示设备 LED 数码管接口和 LCD 显示器接口、输入设备键盘。键盘直接采用并口线控制，删除了存储器扩展和 I/O 口扩展。

(8) 对第 9 章 D/A、A/D 接口的内容做了部分修改。

(9) 将原第 10 章和 11 章合并，介绍 51 单片机应用系统设计及实例，把原来第 10 章的芯片介绍放在实例中介绍，减少驱动程序的重复内容。这一章学生可作课程设计和毕业设计的参考内容，课堂教学可以不介绍。

本书以实用为宗旨，用众多的实例讲解 51 单片机原理和硬、软件开发技术，针对同一功能，同时提供单片机汇编源程序和单片机 C 语言源程序，并在 Keil C51 中调试成功，通过 Proteus 仿真并实现，编者提供所有源代码和电路图的资源下载，读者可从清华大学出版社官网下载。从实用的角度出发，书中配备了大量的实例，详细描述了实例的具体设计步骤，并提供单片机汇编源程序和单片机 C 语言源程序的详细代码，且完整地阐述了单片机应用系统分析和开发的全过程，读者可以此作为进入单片机应用系统开发领域的首次尝试。

本书与传统的单片机基本原理书籍相比较，更面向实际开发，与单片机 C 程序设计书籍相比，兼顾了单片机原理和汇编语言的讲解，同时提供了 Proteus 仿真，有利于初学者迅速掌握单片机技术。

本书图文并茂，实用性强，为便于读者练习和自学，各章均配有少量习题。本书可作为大专院校单片机原理与应用类课程的教材，也可作为单片机原理与应用技术培训班的教材，特别适合打算学习单片机应用系统开发技术的读者，同时可供各类电子工程、自动化技术人员和计算机爱好者参考。

对于 MCS-51 单片机的初学者来说，应该从本书的第 1 章开始进行学习，了解 MCS-51 单片机技术的基本知识和 MCS-51 单片机的使用方法，掌握 MCS-51 单片机结构和相应接口芯片的具体使用方法，以及与 MCS-51 单片机汇编语言编程和单片机 C 语言编程相关的具体技术，学完第 1～10 章，即可满足从事单片机应用系统开发的基本要求。

对于已经具有一定 MCS-51 单片机技术基础，比较了解 MCS-51 单片机的读者来说，可以直接从第 4 章开始学习，重点理解和掌握使用 MCS-51 单片机开发应用系统的相关技术，通过对比来掌握单片机汇编语言编程和单片机 C 语言编程的方法，着重掌握单片机应用系统的开发过程。

建议本书的理论课安排在 50 学时左右，实验课安排 12～16 学时，如果只学习汇编程序设计或 C 语言程序设计，理论学习课时可适当减少。课程学习后，可安排相应的课程设计，以便对学习内容进行巩固和加深理解。

另外，本书在描述中经常把 MCS-51 单片机简称为“51 单片机”，书中采用了 Keil C51 V9.00 软件界面，读者在学习过程中也可以采用 Keil C51 的最新版本，或者自行下载其对应的软件包，以供学习和使用。

根据我们的教学和开发经验，学习单片机技术，特别是学习单片机应用系统开发技术时，关键是让学习者迅速地找到适合自己的学习方法，必须在第一时间使学习者看到自己的学习成绩，排除“对硬件设计没有信心，畏惧编程”的心理因素。因此有必要走“依葫芦画瓢”的道路，在实验中模拟开发出简单的应用系统，然后逐渐地由浅入深，逐步进入单片机应用系统开发领域。

为此本书给出了大量实例，包括硬件电路设计和应用系统开发，我们希望读者通过大量的实例来加深对相关内容的认识和理解，尽快地把理论知识转换为解决实际问题的能力。另一方面，为方便读者快速阅读本书，书中各实例中的所有源代码和电路图均提供下载，读者可以根据自己的实际情况进行选择和使用，建议读者详细阅读第 5～10 章，并分析电路和程序源代码，在实验室模拟一个单片机应用系统实验项目进行开发练习，以此作为真正的单片机应用系统开发的起步。

本书由西华大学谢维成和成都大学杨加国、陈斌、苏长明共同编写，谢维成和杨加国担任主编。

本书第 1、2、9 章和附录由杨加国编写，第 3、5、6 章由苏长明编写，第 4、7 章由陈斌编写，第 8、10 章由谢维成编写，最后由谢维成和杨加国统稿完成。另外王胜、郑海春、王孝平、杨帆、陈永强、李茜、宋玉忠参与了本书部分图形的绘制及仿真调试工作，在此一并表示感谢。同时感谢参考文献的作者们，本书借鉴了他们的部分成果，他们的工作给了我们很大的帮助和启发。

尽管《单片机原理与应用及 C51 程序设计(第 4 版)》是改版，我们全体参编人员已尽心尽力，但限于自身水平，书中难免出现遗漏和错误之处，恳请广大读者不吝指正，给我们提出意见和建议。

编　者

目录

第 1 章　基 础 知 识

1.1　信息在计算机中的表示

计算机是能够对输入的信息进行加工处理、存储并能按要求输出结果的电子设备，又称为电脑或信息处理机。现在使用的计算机是按照冯·诺依曼(Von Neumann)的存储程序原理工作的，内部按二进制数进行运算，任何信息，不管是数字还是字符，在计算机中都是以二进制编码形式进行表示和处理的。在学习计算机内部信息的处理、表示之前，先介绍一下计算机中信息的表示。

1.1.1　数在计算机内的表示

计算机中的数通常有两种：无符号数和有符号数。两种数在计算机中的表示是不一样的。无符号数由于不带符号，表示时比较简单，可以直接用它对应的二进制形式表示。例如，假设机器字长为 8 位，则 123 表示成 01111011B。

有符号数带有正负号。数学上用正负号来表示数的正负。由于计算机只能识别二进制符号，不能识别正负号，因此计算机中只能将正、负号数字化，用二进制数字表示。通常，在计算机中表示有符号数时，在数的前面加一位，作为符号位。正数表示为 0，负数表示为 1，其余的位用以表示数的大小。这种连同一个符号位在一起作为一个数，称为机器数，它的数值称为机器数的真值。机器数的表示如图 1.1 所示。

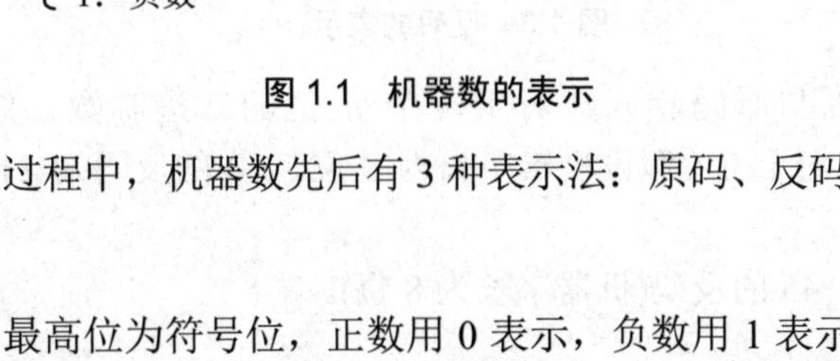

图 1.1　机器数的表示

在计算机的发展过程中，机器数先后有 3 种表示法：原码、反码和补码。

1. 原码

用原码表示时，最高位为符号位，正数用 0 表示，负数用 1 表示，其余的位用于表示数的绝对值。正数的符号位为 0，因而正数的表示与它对应的无符号数的表示相同，负数则不是。原码的表示如图 1.2 所示。

原码表示时，由于最高位用作符号位，剩下的位作为数的绝对值位。对于一个 n 位的二进制数，其原码表示范围为$-(2^{n-1}-1)$～$+(2^{n-1}-1)$。例如，如果用 8 位二进制数表示原码，则数的范围为-127～+127。

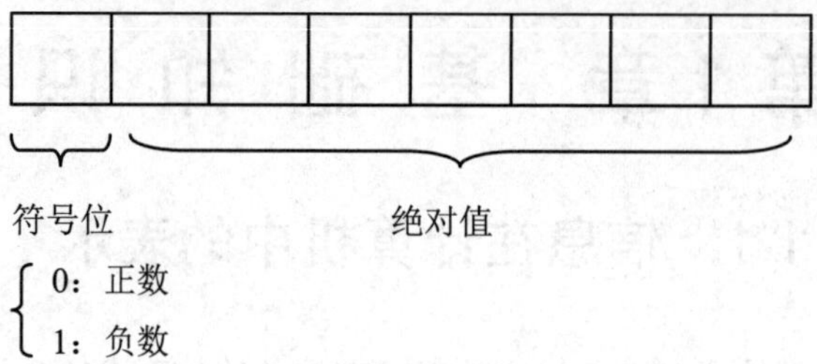

图 1.2　原码的表示

原码表示时，对于−0 和+0 的编码不一样。假设机器字长为 8 位，−0 的编码为 10000000B，+0 的编码为 00000000B(注：这里的 B 为表示二进制数的后缀，在计算机中对其不予表示)。

【例 1-1】求+76、−45 的原码(机器字长为 8 位)。

因为

$$|+76|=76=1001100\text{B}$$
$$|-45|=45=101101\text{B}$$

所以

$$[+76]_{原}=01001100\text{B}$$
$$[-45]_{原}=10101101\text{B}$$

2. 反码

用反码表示时，最高位为符号位，正数用 0 表示，负数用 1 表示。正数的反码与原码相同，而负数的反码可在原码的基础之上，符号位不变，其余位取反得到。反码的表示如图 1.3 所示。

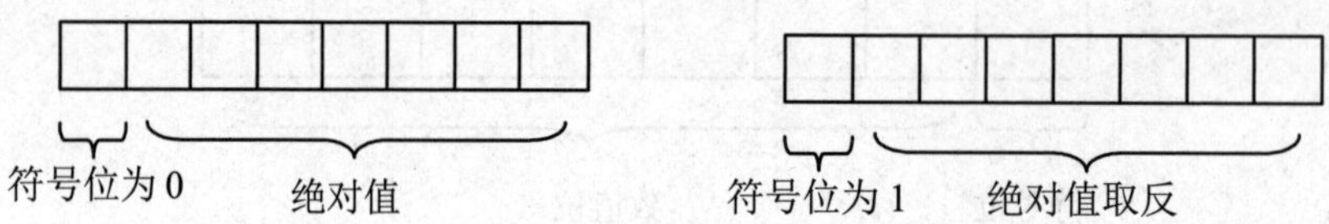

(a) 正数　　　　(b) 负数

图 1.3　反码的表示

反码数的表示范围与原码相同，对于一个 n 位的二进制数，它的反码表示范围为$-(2^{n-1}-1)\sim+(2^{n-1}-1)$，对于 0，假设机器字长为 8 位，−0 的反码为 11111111B，+0 的反码为 00000000B。

【例 1-2】求+76、−45 的反码(机器字长为 8 位)。

因为

$$[+76]_{原}=01001100\text{B}$$
$$[-45]_{原}=10101101\text{B}$$

所以

$$[+76]_{反}=01001100\text{B}$$
$$[-45]_{反}=11010010\text{B}$$

3. 补码

用补码表示时，最高位为符号位，正数用 0 表示，负数用 1 表示。正数的补码与原码相同，而负数的补码可在原码的基础之上，符号位不变，其余位取反，末位加 1 得到。对于一个负数 X，其补码也可用 $2^n-|X|$ 得到，其中 n 为计算机字长。补码的表示如图 1.4 所示。

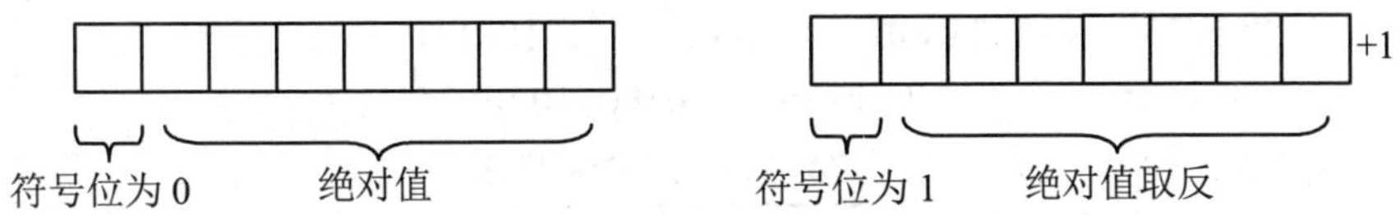

(a) 正数　　(b) 负数

图 1.4　补码的表示

【例 1-3】求+76、−45 的补码(机器字长为 8 位)。

因为

$$[+76]_{原}=01001100B$$

$$[-45]_{原}=10101101B$$

所以

$$[+76]_{补}=01001100B$$

$$[-45]_{补}=11010011B$$

另外，对于计算补码，也可用一种求补运算方法求得。

求补运算：一个二进制数，符号位和数值位一起取反，末位加 1。

求补运算具有以下特点：

对于一个数 X

$$[X]_{补} \xrightarrow{\text{求补}} [-X]_{补}$$

那么，已知正数的补码，则可通过求补运算求得对应负数的补码，已知负数的补码，相应也可通过求补运算求得对应正数的补码。也就是说，在用补码表示时，求补运算可得到数的相反数。

【例 1-4】已知+45 的补码为 00101101B，用求补运算求−45 的补码。

因为

$$[45]_{补} \xrightarrow{\text{求补}} [-45]_{补}$$

所以

$$[-45]_{补}=11010010+1=11010011B$$

对于一个 n 位的二进制数，其补码的表示范围为$-(2^{n-1})\sim+(2^{n-1}-1)$。

补码表示时，对于−0 和+0 来讲其补码是相同的，假设机器字长为 8 位，则 0 的补码为 00000000B。

4. 补码的加减运算

补码的加、减法运算规则如下：

$$[X+Y]_{补}=[X]_{补}+[Y]_{补}$$

$$[X-Y]_{补}=[X]_{补}-[Y]_{补}=[X]_{补}+[-Y]_{补}=[X]_{补}+\{[Y]_{补}\}_{求补}$$

即补码表示时，求两个数之和$[X+Y]_{补}$，直接用两个数相加($[X]_{补}+[Y]_{补}$)；求两个数之差$[X-Y]_{补}$，可以直接用两个数相减$[X]_{补}-[Y]_{补}$，也可以先对减数$[Y]_{补}$求补运算，然后再与被减数$[X]_{补}$相加。也就是说，减法运算可通过加法和求补运算来处理。

【例 1-5】假设计算机字长为 8 位，完成下列补码运算。

① (+76)+(−45)

因为 $[+76]_{补}$=01001100B　　$[-45]_{补}$=11010011B

```
                 [+76]补=  01001100B
            +    [-45]补=  11010011B
进位 1 自动丢失 ——→ 1      00011111B
```

所以 $[(+76)+(-45)]_{补}=[+76]_{补}+[-45]_{补}$=00011111B =$[+31]_{补}$

② (+76)−(+45)

因为 $[+76]_{补}$=01001100B　　$[+45]_{补}$=00101101B

$\{[+45]_{补}\}_{求补}$=11010010+1=11010011B

```
   [+76]补= 01001100B                       [+76]补=    01001100B
 - [+45]补= 00101101B          +     {[+45]补}求补=     11010011B
            00011111B   进位 1 自动丢失 ——→ 1           00011111B
```

所以 $[(+76)-(+45)]_{补}=[+76]_{补}-[+45]_{补}=[+76]_{补}+\{[+45]_{补}\}_{求补}$=00011111B=$[+31]_{补}$

从以上可以看出，通过补码进行加减运算非常方便，而且能把减法转换成加法，这样可进一步简化计算机中运算器的线路设计，所以，现在的计算机中，有符号数都用补码表示。

5. 十进制数的表示

计算机内部对信息是按二进制方式进行处理的，但人们生活中习惯使用十进制。为了处理方便，在计算机中，对于十进制数也提供了十进制编码形式。十进制编码又称为 BCD 码，分为压缩的 BCD 码和非压缩的 BCD 码。通常人们说的 BCD 码是指压缩的 BCD 码。

压缩 BCD 码又称为 8421 码，它用四位二进制编码来表示一位十进制符号。十进制数符号有 0～9 十个，编码情况如表 1.1 所示。

表 1.1 压缩 BCD 编码表

十进制符号	压缩 BCD 编码	十进制符号	压缩 BCD 编码
0	0000	5	0101
1	0001	6	0110
2	0010	7	0111
3	0011	8	1000
4	0100	9	1001

用压缩 BCD 码表示十进制数，只要把每个十进制符号用对应的四位二进制编码代替即可。例如，十进制数 24 的压缩 BCD 码为 0010 0100。

1.1.2　字符在计算机内的表示

在计算机信息处理中，除了处理数值数据外，还涉及大量的字符数据。例如，从键盘上输入的信息或打印输出的信息都是以字符方式输入/输出的，字符数据包括字母、数字、专用字符及一些控制字符等，这些字符在计算机中也是用二进制编码表示的。现在的计算机中字符数据的编码通常采用的是美国信息交换标准代码(American Standard Code for Information Interchange，ASCII)。基本 ASCII 码标准定义了 128 个字符，用七位二进制来编码，包括 26 个英文大写字母、26 个英文小写字母、10 个数字符号 0～9，还有一些专用符号(如“:”“!”“%”)及控制符号(如换行、换页、回车等)。常用字符的 ASCII 码如表 1.2 所示。

计算机中一般以字节为单位，而 8 位二进制表示一个字节，字符 ASCII 码通常放于低 7 位，高位一般补 0，在通信时，最高位常用作奇偶校验位。

表 1.2　常用字符的 ASCII 码(十六进制表示)

字符	ASCII	字符	ASCII	字符	ASCII	字符	ASCII	字符	ASCII
NUL	00	.	2F	C	43	W	57	k	6B
BEL	07	0	30	D	44	X	58	l	6C
LF	0A	1	31	E	45	Y	59	m	6D
FF	0C	2	32	F	46	Z	5A	n	6E
CR	0D	3	33	G	47	[	5B	o	6F
SP	20	4	34	H	48	\	5C	p	70
!	21	5	35	I	49	]	5D	q	71
“	22	6	36	J	4A	↑	5E	r	72
#	23	7	37	K	4B	′	5F	s	73
$	24	8	38	L	4C	←	60	t	74
%	25	9	39	M	4D	a	61	u	75
&	26	:	3A	N	4E	b	62	v	76
‘	27	;	3B	O	4F	c	63	w	77
(	28	＜	3C	P	50	d	64	x	78
)	29	＝	3D	Q	51	e	65	y	79
*	2A	＞	3E	R	52	f	66	z	7A
+	2B	?	3F	S	53	g	67	{	7B
,	2C	@	40	T	54	h	68	|	7C
-1	2D	A	41	U	55	i	69	}	7D
/	2E	B	42	V	56	j	6A	～	7E

1.2　单片机概述

单片机是微型计算机的一个重要分支，具有体积小、重量轻、抗干扰能力强、对环境要求不高、价格低廉、可靠性高、灵活性好等优点，所以被广泛应用于工业控制、智能仪器仪表、机电一体化产品、家用电器等领域。

1.2.1 单片机的概念

从 1946 年世界上诞生第一台电子计算机 ENIAC(Electronic Numerical Integrator And Calculator)后，随着电子技术和计算机技术的发展，70 多年来，计算机经历了电子管、晶体管、中小规模集成电路、大规模和超大规模集成电路等几个阶段。在发展过程中，计算机的结构经历了多次变化，性能有非常惊人的提高。但在整个发展过程中，其体系结构通常采用“冯·诺依曼结构”。

冯·诺依曼结构计算机以“存储程序，程序控制”原理为基础。按照这一思想，计算机由运算器、控制器、存储器、输入设备和输出设备五大部件组成，输入设备输入数据和程序；存储器记忆程序和数据；运算器完成数据加工处理；控制器控制程序执行；输出设备输出处理结果。

20 世纪 70 年代初，随着大规模和超大规模集成电路的出现，将计算机的运算器和控制器集成在一块半导体芯片上，人们把这块芯片称为中央处理器(Central Processing Unit，CPU)，简称微处理器(Microprocessor)。以中央处理器为核心，加上存储器、输入/输出(I/O)设备与接口，通过总线方式连接起来形成的计算机称为微型计算机，简称微机。微型计算机的出现，是计算机技术发展史上的一个里程碑，为计算机技术的发展和普及开辟了崭新的途径。

单片机是微型计算机的一个分支，是把微型计算机中的微处理器、存储器、I/O 设备与接口、定时/计数器、串行接口、中断系统等电路集成到一块集成电路芯片上形成的微型计算机。因而被称为单片微型计算机(Single Chip Microcomputer)，简称为单片机。单片机属于微型计算机的一种，工作的基本原理与微型计算机相同，但具体结构和处理方法不同。集成了通用微型计算机中的基本组成部分，通常用于测控领域，增加了具有实时测控功能的一些部件。

单片机是应测控领域的需要而诞生的，用以实现各种测试和控制。因此，国际上通常把单片机称为嵌入式控制器(Embedded Micro Controller Unit，EMCU)或微控制器(Micro Controller Unit，MCU)。而在我国，大部分工程技术人员还是习惯使用“单片机”这一名称。

单片机按照用途可分为通用型和专用型两大类。

(1) 通用型单片机的内部资源丰富，性能全面，适应能力强。用户可以根据需要设计各种不同的应用系统。

(2) 专用型单片机是针对各种特殊场合专门设计的芯片。这种单片机的针对性强，设计时根据需要来设计部件。因此，它能实现系统的最简化和资源的最优化，可靠性高、成本低，在应用中有很明显的优势。

通常一般教材介绍的是通用型单片机，专用型单片机的基本结构和工作原理都是以通用单片机为基础的。

1.2.2　单片机的发展

自 1971 年 Intel 公司制造出世界上第一块微处理器芯片 4004 不久，就出现了单片微型计算机，经过之后的二三十年，单片机得到了飞速的发展，在发展过程中，单片机先后经过了 4 位机、8 位机、16 位机、32 位机几个有代表性的发展阶段。

1. 4 位单片机

自 1975 年美国得克萨斯仪器公司首次推出 4 位单片机 TMS-1000 后，各个计算机生产公司相继推出 4 位单片机。4 位单片机的主要生产国是日本，如 Sharp 公司的 SM 系列、东芝公司的 TLCS 系列、NEC 公司的 Ucom75XX 系列等。国内已能生产 COP400 系列单片机。

4 位单片机的特点是价格便宜，主要用于控制洗衣机、微波炉等家用电器及高档电子玩具。

2. 8 位单片机

1976 年 9 月，美国 Intel 公司首先推出 MCS-48 系列 8 位单片机，使单片机的发展进入了一个新的阶段。随后各个计算机公司先后推出各自的 8 位单片机，例如，仙童公司(Fairchild)的 F8 系列，摩托罗拉(Motorola)公司的 6801 系列，Zilog 公司的 Z8 系列，NEC 公司的 uPD78XX 系列。

1978 年以前各厂家生产的 8 位单片机，由于集成度的限制，一般都没有串行接口，只提供小范围的寻址空间(小于 8KB)，性能相对较低，称为低档 8 位单片机。如 Intel 公司的 MCS-48 系列和仙童公司(Fairchild)的 F8 系列。

1978 年以后，随着集成电路制造水平不断提高，出现了一些高性能的 8 位单片机，它们的寻址能力达到了 64KB，片内集成了 4～8KB 的 ROM，片内除了带并行 I/O 接口外，还有串行 I/O 接口，甚至有些还集成 A/D 转换器。这类单片机称为高档 8 位单片机。如 Intel 公司的 MCS-51 系列，摩托罗拉(Motorola)公司的 6801 系列，Zilog 公司的 Z8 系列，NEC 公司的 uPD78XX 系列。

8 位单片机由于功能强、价格低廉、品种齐全，被广泛用于工业控制、智能接口、仪器仪表等各个领域。特别是高档 8 位单片机，现在还在广泛使用。

3. 16 位单片机

1983 年以后，集成电路的集成度可达到十几万只管/片，出现了 16 位单片机。16 位单片机把单片机性能又推向了一个新的阶段。它内部集成多个 CPU、8KB 以上的存储器、多个并行接口、多个串行接口等，有的还集成高速输入/输出接口、脉冲宽度调制输出、特殊用途的监视定时器等电路。如 Intel 公司的 MCS-96 系列，美国国家半导体公司的 HPC16040 系列和 NEC 公司的 783XX 系列。

16 位单片机往往用于高速复杂的控制系统。

4. 32 位单片机

近年来，各个计算机厂家已经推出更高性能的 32 位单片机，但在测控领域对 32 位单片机的应用很少，因而，32位单片机使用的并不多。

1.2.3 单片机的特点

单片机的基本组成和工作原理与一般的微型计算机相同，但在具体结构和处理过程上又有自己的特点，其主要特点如下。

(1) 在存储器结构上，单片机的存储器通常采用哈佛(Harvard)结构。

存储器结构一般有两种：普林斯顿(Princeton)结构和哈佛(Harvard)结构。通用微型计算机一般采用普林斯顿(Princeton)结构，将程序和数据合用一个存储器空间，在使用时才分开；单片机一般采用哈佛(Harvard)结构，将程序和数据分别用不同的存储器存放，各有自己的存储空间，分别采用不同的寻址方式。存放程序的存储器称为程序存储器，存放数据的存储器称为数据存储器。单片机系统处理的程序基本不变，所以程序存储器一般由只读存储器芯片构成，所以又可简称为 ROM。数据是随时变化的，所以数据存储器一般由随机存储器构成，所以又可简称为 RAM。考虑单片机用于控制系统的特点，程序存储器的存储空间一般比较大，数据存储器的存储空间较小。另外，程序存储器和数据存储器又有片内和片外之分，而且访问方式也不相同。所以，单片机的存储器在操作时可分为片内程序存储器、片外程序存储器、片内数据存储器和片外数据存储器。

(2) 在芯片引脚上，大部分采用分时复用技术。

单片机芯片内集成了较多的功能部件，需要的引脚信号较多。但由于工艺和应用场合的限制，芯片上引脚数目又不能太多。为解决实际的引脚数和需要的引脚数之间的矛盾，一根引脚往往设计了两个或多个功能。每条引脚在当前起什么作用，由指令和当前机器的状态来决定。

(3) 在内部资源访问上，采用特殊功能寄存器(SFR)的形式。

单片机中集成了微型计算机的微处理器、存储器、I/O 接口、定时/计数器、串行接口、中断系统等电路。用户对这些资源的访问是通过对对应的特殊功能寄存器(SFR)进行访问来实现的，访问方法与对通用微型计算机 CPU 内的寄存器的访问方法类似。

(4) 在指令系统上，采用面向控制的指令系统。

为了满足控制系统的要求，单片机有很强的逻辑控制能力。在单片机内部一般都设置有一个独立的位处理器，又称为布尔处理器，专门用于位运算。

(5) 内部一般都集成一个全双工的串行接口。

通过这个串行接口，可以很方便地和其他外设进行通信，也可以与另外的单片机或微型计算机通信，组成计算机分布式控制系统。

(6) 单片机有很强的外部扩展能力。

在内部的各功能部件不能满足应用系统要求时，单片机可以很方便地在外部扩展各种电路，它能与许多通用的微机接口芯片兼容。

1.2.4 单片机的应用

单片机由于具有体积小，功耗低，易于产品化，面向控制，抗干扰能力强，适用温度范围宽，可以方便地实现多机和分布式控制等优点，因而被广泛地应用于各种控制系统和分布式系统中。

1. 单机应用

单机应用是指在一个系统中只用到一个单片机，这是目前单片机应用最多的方式。主要在以下领域采用单机应用。

1)　工业自动化控制

在自动化技术中，单片机广泛应用在各种过程控制、数据采集系统、测控技术等方面，如数控机床、自动生产线控制、电机控制和温度控制。新一代机电一体化处处都离不开单片机。

2)　智能仪器仪表

单片机技术运用到仪器仪表中，使得原有的测量仪器向数字化、智能化、多功能化和综合化的方向发展，大大地提高了仪器仪表的精度和准确度，减小了体积，使其易于携带，并且能够集测量、处理、控制功能于一体，从而使测量技术发生了根本性的变化。

3)　计算机外部设备和智能接口

在计算机系统中，很多外部设备都用到单片机，如打印机、键盘、磁盘、绘图仪等。通过单片机来对这些外部设备进行管理，既可减小主机的负担，也可提高计算机整体的工作效率。

4)　家用电器

目前家用电器的一个重要发展趋势是不断提高其智能化程度，如电视机、录像机、电冰箱、洗衣机、电风扇和空调机等家用电器中都用到单片机或专用的单片机集成电路控制器。单片机的使用，提高了家用电器的功能，使其操作起来更加方便，故障率更低，而且成本更低廉。

2. 多机应用

多机应用是指在一个系统中用到多个单片机。它是单片机在高科技领域的主要应用，主要用于一些大型的自动化控制系统。这时整个系统分成多个子系统，每个子系统是一个单片机系统，用于完成本子系统的工作，即从上级主机接收信息后，发送信息给上级主机。上级主机则根据接收的下级子系统的信息，进行判断，产生相应的处理命令传送给下级子系统。多机应用可分为功能弥散系统、并行多机处理系统和局部网络系统。

1.3　51 单片机及主要品种

单片机自诞生以来，生产和研制的厂家在全世界已经有上百家，已发展为几百个系列的上千种型号，处理器位数从 4 位发展到 8 位、16 位、32 位，内部集成的功能部件也多种多样。用户选择的余地很大。根据使用情况看，8 位单片机仍然是控制终端的主要机型。8 位单片机主要有三大系列：51 系列、PIC 系列和 AVR 系列，其中 51 系列单片机是最经典、最具代表性、最重要的 8 位单片机，在现在的单片机教学中广泛使用。

1.3.1　51 单片机概述

51 单片机最初由 Intel 公司在 20 世纪 80 年代推出，80 年代中期由于 Intel 公司将重点放在通用微型计算机及其产品开发上，因此后来 Intel 公司将 MCS-51 内核使用权以专利互换或出让给世界许多著名 IC 制造厂商，如 Atmel、STC、SST 公司、Silicon Labs、华邦、Philips、NEC 等。在保持与 MCS-51 单片机兼容的基础上，这些公司容入自身的优势，扩展了针对满足不同测控对象要求的外围电路，如满足模拟量输入的 A/D，满足伺服驱动的 PWM，满足高速输入/输出控制的 HSI/HSO，满足串行扩展总线 I2C、保证程序可靠运行的 WDT，引入使用方便且价廉的 Flash ROM 等，开发出上百种功能各异的新品种。这些厂家生产的兼容机均采用 MCS-51 内核，指令系统相同，采用 CMOS 工艺，因此，人们习惯上把这些兼容机称为 51 系列单片机。

1.3.2 51 单片机的主要品种

51 系列单片机由很多厂家和公司生产，主要产品和系列如下。

1. MCS-51 系列单片机

MCS-51 系列单片机是美国 Intel 公司在 1980 年推出的高性能 8 位单片机，包含 51 和 52 两个子系列。

MCS-51 子系列，有 8031、8051、8751 三种机型，指令系统与芯片引脚完全兼容，内部都集成一个 8 位 CPU、128 字节的片内数据存储器、4 个 8 位的并行 I/O 接口(P0、P1、P2 和 P3)、两个 16 位定时/计数器、1 个全双工的串行 I/O 接口、两个优先级别的 5 个中断源、21 个字节的特殊功能寄存器。仅片内程序存储器有所不同，8031 芯片不带 ROM，8051 芯片带 4KB 的 ROM，8751 芯片带 4KB 的 EPROM。

MCS-52 子系列，有 8032、8052、8752 三种机型。MCS-52 子系列与 MCS-51 子系列相比大部分相同，不同之处在于：片内数据存储器增至 256B；8032 芯片不带 ROM，8052 芯片带 8KB 的 ROM，8752 芯片带 8KB 的 EPROM；有 3 个 16 位定时/计数器；6 个中断源。

MCS-51 系列单片机采用两种半导体工艺生产：HMOS 工艺和 CHMOS 工艺。HMOS 为高速度、高密度、短沟道 MOS 工艺。CHMOS 为互补金属氧化物 HMOS 工艺，是 CMOS 工艺和 HMOS 工艺的结合，除了保持 HMOS 高速度、高密度的特点外，还具有 CMOS 低功耗的特点，它所消耗的电流比 HMOS 器件少很多。CHMOS 工艺采用了两种降低功耗的方式：空闲方式和掉电方式。CHMOS 器件在掉电方式时，CPU 停止工作，片内 RAM 的数据继续保持，消耗的电流可低于 10μA。采用 CHMOS 工艺的器件在编号中用一个 C 来加以区别：如 80C31、80C51 等。

2. ATMEL 公司的 AT89 系列单片机

ATMEL 公司是美国 20 世纪 80 年代中期成立并发展起来的半导体公司，该公司的技术优势是 Flash 存储器技术。1994 年，ATMEL 公司以 EEPROM 技术与 Intel 公司的 80C51 内核技术的使用权进行交换。将自身的 Flash 存储器技术与 80C51 内核技术相结合，推出了带有 Flash 存储器的 AT89C5X、ST89S5X 系列单片机。

AT89C5X 系列单片机与 MCS-51 单片机完全兼容，代表产品为 AT89C51 和 AT89C52。除了具有 MCS-51/52 系列的特点外，AT89C51/AT89C52 片内集成 4KB/8KB Flash 闪速存储器，工作频率可达 24MHz。同时，可降至 0Hz 的静态逻辑操作。

AT89S5X 系列是在 AT89C5X 系列之后推出的新机型，代表产品为 AT89S51 和

AT89S52。在继承了 AT89C5X 系列的所有软硬件资源的前提下，作了以下方面的改进：片内集成双数据指针(DPTR)，增加看门狗定时器(WDT)、在系统编程(ISP，也称在线编程)、串行外设接口(SPI)，工作频率上限提高到 33MHz。目前，AT89S5X 系列在实际中得到了广泛应用。

ATMEL 公司的 AT89C5X/ST89S5X 系列单片机主要产品特性如表 1.3 所示。

表 1.3　ATMEL 公司 AT89C5X/ST89S5X 系列单片机主要产品

型号	片内 Flash 存储器/KB	片内数据存储器/B	工作频率/MHz	I/O 口线/位	UART/个	定时/计数器/个	中断源/个	WDT	SPI	工作电压/V	引脚数/个
AT89C1051	1	64	24	15	1	2	3	无	无	2.7~6.0	20
AT89C2051	2	128	24	15	1	2	5	无	无	2.7~6.0	20
AT89C4051	4	128	24	15	1	2	5	无	无	2.7~6.0	20
AT89C51	4	128	24	32	1	2	5	无	无	4.0~6.0	40
AT89C52	8	256	24	32	1	3	6	无	无	4.0~6.0	40
AT89C55	20	256	33	32	1	3	6	1	无	4.0~6.0	40
AT89S2051	2	128	24	15	1	2	5	无	有	2.7~6.0	20
AT89S4051	4	128	24	15	1	2	5	无	有	2.7~6.0	20
AT89S51	4	128	33	32	1	2	6	1	有	4.0~6.0	40
AT89S52	8	256	33	32	1	3	7	1	有	4.0~6.0	40
AT89S53	12	256	24	32	1	3	7	1	无	4.0~6.0	40

其中 AT89C1051、AT89C2051、AT89C4051、AT89S2051、AT89S4051 为精简机型，均为 20 引脚，内部资源少，体积小，价格低，工作电压更低。应用于那些要求不高的场合。AT89C52、AT89C55、AT89S52、AT89S53 是相应的高端机型，主要提高了片内程序存储器和片内数据存储器的容量，主要为那些需要大容量程序存储器和数据存储器的用户提供选择的方案。

3. STC 系列 51 单片机

STC 是深圳宏晶科技有限公司生产的单片机系列符号。宏晶公司是中国单片机技术的领航者，致力于高性能单片机的设计和制造。具有自主知识产权，处于国际领先地位。

宏晶科技生产的单片机以 8051 为内核，其指令代码完全兼容传统的 51 单片机。主要包含 STC10/11/12/15/89/90 等系列。内部集成多种功能部件，不同系列各不相同。这些系列的主要功能和特点如下：内部集成高精度 RC 时钟电路，可选 12 时钟/机器周期、6 时钟/机器周期或 1 时钟/机器周期，工作速度是传统 51 单片机的 8～12 倍；内部集成 MAX810 专用复位电路，复位可靠；集成 8/16/24/32/40/48/56/60/61KB 的 Flash 程序存储器，擦写次数 10 万次以上；片内集成最大 2048 字节的数据存储器；4 种模式通用 I/O 接口；最多 6 个 16 位定时器，3 个 16 位可重载定时器 T0、T1、T2，可实现时钟输出；两个完全独立的高速异步串行通信接口(UART)；多通道捕获/比较单元(CCP/PCA/PWM)输出，可用来实现多路 DAC、定时器或外部中断；高速 10 位 ADC，速度可达 30 万次/秒；内部带硬件看门狗(WDT)；集成一个 SPI 同步高速串行通信接口；内部带 ISP/IAP(在系统编程/在应用编程)，无须编程器/仿真器，可远程升级；宽工作电压，即 2.4～5.5V，宽温度范围，即-40℃～+85℃；

STC 系列单片机根据工业标准设计，具有低功耗、宽工作电压、高抗静电功能、超强抗干扰、超级加密功能和超低价格的特点，深受广大单片机应用者的喜爱，在国内有很高的市场占有率。

4. SST公司的SST89系列单片机

SST89系列单片机是美国SST公司推出的高可靠、小扇区结构的MCS-51内核单片机。所有产品均带IAP(在应用可编程)和ISP(在系统可编程)功能，不占用用户资源，通过串行接口即可在系统仿真和编程，无须专用仿真开发设备，3～5V工作电压，价格低，在市场竞争中占有较强的优势。

SST89系列的Flash存储器使用SST专有的专利技术，擦写次数可达1万次以上，程序保存时间可达100年。片内Flash存储器分为两个独立的程序存储块。主存储块大小为64KB/32KB，从存储块大小为8KB。从存储块8KB可以映射到64KB/32KB地址空间的最低位位置，也可被程序计数器隐藏，映射到数据空间，作一个独立的EEPROM数据存储器使用。

SST单片机有一个比较好的地方在于SoftICE在线仿真功能，只需占用串口即可实现实时在线仿真功能，同时还可以实现ISP在线编程功能。SST公司为部分SST89系列单片机提供了仿真监控程序，把仿真监控程序固化到单片机内部，从存储块中就可以实现仿真功能，因此我们用一颗SST89系列单片机加上串口电平转换电路就可以做成一个51单片机的仿真器。

5. Silicon Labs公司51单片机

Silicon Labs公司推出了C8051F系列单片机，基于增强的CIP-51内核，其指令集与MCS-51完全兼容，具有标准8051的组织架构，可以使用标准的803x/805x汇编器和编译器进行软件开发。CIP-51采用流水线结构，70%的指令执行时间为1或2个系统时钟周期，是标准8051指令执行速度的12倍；其峰值执行速度可达100MIPS(C8051F120等)，是目前世界上速度较快的8位单片机。

6. 华邦W77系列、W78系列单片机

华邦(Winbond)公司是一家国际上有较高声誉的半导体公司，其生产的W77系列、W78系列单片机既与51单片机兼容，又独具特色。它对51单片机的时序进行了改进，每个指令周期只需要4个时钟周期，速度提高了3倍，工作频率最高可达40MHz。

W78系列为基本型，W77系列为增强型，片内增加了看门狗(Watch Dog)、两组UART串口、两组DPTR数据指针、ISP(在线编程)、集成USB接口以及语音处理等功能。

由于各个厂家和公司的51单片机都采用Intel公司的51内核，指令系统和使用方法完全相同，因此本书后面章节还是用Intel公司的MCS-51系列介绍51单片机结构和原理，考虑到现在实际中通常使用ATMEL公司的AT89S5X系列，因此将把AT89S5X系列特有的部分进行专门介绍。

1.3.3 其他系列的8位单片机

1. PIC系列单片机

PIC系列单片机是美国Microchip公司开发的单片机，有多种机型，其8位单片机主

要有 PIC10、PIC12、PIC16、PIC18 几个系列。与 MCS-51 单片机主要在以下几个方面不一样。

(1) 总线结构：MCS-51 的总线结构是冯 • 诺依曼型，计算机在同一个存储空间取指令和数据，两者不能同时进行；而 PIC 的总线结构是哈佛结构，指令和数据空间是完全分开的，一个用于指令，一个用于数据，由于可以对程序和数据同时进行访问，因此提高了数据吞吐率。正因为在 PIC 系列单片机中采用了哈佛双总线结构，所以与常见的微控制器不同的一点是：程序和数据总线可以采用不同的宽度。数据总线都是 8 位的，但指令总线位数分别为 12、14、16 位。

(2) 流水线结构：MCS-51 的取指和执行采用单指令流水线结构，即取一条指令，执行完后再取下一条指令；而 PIC 的取指和执行采用双指令流水线结构，当一条指令被执行时，允许下一条指令同时被取出，这样就实现了单周期指令。

(3) 寄存器组：PIC 的所有寄存器，包括 I/O 口、定时器和程序计数器等都采用 RAM 结构形式，而且都只需要一个指令周期就可以完成访问和操作；而 MCS-51 需要两个或两个以上的周期才能改变寄存器的内容。

2. AVR 系列单片机

AVR 单片机是 1997 年由 ATMEL 公司研发的增强型内置 Flash 的 RISC(Reduced Instruction Set CPU)精简指令集高速 8 位单片机。指令简单，宽度固定，指令周期短，具备 1MIPS/MHz(百万条指令每秒/兆赫兹)的高速处理能力。可以广泛应用于计算机外部设备、工业实时控制、仪器仪表、通信设备、家用电器等各个领域。

早期单片机主要由于工艺及设计水平不高、功耗高和抗干扰性能差等原因，所以采取稳妥方案，即采用较高的分频系数对时钟分频，使得指令周期长，执行速度慢。以后的 CMOS 单片机虽然采用提高时钟频率和缩小分频系数等措施，但这种状态并未被彻底改观(MCS-51 以及 MCS-51 兼容)。此间虽有某些精简指令集单片机(RISC)问世，但依然沿袭对时钟分频的做法。

AVR 单片机的推出，彻底打破这种旧设计格局，废除了机器周期，抛弃复杂指令计算机(CISC)追求指令完备的做法；采用精简指令集，以字作为指令长度单位，将操作数与操作码安排在一字之中，取指周期短，又可预取指令，实现流水作业，故可高速执行指令。

AVR 单片机具有如下特点。

(1) AVR 单片机硬件结构采取 8 位机与 16 位机的折中策略，即采用局部寄存器堆(32 个寄存器文件)和单体高速输入/输出的方案(即输入捕获寄存器、输出比较匹配寄存器及相应控制逻辑)。提高了指令执行速度(1MIPS/MHz)，克服了瓶颈现象，增强了功能；同时又减少了对外设管理的开销，相对简化了硬件结构，降低了成本。故 AVR 单片机在软/硬件开销、速度、性能和成本诸多方面取得了优化平衡。

(2) AVR 单片机内嵌高质量的 Flash 程序存储器，擦写方便，支持 ISP 和 IAP，便于产品的调试、开发、生产、更新。内嵌长寿命的 EEPROM 可长期保存关键数据，避免断电丢失。片内大容量的 RAM 不仅能满足一般场合的使用，同时也可更有效地支持使用高级语言开发系统程序，并可像 MCS-51 单片机那样扩展外部 RAM。

(3) AVR 单片机的 I/O 线全部可单独设定为输入/输出，可上拉电阻输入/输出，可高阻输入，驱动能力强。功能强大，使用灵活。

(4) AVR 单片机片内具备多种独立的时钟分频器，分别供 URAT、I2C、SPI 使用。其中与 8/16 位定时器配合的具有多达 10 位的预分频器，可通过软件设定分频系数提供多种档次的定时时间。

(5) AVR 单片机包含丰富的外部设备。独特的定时/计数器，可生成占空比可变、频率可变、相位可变的 PWM 波；增强性的高速同/异步串口，具有硬件产生校验码、硬件检测和校验侦错、两级接收缓冲、波特率自动调整定位、屏蔽数据帧等功能，通信可靠，便于组成分布式网络和实现多机通信系统的复杂应用；高速硬件串行接口 TWI、SPI，TWI 与 I2C 接口兼容，具备 ACK 信号硬件发送与识别、地址识别、总线仲裁等功能，能实现主/从机全部 4 种组合的多机通信。SPI 支持主/从机等 4 种组合的多机通信；支持多个复位源(自动上下电复位、外部复位、看门狗复位、BOD 复位)，可设置的启动后延时运行程序，增强了嵌入式系统的可靠性。

(6) 低功耗。AVR 单片机一般有多种省电休眠模式，且可宽电压运行(5～2.7V)，抗干扰能力强，可降低一般 8 位机中的软件抗干扰设计工作量和硬件的使用量。

AVR 单片机系列齐全，AVR 单片机有 3 个档次，可适用于各种不同场合的要求。

低档 Tiny 系列：主要有 Tiny11/12/13/15/26/28 等。

中档 AT90S 系列：主要有 AT90S1200/2313/8515/8535 等(正在淘汰或转型到 Mega 中)。

高档 ATmega：主要有 ATmega8/16/32/64/128(存储容量为 8/16/32/64/128KB)以及 ATmega8515/8535 等。

习　题

1. 给出下列有符号数的原码、反码和补码(假设计算机字长为 8 位)。

   +53　　−88　　−7　　+104

2. 指明下列字符在计算机内部的表示形式。

   AsENdfJFmdsv120

3. 什么是单片机？
4. 与一般微型计算机相比，单片机有何特点？
5. 简述存储器的哈佛结构。
6. 简述 MCS-51 单片机有哪些系列。
7. 简述 PIC 单片机的特点。
8. 简述 AVR 单片机的特点。

第 2 章　单片机基本原理

本章将用 Intel 公司的 MCS-51 系列介绍 51 单片机结构和原理，考虑到现在实际中通常使用 ATMEL 公司的 AT89S5X 系列，因此将把 AT89S5X 系列特有的部分进行专门介绍。

2.1　51 系列单片机简介

MCS-51 系列单片机是美国 Intel 公司在 1980 年推出的高性能 8 位单片机，它包含 51 和 52 两个子系列。

对于 51 子系列，主要有 8031、8051、8751 三种机型，它们的指令系统与芯片引脚完全兼容，仅片内程序存储器有所不同，8031 芯片不带 ROM，8051 芯片带 4KB 的 ROM，8751 芯片带 4KB 的 EPROM。51 子系列单片机的主要特点如下。

- 8 位 CPU。片内带振荡器，频率范围 1.2～12MHz。
- 片内带 128B 的数据存储器。片外最多可扩展 64KB 的数据存储器。
- 片内带 4KB 的程序存储器。片外最多可扩展 64KB 的程序存储器。
- 128 个用户位寻址空间。
- 21 个字节特殊功能寄存器。
- 4 个 8 位的并行 I/O 接口：P0、P1、P2、P3。
- 两个 16 位定时/计数器。两个优先级别的 5 个中断源。
- 1 个全双工的串行 I/O 接口，可多机通信。
- 111 条指令，含乘法指令和除法指令。
- 片内采用单总线结构。
- 有较强的位处理能力。
- 采用单一+5V 电源。

对于 52 子系列，有 8032、8052、8752 三种机型。52 子系列与 51 子系列相比大部分相同，不同之处在于：片内数据存储器增至 256B；8032 芯片不带 ROM，8052 芯片带 8KB 的 ROM，8752 芯片带 8KB 的 EPROM；有 3 个 16 位定时/计数器；6 个中断源。本书以 51 子系列的 8051 为例来介绍 MCS-51 单片机的基本原理。

2.2　MCS-51 系列单片机的结构原理

2.2.1　MCS-51 系列单片机的基本组成

虽然 MCS-51 系列单片机的芯片有多种类型，但它们的基本结构相同。MCS-51 单片机的基本结构如图 2.1 所示。

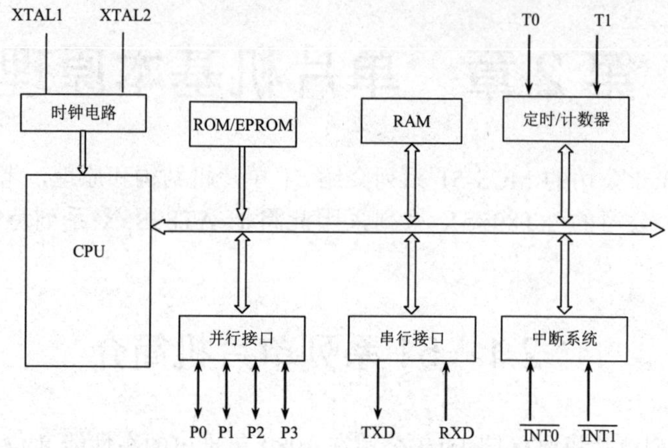

图 2.1　MCS-51 单片机的基本结构

2.2.2　MCS-51 系列单片机的内部结构

MCS-51 单片机的内部结构框图如图 2.2 所示。

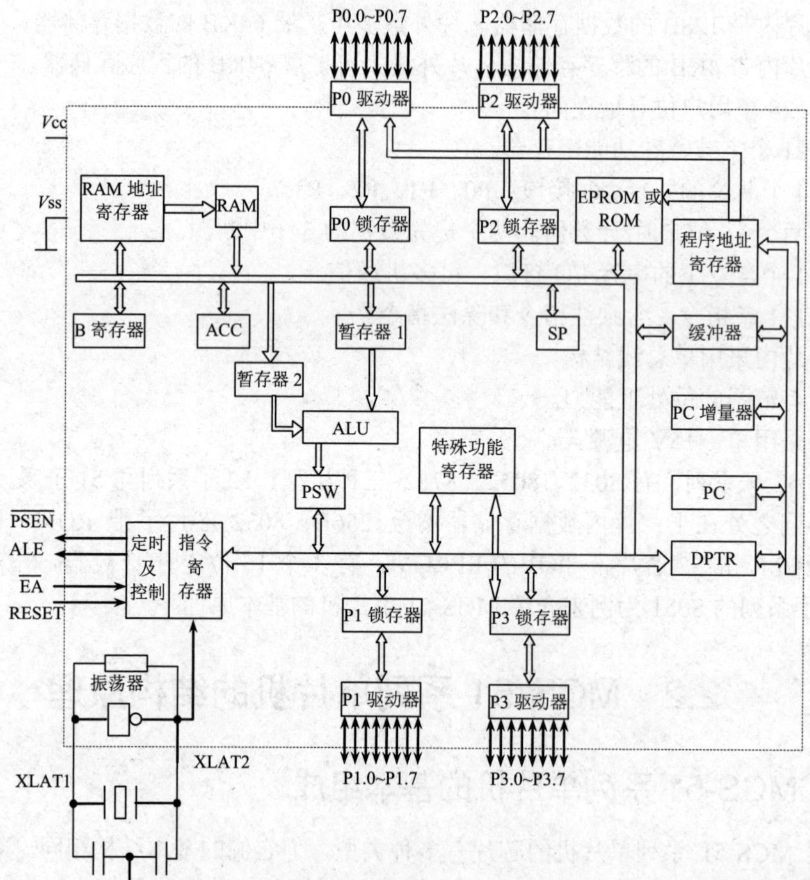

图 2.2　MCS-51 单片机的内部结构框图

由图 2.2 可以看到：它集成了中央处理器(CPU)、存储器系统(RAM 和 ROM)、定时/计数器、并行接口、串行接口、中断系统及一些特殊功能寄存器(SFR)。它们通过内部总线紧密地联系在一起。它的总体结构仍是通用 CPU 加上外围芯片的总线结构。只是在功能部件的控制上与一般微机的通用寄存器加接口寄存器控制不同，CPU 与外设的控制不再分开，采用了特殊功能寄存器集中控制，使用更方便。内部还集成了时钟电路，只需外接石英晶体就可形成时钟。另外注意，8031 和 8032 内部没有集成 ROM。

2.2.3　51 系列单片机的中央处理器

51 单片机的中央处理器(CPU)包含运算部件和控制部件。

1. 运算部件

运算部件以算术逻辑运算单元(ALU)为核心，包含累加器 ACC、B 寄存器、暂存器、标志寄存器 PSW 等许多部件，且能实现算术运算、逻辑运算、位运算、数据传输等处理。

算术逻辑运算单元 ALU 是一个 8 位的运算器，它不仅可以完成 8 位二进制数据加、减、乘、除等基本的算术运算，还可以完成 8 位二进制数据逻辑与、或、异或、循环移位、求补、清零等逻辑运算，并且具有数据传输、程序转移等功能。ALU 还有一个一般微型计算机没有的位运算器，可以对一位二进制数据进行置位、清零、求反、测试转移及位逻辑与、或等处理。这对于控制方面很有用。

累加器 ACC(简称为 A)为一个 8 位的寄存器，是 CPU 中使用最频繁的寄存器。ALU 进行运算时，数据绝大多数都来自累加器 ACC，运算结果也通常送回累加器 ACC。在 51 指令系统中，绝大多数指令中都要求累加器 ACC 参与处理，在堆栈操作指令和位指令中，累加器名需用全称 ACC，在其他指令中累加器名用 A。

寄存器 B 称为辅助寄存器，它是为乘法和除法指令而设置的。在进行乘法运算时，累加器 A 和寄存器 B 在乘法运算前存放乘数和被乘数，运算完，通过寄存器 B 和累加器 A 存放结果。在除法运算前，累加器 A 和寄存器 B 存入被除数和除数，运算完用于存放商和余数。

标志寄存器 PSW 是一个 8 位的寄存器，其中 4 位状态标志，用于保存指令执行结果的状态，以供程序查询和判别；1 位用户标志；2 位控制标志。其各位的情况如图 2.3 所示。

D7	D6	D5	D4	D3	D2	D1	D0
C	AC	F0	RS1	RS0	OV	-	P

图 2.3　标志寄存器 PSW 的格式

C(PSW.7)：进位或借位标志位。执行算术运算和逻辑运算指令时，用于记录最高位向前面的进位或借位。8 位加法运算时，若运算结果的最高位 D7 位有进位，则 C 置 1，否则 C 清 0。8 位减法运算时，若被减数比减数小，不够减，需借位，则 C 置 1，否则 C 清 0。另外，在 51 单片机中，该位也可作位运算器，完成各种位处理。

AC(PSW.6)：辅助进位或借位标志位。用于记录在进行加法和减法运算时，低 4 位向高 4 位是否有进位或借位。当有进位或借位时，AC 置 1，否则 AC 清 0。

F0(PSW.5)：用户标志位。是系统预留给用户自己定义的标志位，可以用软件使它置1或清0。在编程时，也可以通过软件测试F0以控制程序的流向。

RS1、RS0(PSW.4、PSW.3)：寄存器组选择位，用软件置1或清0。在51单片机中，为弥补CPU寄存器的不足，在片内数据存储器中用了32个字节作寄存器使用，这32个字节分成4组，每组8个，用寄存器R0～R7表示，这两位用于从4组工作寄存器中选定当前的工作寄存器组，选择情况如表2.1所示(注：数字后面有H后缀时，表示其为十六进制数)。

表2.1　RS1和RS0工作寄存器组的选择

RS1	RS0	工作寄存器组
0	0	0组(00H～07H)
0	1	1组(08H～0FH)
1	0	2组(10H～17H)
1	1	3组(18H～1FH)

OV(PSW.2)：溢出标志位。在加法或减法运算时，如运算的结果超出8位二进制数的范围，则OV置1，标志溢出，否则OV清0。

P(PSW.0)：偶标志位。用于记录指令执行后累加器A中1的个数的奇偶性。若累加器A中1的个数为奇数，则P置1；若累加器A中1的个数为偶数，则P清0。

其中PSW.1未定义，可供用户使用。

【例2-1】试分析下面指令执行后，累加器A，标志位C、AC、OV、P的值。

```
MOV A,#67H
ADD A,#58H
```

分析：第一条指令执行时把立即数67H送入累加器A，第二条指令执行时把累加器A中的立即数67H与立即数58H相加，结果回送到累加器A中。加法运算过程如下：

67H=01100111B　　58H=01011000B

```
   0110  0111B
+  0101  1000B
   ───────────
   1011  1111= 0BFH
```

则执行后累加器A中的值为0BFH，由相加过程得C=0、AC=0、OV=1、P=1。

2. 控制部件

控制部件是单片机的控制中心，它包括程序计数器PC、堆栈指针SP、数据指针DPTR、定时和控制电路、指令寄存器、指令译码器以及信息传送控制部件等。

程序计数器PC是一个16位的寄存器，它存放下一条要执行的指令的地址。在51单片机中，由程序计数器PC控制着程序的执行顺序。在程序执行时，由控制器控制从PC指向的64KB程序存储器中取出当前执行的指令送执行部件执行，在取出的同时，程序计数器PC会自动调整(加上当前指令的字节数)以指向下一条指令，以便程序能自动往后执行。当程序发生转移时，就必须把新的指令地址(目标地址)装入程序计数器PC，这通常由控制转移指令来实现。

堆栈指针 SP 用来控制堆栈段内容的入栈(输入)和出栈(输出)，在 MCS-51 单片机中，SP 指针始终指向栈底位置。

数据指针 DPTR 也是一个 16 位的寄存器，在 MCS-51 单片机中，通常用 DPTR 实现对片外数据存储器 64KB 空间的访问。要访问哪个单元，就把相应单元地址放 DPTR，然后通过 DPTR 寄存器间接寻址进行访问。

控制部件以振荡信号为基准产生 CPU 工作的时序信号，先从程序存储器 ROM 中取出指令到指令寄存器，然后在指令译码器中对指令进行译码，产生执行指令所需的各种控制信号送到单片机内部的各功能部件，指挥各功能部件产生相应的操作，完成对应的功能。具体控制过程本书不作描述。

3. AT89S5X 单片机的双数据指针和辅助寄存器

在 AT89S5X 单片机中央处理器中，数据指针寄存器实际有两个：DPTR0 和 DPTR1，另外，配合着数据指针寄存器和其他方面相关管理的还有两个辅助寄存器：AUXR 和 AUXR1。

为了方便访问数据寄存器，AT89S5X 单片机设置了双数据指针寄存器 DPTR0 和 DPTR1。其中 DPTR0 为 51 单片机原有的数据指针，DPTR1 为新增加的数据指针。它们还是通过名称 DPTR 使用，使用时通过辅助寄存器 AUXR1 的 DPS 位选择，如图 2.4 所示。

D7	D6	D5	D4	D3	D2	D1	D0	
–	–	–	–	–	–	–	DPS	A2H

图 2.4　AUXR1 的格式

其中：DPS=0，选择数据寄存器 DPTR0；DPS=1，选择数据寄存器 DPTR1；默认 DPS=0。

对于辅助寄存器 AUXR，其格式如图 2.5 所示。

D7	D6	D5	D4	D3	D2	D1	D0	
–	–	–	WDIDLE	DISRTO	–	–	DISALE	8EH

图 2.5　AUXR 的格式

其中，DISALE：ALE 的禁止/允许位。DISALE=0，ALE 信号有效，发 ALE 脉冲；DISALE=1，ALE 信号仅在 CPU 访问外部存储器时有效，不访问外部存储器时，ALE 引脚不输出信号，这样既可以减少对外部电路的干扰，又可降低功耗。

DISRTO：禁止/运行看门狗定时器 WDT 溢出时输出复位信号。DISRTO =0，WDT 溢出时，允许向 RST 引脚输出一个高电平脉冲，使单片机复位。DISRTO =1，禁止。

WDIDLE：WDT 在空闲模式下的禁止/允许位。WDIDLE=0，允许 WDT 在空闲模式下计数；WDIDLE= “1”，禁止。

复位时，AUXR 寄存器值为 0。

2.2.4　MCS-51 系列单片机的存储器结构

MCS-51 单片机的存储器结构与一般微机的存储器结构不同，采用哈佛(Harvard)结构，分程序存储器(ROM)和数据存储器(RAM)。程序存储器存放程序、固定常数和数据表格，数据存储器用作工作区及存放数据，两者完全分开。程序存储器和数据存储器有各自的寻址空间、寻址方式和控制系统。程序存储器和数据存储器从物理结构上可分为片内和片外两种。它们的寻址空间和访问方式也不相同。

1. 程序存储器

1) 程序存储器的编址与访问

程序存储器用于存放单片机工作时的程序，单片机工作时先由用户编制好程序和表格常数，存放到程序存储器中，然后在控制器的控制下，依次从程序存储器中取出指令送到CPU 中执行，实现相应的功能。为此，设有一个专用寄存器——程序计数器 PC，用于控制程序的执行。程序计数器 PC 中存放指令的地址，CPU 执行指令时，首先通过 PC 取出存放在程序存储器中当前的指令，取出指令后，程序计数器 PC 会根据取出的字节数自动加 n，指向下一条要执行的指令；其次完成指令的功能。当前指令执行完毕后，CPU 就能根据程序计数器 PC 从程序存储器(ROM)中自动地取下一条指令执行，这种过程周而复始地重复处理，从而实现程序的自动运行。51 单片机的程序计数器 PC 为 16 位，程序存储器地址空间为 64KB。

MCS-51 单片机的程序存储器(ROM)，从物理结构上有片内和片外之分，不同的芯片，片内程序存储器情况不一样。51 单片机使用时必须要用程序存储器存放执行的程序，对于内部没有程序存储器的芯片，工作时只能用只读存储器芯片扩展外部程序存储器；对于内部带有程序存储器的芯片，根据使用情况外部可以扩展，也可以不扩展，但内部和外部共用 64KB 的存储空间。MCS-51 单片机的程序存储器如图 2.6 所示。其中，8031 和 8032 内部没有程序存储器，只能外部扩展，可扩展 64KB，地址范围 0000H～0FFFFH；8051 和 8751 内部有 4KB 程序存储器，地址范围 0000H～0FFFH；8052 和 8752 内部有 8KB 程序存储器，地址范围 0000H～1FFFH，它们外部也可扩展，最多也可扩展 64KB，但扩展的外部程序存储器低端部分和片内程序存储器地址空间重叠，总空间还是 64KB。

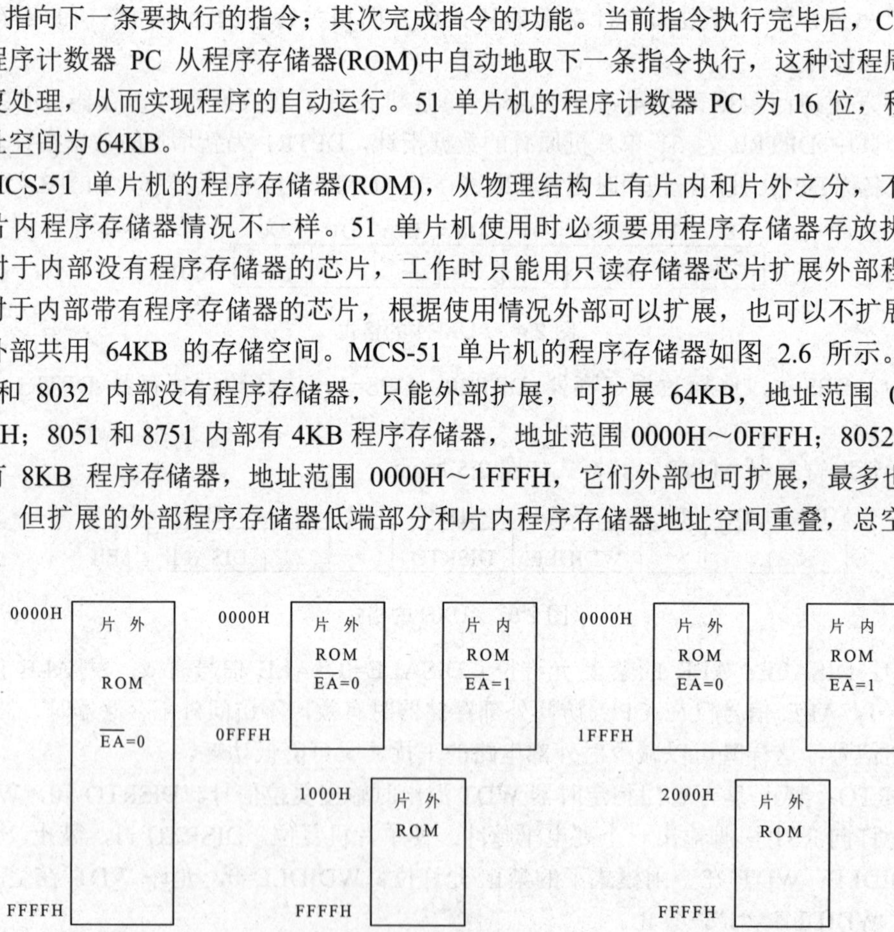

(a) 8031 和 8032　(b) 8051 和 8751　(c) 8052 和 8752

图 2.6 MCS-51 单片机的程序存储器

由于 MCS-51 单片机程序存储器的低地址空间存在片内和片外之分，执行指令时，对于低端地址，是从片内程序存储器取，还是从片外程序存储器取呢？MCS-51 单片机是通过芯片上的一个引脚$\overline{EA}$(片外程序存储器选用端)连接的高低电平来区分。$\overline{EA}$接低电平，则从片外程序存储器取指令；$\overline{EA}$接高电平，则从片内程序存储器取指令。对于 8031 和 8032 芯片，$\overline{EA}$只能保持低电平，指令只能从片外程序存储器取得。

当然，在实际使用时，工作的程序往往只能全部放在片内程序存储器或片外程序存储器(不能一部分放片内，一部分放片外)。因此，当我们选用片内程序存储器的 51 单片机芯片时，一般把所有程序放在片内程序存储器中，如果程序较大，集成 4KB 的 8051 不够用，可以选择集成 8KB 的 8052，如果 8KB 也不够呢？51 单片机厂家已经给大家考虑到这个情况，现在，很多 51 单片机厂家已经生产了内部集成 16KB、24KB、32KB 等更大容量的片内程序存储器芯片供大家选择。

程序存储器主要用于存放单片机工作时执行的程序，在单片机工作时使用。另外，程序存储器可存放表格数据，在使用时可通过专门的查表指令 MOVC A, @A+DPTR 或 MOVC A, @A+PC 取出。

2)　程序存储器的 7 个特殊地址

对于 51 单片机程序存储器的 64KB 存储空间，使用时有 7 个特殊的地址，具体情况如表 2.2 所示。第一个是 0000H，它是系统的复位地址，MCS-51 单片机复位后 PC 的值为 0000H，复位后从 0000H 单元开始执行程序，由于后面几个地址的原因，用户程序一般不直接从 0000H 单元开始存放，而是放于后面，通过在 0000H 单元放一条绝对转移指令转到后面的用户程序。后面 6 个为 6 个中断源的入口地址，MCS-51 单片机中断响应后，系统会自动地转移到相应中断入口地址去执行程序。表 2.2 中，6 个中断的入口地址之间仅隔 8 个单元，用于存放中断服务程序往往不够用，这里通常放一条绝对转移指令，转到真正的中断服务程序，真正的中断服务程序放到后面。

表 2.2　程序存储器的 7 个特殊地址

地　址	特　点
0000H	复位地址
0003H	外部中断 0 中断入口地址
000BH	定时/计数器 0 中断入口地址
0013H	外部中断 1 中断入口地址
001BH	定时/计数器 1 中断入口地址
0023H	串行口中断入口地址
002BH	定时/计数器 2 中断入口地址(仅 52 子系列有)

6 个中断入口地址之后是用户程序区，用户可以把用户程序放在用户程序区的任一位置，一般我们把用户程序放在从 0100H 开始的区域。

2. 数据存储器

数据存储器在单片机中用于存取程序执行时所需的数据，它从物理结构上分为片内数据存储器和片外数据存储器。这两个部分在编址和访问方式上各不相同，其中片内数据存储器又可分成多个部分，采用多种方式访问。

1) 片内数据存储器

MCS-51 系列单片机的片内数据存储器可分为片内随机存储块和特殊功能寄存器(SFR)块。对于 MCS-51 子系列，前者有 128 字节，编址为 00H～7FH；后者也占 128 字节，编址为 80H～0FFH；二者连续不重叠。对于 52 子系列，前者有 256 字节，编址为 00H～0FFH；后者也有 128 字节，编址为 80H～0FFH；后者与前者的后 128 字节编址重叠访问时通过不同的指令相区分。片内随机存储块按功能又可以分成以下几个部分：工作寄存器组区、位寻址区、一般 RAM 区和堆栈区。具体分配情况如图 2.7 所示。

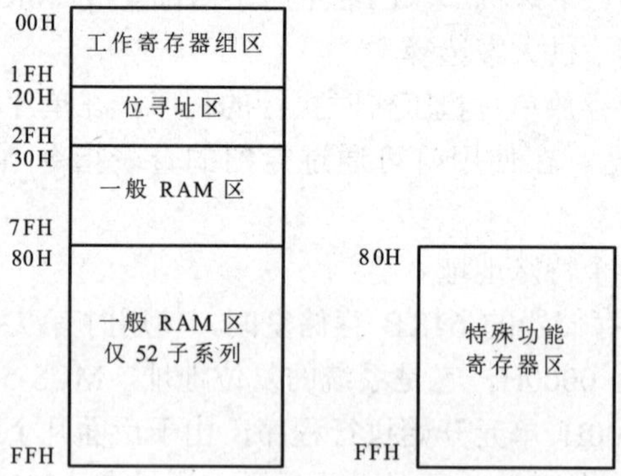

图 2.7 片内数据存储器的分配情况

(1) 工作寄存器组区。

00H～1FH 单元为工作寄存器组区，共 32 个字节。工作寄存器也称为通用寄存器，用于临时寄存 8 位信息。工作寄存器共有 4 组，称为 0 组、1 组、2 组和 3 组。每组 8 个寄存器，依次用 R0～R7 表示和使用。也就是说，R0 可能表示 0 组的第一个寄存器(地址为 00H)，也可能表示 1 组的第一个寄存器(地址为 08H)，还可能表示 2 组、3 组的第一个寄存器(地址分别为 10H 和 18H)。使用哪一组当中的寄存器由程序状态寄存器 PSW 中的 RS0 和 RS1 两位来选择。对应关系如前面的表 2.1 所示。

(2) 位寻址区。

20H～2FH 为位寻址区，共 16 字节，128 位。这 128 位每位都可以按位方式使用，每一位都有一个直接位地址，位地址范围为 00H～7FH，它的具体情况如表 2.3 所示。

表 2.3 位寻址区地址表(地址用十六进制数表示)

字节单元地址	D7	D6	D5	D4	D3	D2	D1	D0
20H	07	06	05	04	03	02	01	00
21H	0F	0E	0D	0C	0B	0A	09	08
22H	17	16	15	14	13	12	11	10
23H	1F	1E	1D	1C	1B	1A	19	18
24H	27	26	25	24	23	22	21	20
25H	2F	2E	2D	2C	2B	2A	29	28
26H	37	36	35	34	33	32	31	30

续表

字节单元地址	D7	D6	D5	D4	D3	D2	D1	D0
27H	3F	3E	3D	3C	3B	3A	39	38
28H	47	46	45	44	43	42	41	40
29H	4F	4E	4D	4C	4B	4A	49	48
2AH	57	56	55	54	53	52	51	50
2BH	5F	5E	5D	5C	5B	5A	59	58
2CH	67	66	65	64	63	62	61	60
2DH	6F	6E	6D	6C	6B	6A	69	68
2EH	77	76	75	74	73	72	71	70
2FH	7F	7E	7D	7C	7B	7A	79	78

(3) 一般 RAM 区。

30H～7FH 是一般 RAM 区，也称为用户 RAM 区，共 80 字节，对于 52 子系列，一般 RAM 区从 30H～0FFH 单元，用户一般通过指明字节地址来使用。另外，对于前两区中未用的单元也可作为用户 RAM 单元使用。

(4) 堆栈区与堆栈指针。

堆栈是在存储器中按“先入后出、后入先出”的原则进行管理的一段存储区域，通过堆栈指针 SP 管理。堆栈主要是为子程序调用和中断调用而设立的，用于保护断点地址和保护现场状态。无论是子程序调用还是中断调用，调用完后都要返回调用位置，因此调用时，应先把当前的断点地址送入堆栈保存，以便以后返回时使用。对于嵌套调用，先调用的后返回，后调用的先返回，刚好用堆栈就可实现。

堆栈有入栈和出栈两种操作，入栈时先改变堆栈指针 SP，再送入数据，出栈时先送出数据，再改变堆栈指针 SP。根据入栈方向堆栈一般分两种：向上生长型和向下生长型。向上生长型堆栈入栈时 SP 指针先加 1，指向下一个高地址单元，再把数据送入当前 SP 指针指向的单元，出栈时先把 SP 指针指向单元的数据送出，再把 SP 指针减 1，数据是向高地址单元存储的，如图 2.8 所示。

向下生长型堆栈入栈时 SP 指针先减 1，指向下一个低地址单元，再把数据送入当前 SP 指针指向的单元，出栈时先把 SP 指针指向单元的数据送出，再把 SP 指针加 1，数据是向低地址单元存储的，如图 2.9 所示。

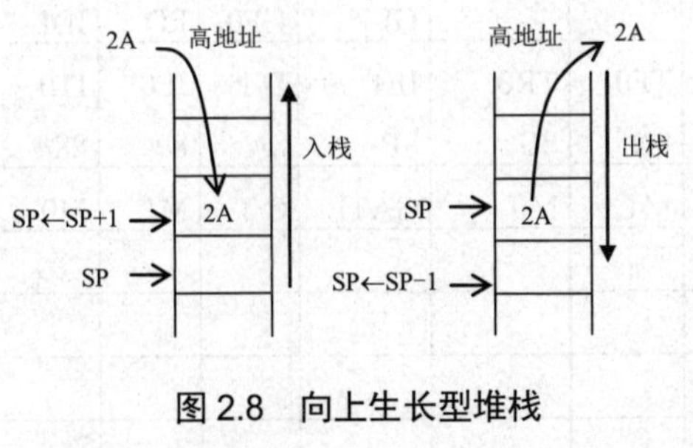

图 2.8 向上生长型堆栈

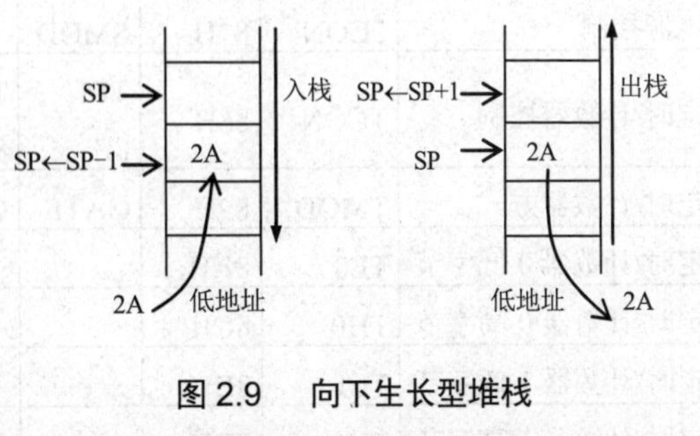

图 2.9 向下生长型堆栈

MCS-51 单片机堆栈是向上生长型，位于片内随机存储块中，堆栈指针 SP 为 8 位，入栈和出栈数据是以字节为单位的。复位时，SP 的初值为 07H，因此复位时堆栈实际上是从 08H 开始。当然在实际使用时，堆栈最好避开使用的工作寄存器、位寻址区等，在 MCS-51 单片机中可以通过给堆栈指针 SP 赋值的方式来改变堆栈的初始位置。

(5) 特殊功能寄存器。

特殊功能寄存器(SFR)也称为专用寄存器，专门用于控制、管理片内算术逻辑部件、并行 I/O 接口、串行口、定时/计数器、中断系统等功能模块的工作。用户在编程时可以给其设定值，但不能移作他用。SFR 分布在 80H～0FFH 的地址空间，与片内随机存储块统一编址。除 PC 外，MCS-51 子系列有 18 个特殊功能寄存器，其中 3 个为双字节，共占用 21 个字节；52 子系列有 21 个特殊寄存器，其中 5 个为双字节，共占用 26 个字节。它们的分配情况如下。

CPU 专用寄存器：累加器 A(E0H)，寄存器 B(F0H)，程序状态寄存器 PSW(D0H)，堆栈指针 SP(81H)，数据指针 DPTR(82H、83H)。

并行接口：P0～P3(80H、90H、A0H、B0H)。

串行接口：串口控制寄存器 SCON(98H)，串口数据缓冲器 SBUF(99H)，电源控制寄存器 PCON(87H)。

定时/计数器：方式寄存器 TMOD(89H)，控制寄存器 TCON(88H)，初值寄存器 TH0、TL0(8CH、8AH)/TH1、TL1(8DH、8BH)。

中断系统：中断允许寄存器 IE(A8H)，中断优先级寄存器 IP(B8H)。

定时/计数器 2 相关寄存器：定时/计数器 2 控制寄存器 T2CON(C8H)，定时/计数器 2 自动重装寄存器 RLDL、RLDH(CAH、CBH)，定时/计数器 2 初值寄存器 TH2、TL2 (CDH、CCH)(仅 52 子系列有)。

特殊功能寄存器的名称、表示符及地址如表 2.4 所示。

表 2.4 特殊功能寄存器表

特殊功能寄存器名称	符号	地址	位地址与位名称							
			D7	D6	D5	D4	D3	D2	D1	D0
P0 口	P0	80H	87	86	85	84	83	82	81	80
堆栈指针	SP	81H								
数据指针低字节	DPL	82H								
数据指针高字节	DPH	83H								
电源控制	PCON	87H	SMOD				GF1	GF0	PD	IDL
定时/计数器控制	TCON	88H	TF1 8F	TR1 8E	TF0 8D	TR0 8C	IE1 8B	IT1 8A	IE0 89	IT0 88
定时/计数器方式	TMOD	89H	GATE	C/T	M1	M0	GATE	C/T	M1	M0
定时/计数器 0 低字节	TL0	8AH								
定时/计数器 0 高字节	TH0	8CH								
定时/计数器 1 低字节	TL1	8BH								
定时/计数器 1 高字节	TH1	8DH								
P1 口	P1	90H	97	96	95	94	93	92	91	90

续表

特殊功能寄存器名称	符号	地址	位地址与位名称							
			D7	D6	D5	D4	D3	D2	D1	D0
串行口控制	SCON	98H	SM0 9F	SM1 9E	SM0 9D	REN 9C	TB8 9B	RB8 9A	TI 99	RI 98
串行口数据	SBUF	99H								
P2 口	P2	A0H	A7	A6	A5	A4	A3	A2	A1	A0
中断允许控制	IE	A8H	EA AF		ET2 AD	ES AC	ET1 AB	EX1 AA	ET0 A9	EX0 A9
P3 口	P3	B0H	B7	B6	B5	B4	B3	B2	B1	B0
中断优先级控制	IP	B8H			PT2 BD	PS BC	PT1 BB	PX1 BA	PT0 B9	PX0 B8
定时/计数器 2 控制	T2CON	C8H	TF2 CF	EXF2 CE	RCLK CD	TCLK CC	EXEN2 CB	TR2 CA	C/T2 C9	CP/RL2 C8
定时/计数器 2 重装低字节	RLDL	CAH								
定时/计数器 2 重装高字节	RLDH	CBH								
定时/计数器 2 低字节	TL2	CCH								
定时/计数器 2 高字节	TH2	CDH								
程序状态寄存器	PSW	D0H	C D7	AC D6	F0 D5	RS1 D4	RS0 D3	OV D2	D1	P D0
累加器	A	E0H	E7	E6	E5	E4	E3	E2	E1	E0
寄存器 B	B	F0H	F7	F6	F5	F4	F3	F2	F1	F0

在表 2.4 中，带有位名称或位地址的特殊功能寄存器，既能按字节方式处理，也能按位方式处理。

注意： 在 80H～FFH 的地址范围，仅有 21 个(MCS-51 子系列)或 26 个(MCS-52 子系列)字节作为特殊功能寄存器，即是有定义的。其余字节无定义，用户不能访问这些字节，如访问这些字节，将得到一个不确定的值。

对于片内数据存储器的各个部分，它们在编址时是统一编址的。因此在访问它们时，可按它们各自特有的方法访问，也可按统一的方法访问。

2)　片外数据存储器

MCS-51 单片机片内有 128 字节或 256 字节的数据存储器。当数据存储器不够时，可扩展外部数据存储器，扩展的外部数据存储器最多为 64KB，地址范围为 0000H～0FFFFH。通过 DPTR 作指针间接方式访问，对于低端的 256 字节，可用两位十六进制地址编址，地址范围为 00H～0FFH，可通过 R0 和 R1 间接方式访问。另外，扩展的外部设备占用片外数据存储器的空间，通过用访问片外数据存储器的方法访问。

必须说明，第一，64KB 的程序存储器和 64KB 的片外数据存储器地址空间都为

0000H～0FFFFH，地址空间是重叠的，它们如何区分呢？MCS-51 单片机是通过不同的信号来对片外数据存储器和程序存储器进行读写的，片外数据存储器的读、写通过 $\overline{RD}$ 和 $\overline{WR}$ 信号来控制。而程序存储器的读通过 PSEN 信号控制，同时两者通过用不同的指令来实现访问，片外数据存储器用 MOVX 指令访问，程序存储器用 MOVC 指令访问。第二，片内数据存储器和片外数据存储器的低 256 字节的地址空间是重叠的，它们如何区分呢？片内数据存储器和片外数据存储器的低 256 字节通过不同的指令访问，片内数据存储器用 MOV 指令访问，片外数据存储器用 MOVX 指令访问。因此在访问时不会产生混乱。

2.2.5 MCS-51 系列单片机的输入/输出接口

MCS-51 单片机的片内集成了并行 I/O 接口、定时/计数器接口、串行接口以及中断系统，由于定时/计数器、串行接口以及中断系统比较复杂，因此本书把它们放于后面专门介绍，这里只介绍并行 I/O 接口的情况。

MCS-51 系列单片机有 4 个 8 位的并行 I/O 接口：P0、P1、P2 和 P3。它们是特殊功能寄存器中的 4 个。这 4 个接口，既可以作输入，也可以作输出，既可按 8 位处理，也可按位方式使用。输出时具有锁存能力，输入时具有缓冲功能。每个接口的具体功能有所不同。下面分别介绍。

1. P0 口

P0 口是一个三态双向口，可作为地址/数据分时复用接口，也可作为通用的 I/O 接口。P0 由一个输出锁存器、两个三态缓冲器、输出驱动电路和输出控制电路组成，它的一位结构如图 2.10 所示。

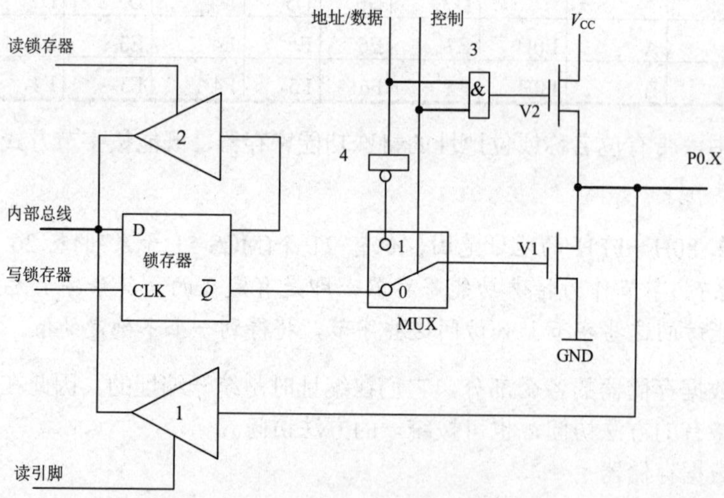

图 2.10 P0 口的一位结构

当控制信号为高电平“1”，P0 口作为地址/数据分时复用总线用时，可分为两种情况：一种是从 P0 口输出地址或数据，另一种是从 P0 口输入数据。控制信号为高电平“1”，使转换开关 MUX 把反相器 4 的输出端与 V1 接通，同时把与门 3 打开。如果从 P0 口输出地址或数据信号，当地址或数据为“1”时，经反相器 4 使 V1 截止，而经与门

3 使 V2 导通，P0.X 引脚上出现相应的高电平“1”；当地址或数据为“0”时，经反相器 4 使 V1 导通而 V2 截止，引脚上出现相应的低电平“0”，这样就将地址/数据的信号输出。如果从 P0 口输入数据，输入数据从引脚下方的三态输入缓冲器进入内部总线。

当控制信号为低电平“0”，P0 口作为通用 I/O 接口使用时，控制信号为“0”，转换开关 MUX 把输出级与锁存器 $\overline{Q}$ 端接通，在 CPU 向端口输出数据时，因与门 3 输出为“0”，使 V2 截止，此时，输出级是漏极开路电路。当写入脉冲加在锁存器时钟端 CLK 上时，与内部总线相连的 D 端数据取反后出现在 $\overline{Q}$ 端，又经输出 T1 反相，在 P0 引脚上出现的数据正好是内部总线的数据。当要从 P0 口输入数据时，引脚信号仍经输入缓冲器进入内部总线。

但当 P0 口作通用 I/O 接口时，应注意以下两点：

(1) 在输出数据时，由于 V2 截止，输出级是漏极开路电路，要使“1”信号正常输出，必须外接上拉电阻。

(2) P0 口作为通用 I/O 接口输入使用时，在输入数据前，应先向 P0 口写“1”，此时锁存器的 $\overline{Q}$ 端为“0”，使输出级的两个场效应管 V1、V2 均截止，引脚处于悬浮状态，才可作高阻输入。因为，从 P0 口引脚输入数据时，V2 一直处于截止状态，引脚上的外部信号既加在三态缓冲器 1 的输入端，又加在 V1 的漏极。假定在此之前曾经输出数据“0”，则 V1 是导通的，这样引脚上的电位就始终被箝位在低电平，使输入高电平无法读入。因此，在输入数据时，应人为地先向 P0 口写“1”，使 V1、V2 均截止，方可高阻输入。

另外，P0 口的输出级具有驱动 8 个 LSTTL 负载的能力，输出电流不大于 800μA。

2. P1 口

P1 口是准双向口，它只能作通用 I/O 接口使用。P1 口的结构与 P0 口不同，它的输出只由一个场效应管 V1 与内部上拉电阻组成，如图 2.11 所示。其输入输出原理特性与 P0 口作为通用 I/O 接口使用时一样，当其输出时，可以提供电流负载，不必像 P0 口那样需要外接上拉电阻。P1 口具有驱动 4 个 LSTTL 负载的能力。

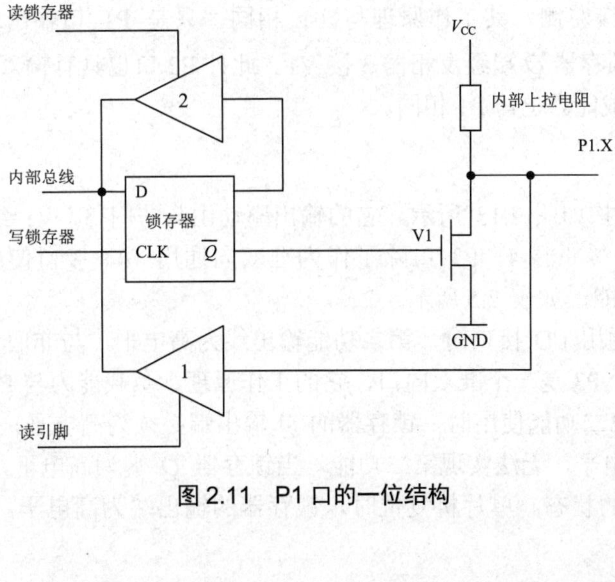

图 2.11　P1 口的一位结构

3. P2口

P2 口也是准双向口，它有两种用途：通用 I/O 接口和高 8 位地址线。它的一位结构如图 2.12 所示，与 P1 口相比，它只在输出驱动电路上比 P1 口多了一个模拟转换开关 MUX 和反相器 3。

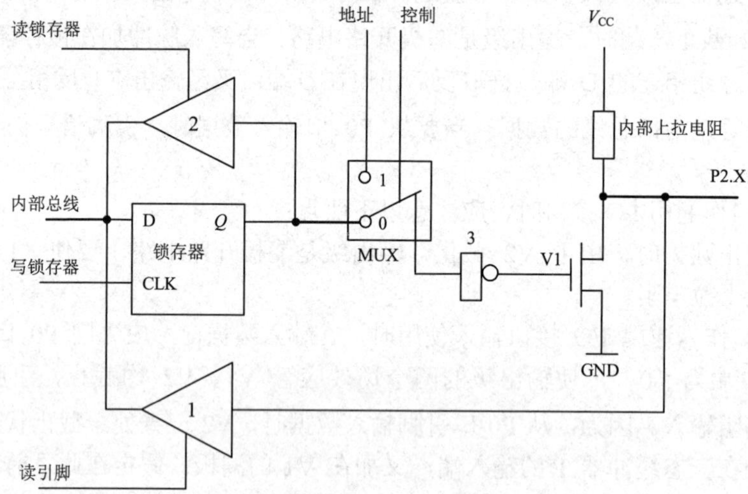

图 2.12 P2 口的一位结构

当控制信号为高电平“1”，转换开关接上方，P2 口用作高 8 位地址总线使用时，访问片外存储器的高 8 位地址 A8～A15 由 P2 口输出。如系统扩展了 ROM，由于单片机工作时一直不断地取指令，因此 P2 口将不断地送出高 8 位地址，P2 口将不能作通用 I/O 接口用。如系统仅仅扩展 RAM，这时分几种情况：当片外 RAM 容量不超过 256 字节，在访问 RAM 时，只需 P0 口送出低 8 位地址即可，P2 口仍可作为通用 I/O 接口使用；当片外 RAM 容量大于 256 字节时，需要 P2 口提供高 8 位地址，这时 P2 口就不能作通用 I/O 接口使用。

当控制信号为低电平“0”，转换开关接下方，P2 口用作准双向通用 I/O 接口时，控制信号使转换开关接左侧，其工作原理与 P1 相同，只是 P1 口输出端由锁存器 $\overline{Q}$ 端接 V1，而 P2 口是由锁存器 Q 端经反相器 3 接 V1。此外 P2 口也具有输入、输出、端口操作三种工作方式，负载能力也与 P1 相同。

4. P3口

P3 口的一位结构如图 2.13 所示。它的输出驱动由与非门 3、V1 组成，输入比 P0、P1、P2 口多了一个缓冲器 4。P3 口除了作为准双向通用 I/O 接口使用外，它的每一根线还具有第二种功能，如表 2.5 所示。

当 P3 口作为通用 I/O 接口时，第二功能输出线为高电平，与非门 3 的输出取决于锁存器的状态。这时，P3 是一个准双向口，它的工作原理、负载能力与 P1、P2 口相同。

当 P3 口作为第二功能使用时，锁存器的 Q 输出端必须为高电平，否则 V1 管导通，引脚将被钳位在低电平，无法实现第二功能。当锁存器 Q 端为高电平，P3 口的状态取决于第二功能输出线的状态。单片机复位时，锁存器的输出端为高电平。P3 口第二功能中输入信号 RXD、INT0、INT1、T0、T1 经缓冲器 4 输入，可直接进入芯片内部。

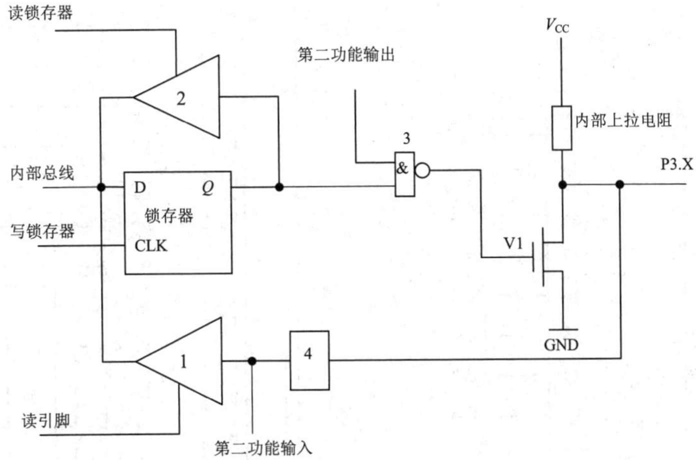

图 2.13　P3 口的一位结构

表 2.5　P3 口的第二功能

P3 口的引脚	第二功能
P3.0	RXD　串行口输入端
P3.1	TXD　串行口输出端
P3.2	$\overline{\text{INT0}}$　外部中断 0 请求输入端，低电平有效
P3.3	$\overline{\text{INT1}}$　外部中断 1 请求输入端，低电平有效
P3.4	T0　定时/计数器 0 外部计数脉冲输入端
P3.5	T1　定时/计数器 1 外部计数脉冲输入端
P3.6	$\overline{\text{WR}}$　外部数据存储器写信号，低电平有效
P3.7	$\overline{\text{RD}}$　外部数据存储器读信号，低电平有效

2.3　51 系列单片机的外部引脚及片外总线

在 MCS-51 系列单片机中，各种芯片的引脚是互相兼容的，它们的引脚情况基本相同，不同芯片之间的引脚功能只是略有差异。

2.3.1　外部引脚

MCS-51 系列单片机有 40 个引脚，用 HMOS 工艺制造的芯片采用双列直插式封装，如图 2.14(a)所示。低功耗、采用 CHMOS 工艺制造的机型(在型号中间加一个“C”作为识别，如 80C31、80C51 等)，也有采用方形封装结构的。

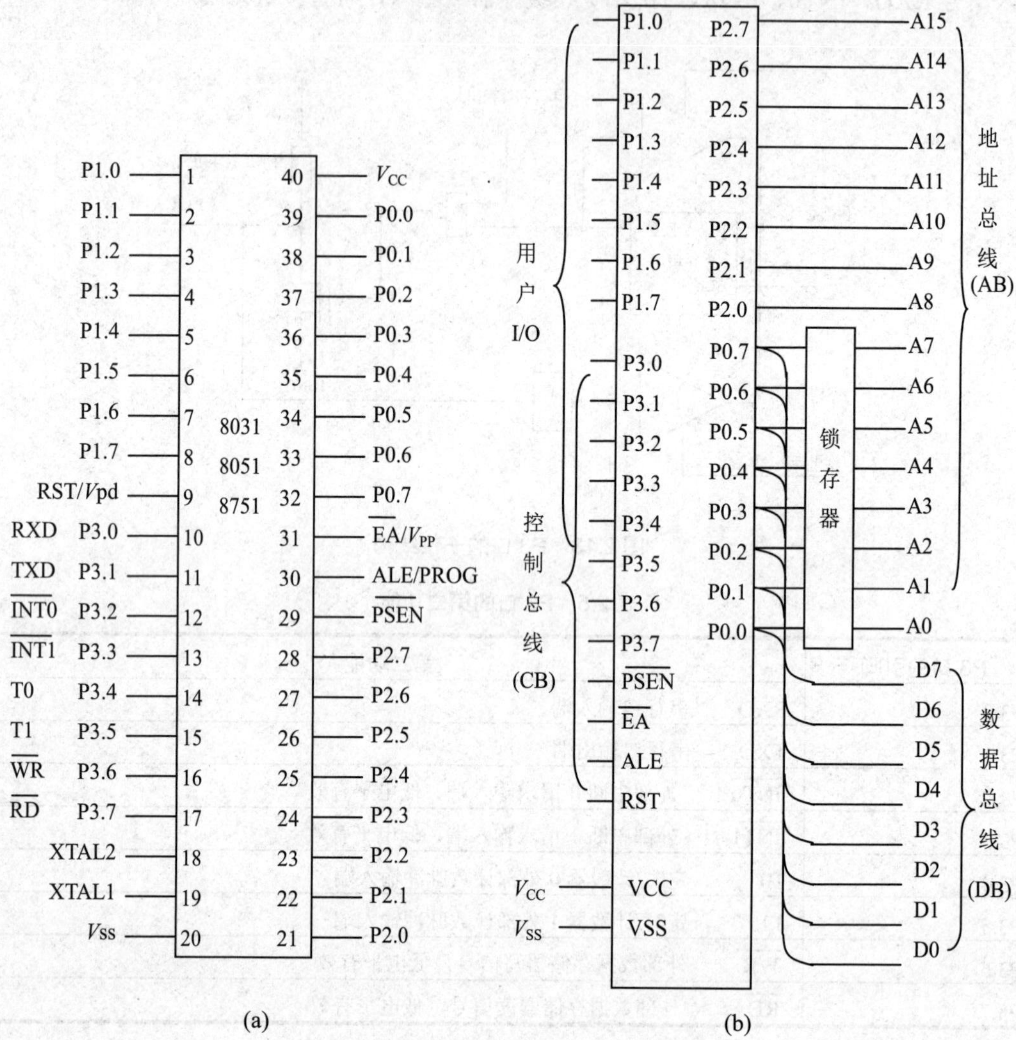

图 2.14 MCS-51 单片机引脚与外部总线结构

现将各引脚分别说明如下。

1. 主电源引脚

V_{CC}(40 引脚)：接+5V 电源正端。

V_{SS}(20 引脚)：接+5V 电源地端。

2. 输入/输出引脚

1) P0 口(39～32 引脚)

P0.0～P0.7 统称为 P0 口。在不接片外存储器与不扩展 I/O 接口时，作为准双向输入/输出接口。在接有片外存储器或扩展 I/O 接口时，P0 口分时复用为低 8 位地址总线和双向数据总线。

2) P1 口(1～8 引脚)

P1.0～P1.7 统称为 P1 口，可作为准双向 I/O 接口使用。对于 52 子系列，P1.0 与 P1.1

还有第二功能：P1.0 可用作定时/计数器 2 的计数脉冲输入端 T2，P1.1 可用作定时/计数器 2 的外部控制端 T2EX。

3)　P2 口(21～28 引脚)

P2.0～P2.7 统称为 P2 口，一般可作为准双向 I/O 接口使用；在接有片外存储器或扩展 I/O 接口且寻址范围超过 256 字节时，P2 口用作高 8 位地址总线。

4)　P3 口(10～17 引脚)

P3.0～P3.7 统称为 P3 口。除作为准双向 I/O 接口使用外，每一位还具有独立的第二功能。P3 口的第二功能见表 2.5。

3. 外接晶体引脚

XTAL1、XTAL2(19、18 引脚)：当使用单片机内部振荡电路时，这两个引脚用来外接石英晶体和微调电容，如图 2.15(a)所示。在单片机内部，它是一个反相放大器的输入端，这个放大器构成了片内振荡器。当采用外部时钟时，对于 HMOS 单片机，XTAL1 引脚接地，XTAL2 接片外振荡脉冲输入(带上拉电阻)；对于 CHMOS 单片机，XTAL2 引脚接地，XTAL1 接片外振荡脉冲输入(带上拉电阻)，如图 2.15(b)和图 2.15(c)所示。

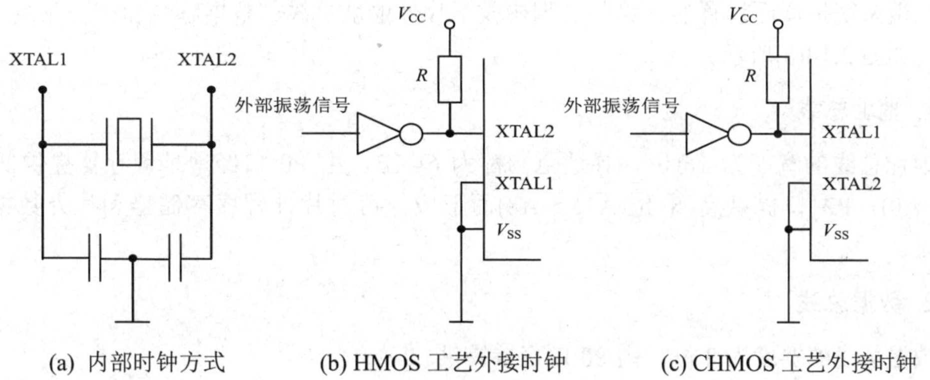

图 2.15　时钟电路

4. 控制线

1)　ALE/PROG(30 引脚)

地址锁存信号输出端。ALE 在每个机器周期内输出两个脉冲。在访问片外程序存储器期间，下降沿用于控制锁存 P0 输出的低 8 位地址；在不访问片外程序存储器期间，可作为对外输出的时钟脉冲或用于定时目的。但要注意，在访问片外数据存储器期间，ALE 脉冲会跳空一个，此时作为时钟输出就不妥了。

对于片内含有 EPROM 的机型，在编程期间，该引脚用作编程脉冲 PROG 的输入端。

2)　$\overline{\text{PSEN}}$ (29 引脚)

片外程序存储器读选通信号输出端，低电平有效。在从外部程序存储器读取指令或常数期间，每个机器周期该信号有效两次，通过数据总线 P0 口读回指令或常数。在访问片外数据存储器期间，$\overline{\text{PSEN}}$ 信号不出现。

3) RST/V_{pd}(9引脚)

RST即为RESET，V_{pd}为备用电源。该引脚为单片机的上电复位或掉电保护端。当单片机振荡器工作时，该引脚上出现持续两个机器周期的高电平，就可实现复位操作，使单片机回复到初始状态。上电时，考虑到振荡器有一定的起振时间，其他电路也要有一定的稳定时间，该引脚上高电平必须持续10ms以上才能保证有效复位。

该引脚可接上备用电源，当V_{CC}发生故障，降低到低电平规定值或掉电时，该备用电源为内部RAM供电，以保证RAM中的数据不丢失。

4) $\overline{EA}$/V_{PP}(31引脚)

$\overline{EA}$为片外程序存储器选用端。该引脚为低电平时，选用片外程序存储器，高电平或悬空时选用片内程序存储器。

对于片内含有EPROM的机型，在编程期间，此引脚用作21V编程电源V_{PP}的输入端。

2.3.2 片外总线结构

单片机的引脚除了电源线、复位线、时钟输入以及用户I/O接口外，其余的引脚都是为了实现系统扩展而设置的。这些引脚构成了片外地址总线、数据总线和控制总线三总线形式，如图2.14(b)所示。

1. 地址总线

地址总线的宽度为16位，寻址范围都为64KB。由P0口经地址锁存器提供低8位(A7～A0)，P2口提供高8位(A15～A8)而形成。可对片外程序存储器和片外数据存储器寻址。

2. 数据总线

数据总线的宽度为8位，由P0口直接提供。

3. 控制总线

控制总线由第二功能状态下的P3口和4根独立的控制线RST、EA、ALE和PSEN组成。

2.4 51系列单片机的工作方式

51系列单片机的工作方式有多种，这里介绍以下几种：复位方式、程序执行方式、单步执行方式、AT89S5X单片机的空闲和掉电方式以及AT89S5X单片机的ISP编程方式。

2.4.1 复位方式

计算机在启动运行时都需要复位，复位是使中央处理器(CPU)和内部其他部件处于一个确定的初始状态，从这个状态开始工作。

MCS-51 单片机有一个复位引脚 RST，高电平有效。在时钟电路工作以后，当外部电路使得 RST 端出现两个机器周期(24 个时钟周期)以上的高电平，系统内部复位。复位有两种方式：上电复位和按钮复位，如图 2.16 所示。

只要 RST 保持高电平，MCS-51 单片机将循环复位。复位期间，ALE、PSEN 输出高电平。RST 从高电平变为低电平后，PC 指针变为 0000H，使单片机从程序存储器地址为 0000H 的单元开始执行程序。复位后，内部寄存器的初始内容如表 2.6 所示。当单片机执行程序出错或进入死循环时，也可按复位按钮重新启动。

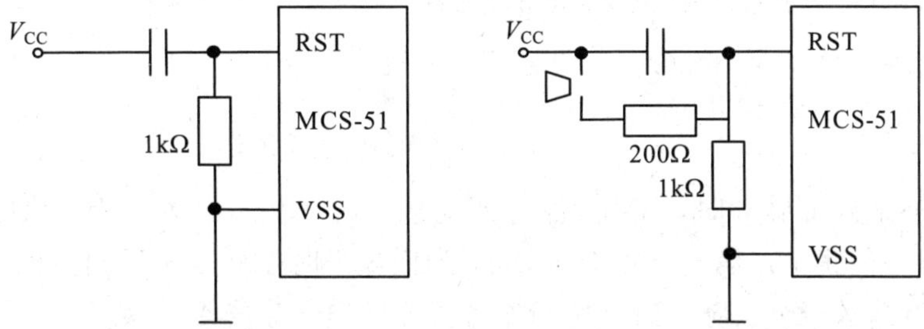

(a) 上电复位电路　　(b) 按钮复位电路

图 2.16　MCS-51 复位电路

表 2.6　复位后内部寄存器的内容

特殊功能寄存器	初始内容	特殊功能寄存器	初始内容
A	00H	TCON	00H
PC	0000H	TL0	00H
B	00H	TH0	00H
PSW	00H	TL1	00H
SP	07H	TH1	00H
DPTR	0000H	SCON	00H
P0～P3	FFH	SBUF	XXXXXXXXB
IP	XX000000B	PCON	0XXX0000B
IE	0X000000B	TMOD	00H

2.4.2　程序执行方式

程序执行方式是单片机的基本工作方式，也是单片机最主要的工作方式，单片机在实现用户功能时通常采用这种方式。单片机执行的程序放置在程序存储器中，可以是片内 ROM，也可以是片外 ROM。由于系统复位后，PC 指针总是指向 0000H，程序总是从 0000H 开始执行，而从 0003H 到 0032H 又是中断服务程序区，因此，用户程序都放置在中断服务区后面，在 0000H 处放一条长转移指令转移到用户程序。

2.4.3　单步执行方式

所谓单步执行，是指在外部单步脉冲的作用下，使单片机一个单步脉冲执行一条指令后就暂停下来，再一个单步脉冲执行一条指令后又暂停下来。单步执行方式通常用于调试程序、跟踪程序执行和了解程序执行过程。

在一般的微型计算机中，单步执行由单步执行中断完成，而单片机没有单步执行中断，MCS-51 单片机的单步执行是利用中断系统完成。MCS-51 单片机的中断系统规定，从中断服务程序中返回之后，至少要再执行一条指令，才能重新进入中断。这样，将外部脉冲加到$\overline{\text{INT0}}$引脚，平时让它为低电平，通过编程规定$\overline{\text{INT0}}$为电平触发。那么，不来脉冲时$\overline{\text{INT0}}$总处于响应中断的状态。

在$\overline{\text{INT0}}$的中断服务程序中安排下面的指令：

```
PAUSE0:JNB  P3.2,PAUSE0     ;若INT0=0,不往下执行
PAUSE1:JB   P3.2,PAUSE1     ;若INT0=1,不往下执行
RETI                        ;返回主程序执行下一条指令
```

当$\overline{\text{INT0}}$不来外部脉冲时，$\overline{\text{INT0}}$保持低电平，向 CPU 申请中断，执行中断服务程序。在中断服务程序中，第一条指令在$\overline{\text{INT0}}$为低电平时循环，不返回主程序。当通过一个按钮向$\overline{\text{INT0}}$端送一个正脉冲时，中断服务程序的第一条指令结束循环，执行第二条指令，在高电平期间，第二条指令又循环，高电平结束，$\overline{\text{INT0}}$回到低电平，第二条指令结束循环，执行第三条指令，中断返回，返回到主程序，由于这时$\overline{\text{INT0}}$又为低电平，请求中断，而中断系统规定，从中断服务程序中返回之后，至少要再执行一条指令，才能重新进入中断。因此，当执行主程序的一条指令后，响应中断，进入中断服务程序，又在中断服务程序中暂停下来。这样，总体看来，按一次按钮，$\overline{\text{INT0}}$端产生一次高脉冲，主程序执行一条指令，实现单步执行。

2.4.4 AT89S5X 单片机的空闲和掉电方式

单片机经常在野外、井下、空中、无人值守的监测站等供电困难的场合，或处于长期运行的监测系统中使用，要求系统的功耗很小。因此，现在的单片机一般都设计了低功耗节电方式以满足这样的要求。

AT89S5X 单片机有两种低功耗节电方式：空闲工作方式和掉电工作方式。

1. 空闲工作方式

空闲工作方式是 CPU 通过执行指令使自身进入睡眠状态，即 CPU 停止工作(实际是关断送给 CPU 的时钟信号)，而片内外的功能部件仍然继续工作，内部 RAM、SFR、PC、SP、PSW、P0～P3 端口等都保持进入空闲工作方式前的状态不变。

空闲工作方式的进入是 CPU 通过执行指令把电源控制寄存器 PCON 中的 IDL 位置 1 实现。PCON 的格式如图 2.17 所示。

	D7	D6	D5	D4	D3	D2	D1	D0
PCON	SMOD	—	—	—	GF1	GF0	PD	IDL

图 2.17 电源控制寄存器 PCON 的格式

其中的各位说明如下。

SMOD(PCON.7)：波特率加倍位。SMOD=1，当串行口工作于方式 1、2、3 时，波特率加倍。

GF1、GF0：通用标志位。

PD(PCON.1)：掉电方式位。当 PD=1 时，进入掉电方式。

IDL(PCON.0)：空闲方式位。当 IDL=1 时，进入空闲方式。

复位时 PCON 的值为 0XXX0000B，单片机处于正常运行方式。

空闲工作方式的退出有两种方法：一种是相应中断；一种是硬件复位。

在空闲工作方式下，若有任一个中断请求被允许，IDL 位将被硬件自动清 0，从而退出空闲工作方式。CPU 响应中断后，执行中断服务程序，中断返回后将从设置空闲工作方式指令的下一条指令继续执行程序。

当硬件复位退出空闲工作方式时，在复位逻辑电路发挥控制作用前，有长达两个机器周期的时间，单片机要从断点处(IDL 位置 1 指令的下一条指令)继续执行程序。在这期间，片内硬件阻止 CPU 对片内 RAM 的访问，但不阻止对外部 RAM 和 I/O 口的访问。为了避免在硬件复位退出空闲方式时出现对外部 RAM 和 I/O 口不希望的访问。在进入空闲方式时，紧随 IDL 位置 1 指令后的不应该是写入外部 RAM 或 I/O 口的指令。

2. 掉电工作方式

当 PCON 寄存器的 PD 位置 1，进入掉电工作方式。振荡器和片内的功能部件都停止工作，芯片的 V_{CC} 可由备用电源供电。内部 RAM 和 SFR 等都保持进入掉电工作方式前的状态不变。

掉电工作方式的退出也有两种：一种是硬件复位；一种是外部中断。

当 V_{CC} 恢复到正常工作水平时，只要硬件复位信号维持 10ms 便可退出掉电方式，复位时会重新初始化 SFR 和 PC，但不改变片内 RAM 的内容。

在掉电方式下，当 V_{CC} 恢复到正常工作水平时，如果有任一允许的外部中断请求，PD 位将被片内硬件自动清 0，从而退出掉电方式。CPU 响应中断后，执行中断服务程序，返回后将从设置掉电工作方式指令的下一条指令继续执行程序。

2.4.5　AT89S5X 单片机的 ISP 编程方式

AT89S5X 系列单片机是 ATMEL 公司开发的新型的 MCS-51 单片机，片内集成 Flash 存储器，可通过 ISP 方式在系统编程，而且编程电压 4～5V 即可。在我们日常生活中使用非常广泛。

1. AT89S5X 单片机 Flash 存储器编程概述

AT89S51/52 片内集成 4KB/8KB Flash 程序存储器，支持在系统编程(ISP)，有串行和并行两种编程模式，通用编程器一般采用并行模式，在系统编程(ISP)采用串行编程模式。在编程过程中一般同时完成擦除、写入、校验和加密工作。

出厂时 Flash 存储器处于全部空白状态(各单元均为 FFH)，可直接进行编程，若不全为空白状态(单元中有不是 FFH)，应首先将芯片擦除，才可编程写入程序。AT89S5X 的 Flash 存储器可循环擦除/写入 10 000 次，程序和数据可保存 10 年以上，程序和数据具有三级加密保护。

Flash 存储器编程可用通用编程器并行方式编程，也可在系统(ISP)串行方式编程。在系统编程(ISP)是指可以直接对应用系统电路板上的 AT89S51 芯片写入程序，完成编程，整个过程不需要从电路板上取下芯片。已编程的芯片也可用 ISP 方式擦除和再次编程。ISP 下载编程器可以自己制作，也可在电子市场上购买，价格便宜。ISP 下载编程器与单片机一端连接的端口通常采用 ATMEL 公司提供的接口标准，即 10 芯的 IDC 接口，通过 IDC 接口和 AT89S51 单片机的对应引脚相连。ISP 下载方式使用非常方便，成本很低，已经是现在的主流下载方式。

2．AT89S5X 单片机 Flash 存储器加密

AT89S5X 的 Flash 存储器具有 3 个可编程的加密位：LB1、LB2、LB3，3 级加密保护。可实现 3 个不同级别的加密。3 个加密位的状态可以是编程(P)或不可编程(U)。提供的 3 个级别的加密保护功能见表 2.7，加密时必须按照加密顺序逐级进行。

表 2.7 加密位的 3 级加密保护功能

类型	程序加密位			加密保护功能	加密顺序
	LB1	LB2	LB3		
1	U	U	U	无程序加密保护	1
2	P	U	U	禁止读片内 Flash 存储器，禁止编程，复位时 EA 被采样锁存	2
3	P	P	U	与类型 2 相同，并同时禁止程序校验	3
4	P	P	P	与类型 3 相同，并同时禁止执行片内的程序	4

当加密位 LB1 被编程时，在复位期间，EA 端的逻辑电平被采样并锁存，如果单片机上电后一直没有复位，则锁存的初始值是一个随机数，这个随机数会一直保存到真正复位为止。为了使单片机能正常工作，被锁存的 EA 端电平值必须与该引脚当前的逻辑电平一致。此外，加密位只能通过整片擦除的方法随数据一起清除。

3．AT89S5X 单片机 ISP 接口

AT89S5X 单片机 ISP 接口包含 MOSI(串行数据输入线，P1.5 引脚)、MISO(串行数据输出线，P1.6 引脚)和 SCK(串行时钟线，P1.7 引脚)3 根线，同时需要将 RST 接 VCC。串行 ISP 下载线 IDC 接口如图 2.18 所示。

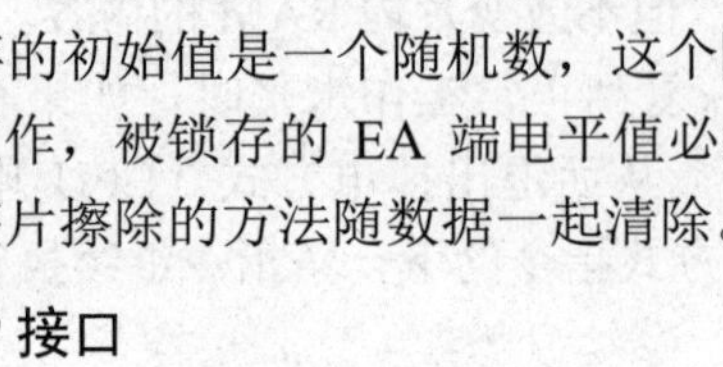

图 2.18 AT89S5X ISP 下载线 IDC 接口图

图中，1 端口接 AT89S5X 单片机 P1.7 引脚，作 SCK；3 端口接 AT89S5X 单片机 P1.6 引脚，作 MISO；5 端口 RST 接 V_{CC}；9 端口接 AT89S5X 单片机 P1.5 引脚，作 MOSI；4 端口接 V_{CC}；2、10 端口接 GND；6、7、8 端口悬空。

4．AT89S5X 单片机 ISP 编程

AT89S5X 单片机用编程指令通过串行 ISP 接口编程。串行编程指令是 4 字节格式，具体见表 2.8(表中的 x 表示二进制数 0 或 1)。

表 2.8　AT89S5X 单片机编程指令表

指　令	指令格式				操作说明
	Byte1	Byte2	Byte3	Byte4	
编程使能	1010 1100	0101 0011	xxxx xxxx	xxxx xxxx	当 RST 为高电平时打开串行编程，在 MISO 输出 0110 1001
芯片擦除	1010 1100	100x xxxx	xxxx xxxx	xxxx xxxx	擦除 Flash 存储器阵列
读数据 (字节方式)	0010 0000	xxxx A11~A8	A7~A4 A3~A0	D7~D4 D3~D0	字节方式读存储器数据，可用来程序校验
写数据 (字节方式)	0100 0000	xxxx A11~A8	A7~A4 A3~A0	D7~D4 D3~D0	字节方式写入存储器数据
写加密位	1010 1100	1110 00B1B2	xxxx xxxx	xxxx xxxx	写加密位，具体写法参见表 2.7
读加密位	0010 0100	xxxx xxxx	xxxx xxxx	xxxLB3 LB2LB1xx	读当前加密位状态，如已编程加密位，则返回 1
读签名字节	0010 1000	xxxA5 A4~A1	A0xxx xxx0	Signature Byte	读签名字节
读数据 (页方式)	0011 0000	xxxx A11~A8	Byte0	Byte1… Byte255	页方式读存储器数据(256B)，可用来程序校验
写数据 (页方式)	0101 0000	xxxx A11~A8	Byte0	Byte1… Byte255	页方式写入存储器数据(256B)

说明情况如下。

(1) 芯片擦除：通过擦除指令进行，将存储器单元全写为 FFH，擦除周期大约为 500ms。

(2) 程序校验：如果加密位 LB1、LB2 没有进行编程，则代码数据可通过读数据指令读回写入的数据，各加密位也可以通过读加密位指令读回进行校验。

(3) 写加密位：对应指令中 B1B2 的取值组合有 4 种方式，见表 2.7，加密时须按照方式 1、方式 2、方式 3、方式 4 的顺序逐一进行加密操作。

2.5　51 系列单片机的时序

时序就是在执行指令过程中，CPU 产生的各种控制信号在时间上的相互关系。每执行一条指令，CPU 的控制器都产生一系列特定的控制信号，不同的指令产生的控制信号不一样。

CPU 发出的控制信号有两类，一类是用于计算机内部的，这类信号很多，但用户不

能直接接触此类信号，故这里不作介绍。另一类信号是通过控制总线送到片外的，这部分信号是计算机使用者所关心的，这里主要介绍这类信号的时序。

2.5.1 时钟周期、机器周期和指令周期

时钟周期(振荡周期)：单片机内部时钟电路产生(或外部时钟电路送入)的信号周期，单片机的时序信号是以时钟周期信号为基础而形成，在它的基础上形成了机器周期、指令周期和各种时序信号。

机器周期：机器周期是单片机的基本操作周期，每个机器周期包含 S1、S2、…、S6 共 6 个状态，每个状态包含两拍 P1 和 P2，每一拍为一个时钟周期(振荡周期)。因此，一个机器周期包含 12 个时钟周期。依次可表示为 S1P1、S1P2、S2P1、S2P2、…、S6P1、S6P2，如图 2.19(a)所示。

指令周期：计算机从取一条指令开始，到执行完该指令所需要的时间称为指令周期。不同的指令，指令长度不同，指令周期也不一样。但指令周期以机器周期为单位。51 单片机指令根据指令长度和指令周期可分为：单字节单周期指令、单字节双周期指令、双字节单周期指令、双字节双周期指令、三字节双周期指令以及一字节四周期指令。

每一个机器周期 ALE 信号固定地出现两次，分别在 S1P2 和 S4P2，每出现一次 ALE 信号，CPU 就进行一次取指令的操作，不同的指令，指令长度和机器周期数不同，所以具体的取指操作也有所不同。它们的典型时序如图 2.19(b)、(c)、(d)所示。

图 2.19(b)为单字节单周期指令，图 2.19(c)为双字节单周期指令。单字节指令和双字节指令都在 S1P2 期间由 CPU 取指令，将指令码读入指令寄存器，同时程序计数器 PC 加 1。在 S4P2 再读出一个字节，单字节指令取得的是下一条指令，故读后丢弃不用，程序计数器 PC 也不加 1；双字节指令读出第二个字节后，送给当前指令使用，并使程序计数器 PC 加 1。两种指令都在 S6P2 结束时完成操作。

图 2.19(d)为单字节双周期指令，两个机器周期中发生了四次读操作码的操作，第一次读出为操作码，读出后程序计数器 PC 加 1，后 3 次读取操作都无效，自然丢失，程序计数器 PC 也不会改变。

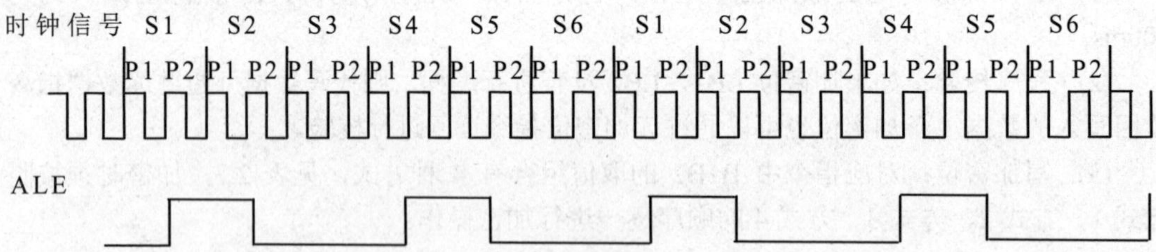

(a) 机器周期

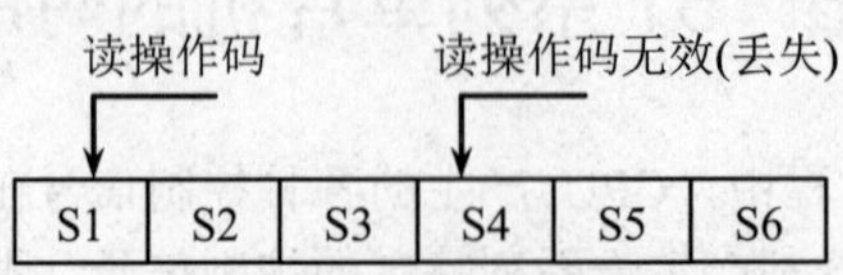

(b) 单字节单周期指令

图 2.19 MCS-51 单片机的指令周期

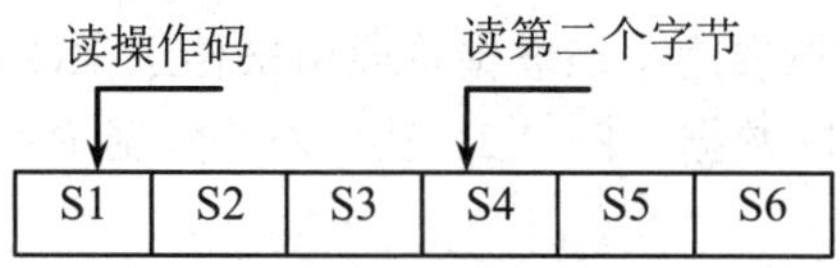

(c) 双字节单周期指令

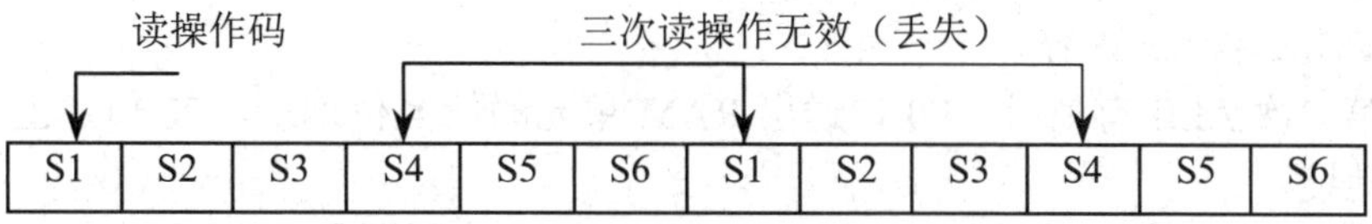

(d) 单字节双周期指令

图 2.19　MCS-51 单片机的指令周期(续)

2.5.2　访问外部 ROM 的时序

如果指令是从外部 ROM 中读取，除了 ALE 信号之外，控制信号还有 $\overline{\text{PSEN}}$，此外，还要用到 P0 和 P2 口， P0 分时用作低 8 位地址总线和数据总线，P2 口用作高 8 位地址总线。相应的时序图如图 2.20 所示。过程如下：

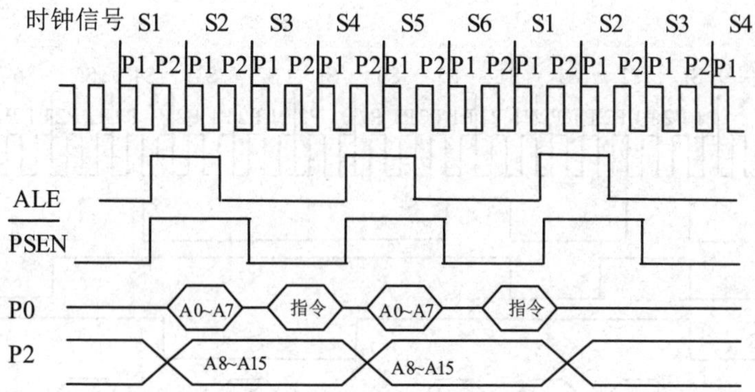

图 2.20　访问外部 ROM 的时序

(1)　在 S1P2 时刻 ALE 信号有效。

(2)　在 P0 口送出 ROM 地址低 8 位，在 P2 口送出 ROM 地址高 8 位。A0～A7 只持续到 S2P2 结束，故在外部要用锁存器加以锁存，用 ALE 作为锁存信号。A8～A15 在整个读指令过程都有效，不必再接锁存器。到 S2P2 前 ALE 失效。

(3)　在 S3P1 时刻 $\overline{\text{PSEN}}$ 开始低电平有效，用它来选通外部 ROM 的使能端，所选中 ROM 单元的内容，即指令，从 P0 口读入到 CPU，然后 $\overline{\text{PSEN}}$ 失效。

(4)　在 S4P2 后开始第二次读入，过程与第一次相同。

2.5.3　访问外部 RAM 的时序

另外一种需要注意的时序就是访问外部数据 RAM 的时序，这里包括从 RAM 中读和写两种时序，但基本过程是相同的。这时所用的控制信号有 ALE、$\overline{\text{PSEN}}$ 和 $\overline{\text{RD}}$ (读)/

$\overline{WR}$ (写)。P0 口和 P2 口仍然要用，在取指阶段用来传送 ROM 地址和指令，而在执行阶段，传送 RAM 地址和读写的数据。图 2.21 是从外部数据 RAM 的读时序。读外部 RAM 的过程如下。

(1) 在第一次 ALE 有效到第二次 ALE 有效之间的过程，是和读外部程序 ROM 过程一样的，即 P0 口送出 ROM 单元低 8 位地址，P2 口送出高 8 位地址，然后在 $\overline{PSEN}$ 有效后，读入 ROM 单元的内容。

(2) 第二次 ALE 有效后，P0 口送出 RAM 单元的低 8 位地址，P2 口送出 RAM 单元的高 8 位地址。

(3) 第二个机器周期的第一次 ALE 信号不再出现，$\overline{PSEN}$ 此时也保持高电位(无效)，而在第二个机器周期的 S1P1 时 $\overline{RD}$ 读信号开始有效，可用来选通 RAM 芯片，然后从 P0 口读出 RAM 单元的数据。

(4) 第二机器周期的第二次 ALE 信号仍然出现，也进行一次外部 ROM 的读操作，但仍属于无效的操作。若是对外部 RAM 进行写操作，则应用 $\overline{WR}$ 写信号来选通 RAM 芯片，其余的过程与读操作是相似的。

在对外部 RAM 进行读写时，ALE 信号也是用来对外部的地址锁存器进行选通。但这时的 ALE 信号在出现两次之后，将停发一次，呈现非周期性，因而不能用来作为其他外设的定时信号。

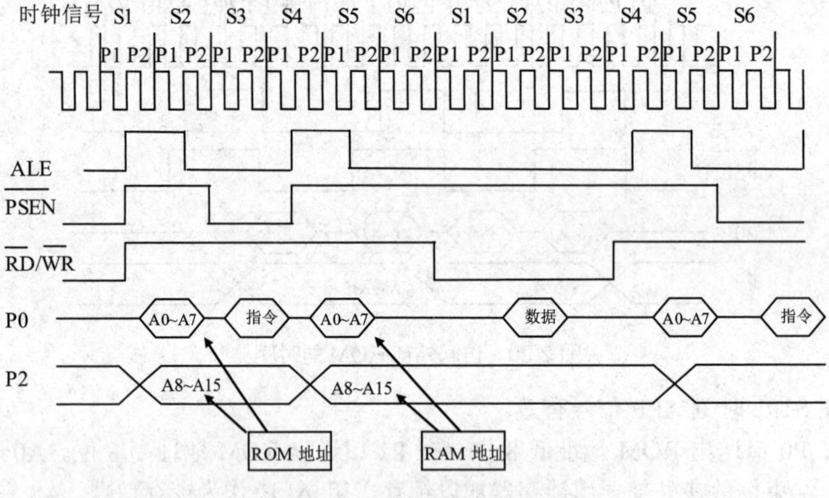

图 2.21 访问外部 RAM 的时序

习 题

1. MCS-51 单片机由哪几个部分组成？
2. MCS-51 的标志寄存器有多少位？各位的含义是什么？
3. 简述 AT89S5X 单片机的数据指针寄存器情况。
4. 在 8051 的存储器结构中，内部数据存储器可分为几个区域？各有什么特点？

5. 什么是堆栈？说明 MCS-51 单片机的堆栈处理过程。

6. 简述内部 ROM 的工作寄存器组情况，系统默认是第几组？

7. MCS-51 单片机的程序存储器 64KB 空间在使用时有哪几个特殊地址？

8. 简述什么是 MCS-51 单片机的特殊功能寄存器。

9. MCS-51 单片机有多少根 I/O 线？它们和单片机的外部总线有什么关系？

10. 简述 $\overline{\text{PSEN}}$、$\overline{\text{EA}}$、RST 和 ALE 引脚的功能。

11. 什么是机器周期？什么是指令周期？MCS-51 单片机的一个机器周期包括多少个时钟周期？

12. 复位的作用是什么？MCS-51 单片机复位有几种方式？

13. 简述 AT89S5X 单片机 ISP 编程下载方法。

14. 时钟周期的频率为 6MHz，机器周期和 ALE 信号的频率为多少？

第 3 章　单片机汇编程序设计

汇编语言是机器语言的符号表示，是最接近硬件的语言。以前 51 单片机应用系统大多数都是通过汇编语言开发。

3.1　51 系列单片机汇编指令格式及标识

指令是使计算机完成基本操作的命令。我们知道计算机工作时是通过执行程序来解决问题的，而程序是由一条条指令按一定的顺序组成的，计算机内部只能直接识别二进制代码指令。以二进制代码指令形成的计算机语言，称为机器语言。机器语言不便被人们识别、记忆、理解和使用。为便于人们识别、记忆、理解和使用，给每条机器语言指令赋予一个助记符号，这就形成了汇编语言。汇编语言指令是机器语言指令的符号化，它和机器语言指令一一对应。机器语言和汇编语言与计算机硬件密切相关，不同类型的计算机，它们的机器语言和汇编语言指令不一样。

一种计算机能够执行的全部指令的集合，称为这种计算机的指令系统。单片机的指令系统与微型计算机的指令系统不同。MCS-51 系列单片机指令系统共有 111 条指令，42 种指令助记符，其中有 49 条单字节指令、45 条双字节指令和 17 条三字节指令；有 64 条为单机器周期指令，45 条为双机器周期指令，只有乘、除法两条指令为四机器周期指令。在存储空间和运算速度上，效率都比较高。

MCS-51 系列单片机指令系统功能强、指令短、执行快。从功能上可分成五大类：数据传送指令、算术运算指令、逻辑操作指令、控制转移指令和位操作指令。下面将分别进行介绍。

3.1.1　指令格式

不同的指令完成不同的操作，实现不同的功能，具体格式也不一样。但从总体上来说，每条指令通常由操作码和操作数两部分组成。操作码表示计算机执行该指令将进行何种操作，操作数表示参加操作的数或操作数所在的地址。MCS-51 单片机汇编语言指令基本格式如下：

[标号:] 操作码助记符 [目的操作数][,源操作数]　[;注释]

其中：

(1) 操作码助记符表明指令的功能，不同的指令有不同的指令助记符，它一般用说明其功能的英文单词的缩写形式表示。

(2) 操作数用于给指令的操作提供数据、数据的地址或指令的地址，操作数往往用相应的寻址方式指明。不同的指令，指令中的操作数不一样。MCS-51 单片机指令系统的指令按操作数的多少可分为无操作数、单操作数、双操作数和三操作数四种情况。无操作数指令是指指令中不需要操作数或操作数采用隐含形式指明。例如 RET 指令，它的功能是返回调用子程序的调用指令的下一条指令位置，指令中不需要操作数。单操作数指令是指指令中只需提供一个操作数或操作数地址。例如 INC　A 指令，它的功能是对累加器 A 中的内容加 1，操作中只需一个操作数。双操作数指令是指指令中需要两个操作数，这种指令在 MCS-51 系统中最多，通常第一个操作数为目的操作数，接收数据，第二个操作数为源操作数，提供数据。例如 MOV A，#21H，它的功能是将源操作数——立即数#21H 传送到目的操作数累加器 A 中。三操作数据指令 MCS-51 单片机中只有一条，即 CJNE 比较转移指令，具体使用以后介绍。

(3) 标号是该指令的符号地址，后面需带冒号。它主要为转移指令提供转移的目的地址。

(4) 注释是对该指令的解释，前面需带分号。它们是编程者根据需要加上去的，用于对指令进行说明。对于指令本身功能而言是可以不要的。

3.1.2　指令中用到的标识符

为便于后面的学习，在这里先对指令中用到的一些符号的约定意义加以说明。

(1) R*i* 和 R*n*：表示当前工作寄存器区中的工作寄存器，*i* 取 0 或 1，表示 R0 或 R1。*n* 取 0～7，表示 R0～R7。

(2) #data：表示包含在指令中的 8 位立即数。

(3) #data16：表示包含在指令中的 16 位立即数。

(4) rel：以补码形式表示的 8 位相对偏移量，范围为-128～127，主要用在相对寻址的指令中。

(5) addr16 和 addr11：分别表示 16 位直接地址和 11 位直接地址。

(6) direct：表示直接寻址的地址。

(7) bit：表示可按位寻址的直接位地址。

(8) (X)：表示 X 单元中的内容。

(9) / 和→符号：“/”表示对该位操作数取反，但不影响该位的原值。“→”表示操作流程，将箭尾一方的内容送入箭头所指一方的单元中去。

3.2　51 单片机指令的寻址方式

所谓寻址方式就是指操作数或操作数的地址的寻找方式。对于两操作数指令，源操作数和目的操作数都存在寻址方式的问题。若不特别声明，后面提到的寻址方式均指源操作数的寻址方式。51 单片机的寻址方式按操作数的类型可分为数的寻址和指令寻址。数的寻址根据数的种类有常数寻址(立即寻址)、寄存器数寻址(寄存器寻址)、存储器数寻址(直接寻址方式、寄存器间接寻址方式、变址寻址方式)和位数据寻址(位寻址)。指令的寻址得到转移的目的地址，根据目的地址的提供方式有绝对寻址和相对寻址。不同的寻址方式格式不同，处理的数据不一样。下面分别介绍。

3.2.1　常数寻址(立即寻址)

操作数是常数，使用时直接出现在指令中，紧跟在操作码的后面，作为指令的一部分，与操作码一起存放在程序存储器中，可以立即得到并执行，不需要经过别的途径去寻找。常数又称为立即数，故又称为立即寻址。在 51 单片机汇编指令中，立即数前面以“#”符号作前缀。在程序中通常用于给寄存器或存储器单元赋初值，例如：

```
MOV  A,#20H
```

其功能是把立即数 20H 送给累加器 A，其中源操作数 20H 就是立即数。指令执行后累加器 A 中的内容为 20H。

3.2.2 寄存器数寻址(寄存器寻址)

操作数在寄存器中，使用时在指令中直接提供寄存器的名称，这种寻址方式称为寄存器寻址。在 MCS-51 系统中，这种寻址方式针对的寄存器只能是 R0～R7 八个通用寄存器和部分特殊功能寄存器(如累加器 A、寄存器 B、数据指针寄存器 DPTR 等)中的数据，对于其他的特殊功能寄存器中的内容的寻址方式不属于寄存器寻址。在汇编指令中，寄存器寻址在指令中直接提供寄存器的名称，如 R0、R1、A、DPTR 等。例如：

```
MOV  A,R0
```

其功能是把 R0 寄存器中的数送给累加器 A。在指令中，源操作数 R0 为寄存器寻址，传送的对象为 R0 中的数据。如指令执行前 R0 中的内容为 20H，则指令执行后累加器 A 中的内容为 20H。

3.2.3 存储器数寻址

存储器数寻址针对的数据存放在存储器单元中，对存储器单元的内容通过提供存储器单元地址寻址。根据存储器单元地址的提供方式，存储器数的寻址方式有：直接寻址、寄存器间接寻址、变址寻址。

1. 直接寻址

直接寻址是在指令中直接提供存储器单元的地址。MCS-51 系统中，这种寻址方式针对的是片内数据存储器和特殊功能寄存器。在汇编指令中，直接以地址数的形式提供存储器单元的地址。例如：

```
MOV  A,20H
```

其功能是把片内数据存储器 20H 单元的内容送给累加器 A。如果指令执行前片内数据存储器 20H 单元的内容为 30H，则指令执行后累加器 A 的内容为 30H。指令中 20H 是地址数，它是片内数据存储单元的地址。在 MCS-51 中，数据前面不加“#”是指存储单元地址而不是常数，常数前面要加符号“#”。

对于特殊功能寄存器，在指令中使用时往往通过特殊功能寄存器的名称使用，而特殊功能寄存器名称实际上是特殊功能寄存器单元的符号地址，因此它们是直接寻址。例如：

```
MOV  A,P0
```

其功能是把 P0 口的内容送给累加器 A。P0 是特殊功能寄存器 P0 口的符号地址，该指令在翻译成机器码时，P0 就转换成直接地址 80H。

2. 寄存器间接寻址

寄存器间接寻址是指存储器单元的地址存放在寄存器中，在指令中通过提供寄存器来使用对应的存储单元。形式为“@寄存器名”。

例如：

```
MOV  A,@R1
```

该指令的功能是将以工作寄存器 R1 中的内容为地址的片内 RAM 单元的数据传送到累加器 A 中去。指令的源操作数是寄存器间接寻址。若 R1 中的内容为 80H，片内 RAM 80H 地址单元的内容为 20H，则执行该指令后，累加器 A 的内容为 20H。寄存器间接寻址示意图如图 3.1 所示。

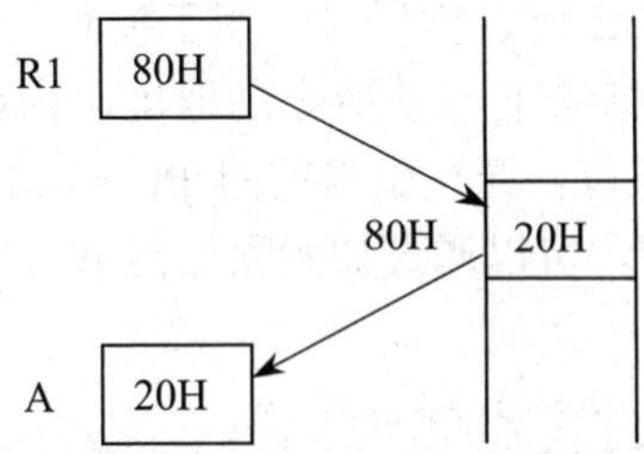

图 3.1　寄存器间接寻址示意图

在 MCS-51 单片机中，寄存器间接寻址用到的寄存器只能是通用寄存器 R0、R1 和数据指针寄存器 DPTR，它能访问片内数据存储器和片外数据存储器中的数据。对于片内数据存储器，只能用 R0 和 R1 做指针间接访问；对于片外数据存储器，可以用 DPTR 做指针间接访问整个 64KB 空间，也可以用 R0 或 R1 做指针间接访问低端的 256 字节单元。用 R0 和 R1 既可对片内 RAM 间接访问，也可对片外 RAM 低端 256 字节间接访问，那如何区分呢？它们之间用指令来区分，片内 RAM 访问用 MOV 指令，片外 RAM 访问用 MOVX 指令。

3. 变址寻址

变址寻址是指操作数的地址由基址寄存器中存放的地址加上变址寄存器中存放的地址得到。在 MCS-51 系统中，基址寄存器可以是数据指针寄存器 DPTR 或程序计数器 PC，变址寄存器只能是累加器 A，两者的内容相加得到存储单元的地址，所访问的存储器为程序存储器。这种寻址方式通常用于访问程序存储器中的表格型数据，表首单元的地址为基址放于基址寄存器，访问的单元相对于表首的位移量为变址放于变址寄存器，通过变址寻址可得到程序存储器相应单元的数据。例如：

```
MOVC  A,@ A+DPTR
```

其功能是将数据指针寄存器 DPTR 中的内容和累加器 A 中的内容相加作为程序存储器的地址，从对应的单元中取出内容送到累加器 A 中。指令中，源操作数的寻址方式为变址寻址，设指令执行前数据指针寄存器 DPTR 的值为 2000H，累加器 A 的值为 05H，程序存储器 2005H 单元的内容为 30H，则指令执行后，累加器 A 中的内容为 30H。变址寻址示意图如图 3.2 所示。

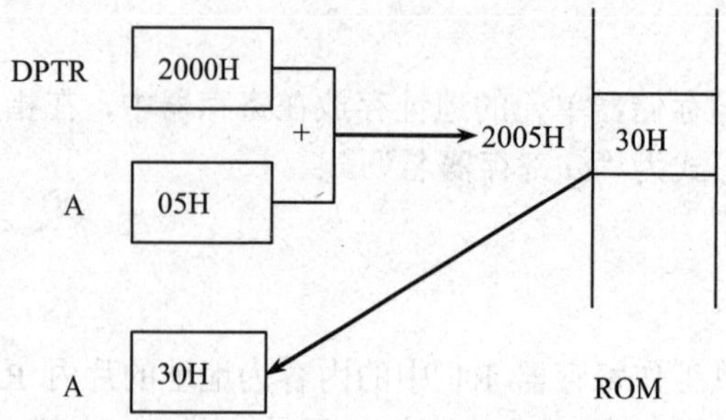

图 3.2 变址寻址示意图

变址寻址可以用数据指针寄存器 DPTR 作基址寄存器，也可以用程序计数器 PC 作基址寄存器，当使用程序计数器 PC 时，由于 PC 用于控制程序的执行，在程序执行过程中用户不能随意改变，它始终是指向下一条指令的地址，因而就不能直接把基址放在 PC 中。那基址如何得到呢？基址值可以通过由当前的 PC 值加上一个相对于表首位置的差值得到。这个差值不能加到 PC 中，可以通过加到累加器 A 中来实现。这个过程我们将会在后面介绍。

3.2.4 位数据寻址(位寻址)

在 51 单片机中，有一个独立的位处理器，能够进行各种位运算，位运算的操作对象是各种位数据。位数据可通过提供相应的位地址来访问。位数据的寻址方式简称为位寻址方式。

在 MCS-51 系统中，位地址的提供方式有以下几种。

(1) 直接位地址(00H～0FFH)。例如，20H。

(2) 字节地址带位号。例如，20H.3 表示 20H 单元的 3 位。

(3) 特殊功能寄存器名带位号。例如，P0.1 表示 P0 口的 1 位。

(4) 位符号地址。例如，TR0 是定时/计数器 T0 的启动位。

3.2.5 指令寻址

指令寻址用在控制转移指令中，它的功能是得到转移的目的位置的地址。因此操作数用于提供目的位置的地址。在 MCS-51 系统中，目的位置的地址提供可以通过两种方式，分别对应两种寻址方式。

1. 绝对寻址

绝对寻址是在指令的操作数中直接提供目的位置的地址或地址的一部分。在 MCS-51 系统中，长转移和长调用提供目的位置的 16 位地址，绝对转移和绝对调用提供目的位置的 16 位地址的低 11 位，它们都为绝对寻址。

2. 相对寻址

相对寻址是以当前程序计数器 PC 值加上指令中给出的偏移量 rel 得到目的位置的地

址。在 MCS-51 系统中，相对转移指令的操作数属于相对寻址。

在使用相对寻址时要注意以下两点。

(1) 当前 PC 值是指转移指令执行时的 PC 值，它等于转移指令的地址加上转移指令的字节数。实际上是转移指令的下一条指令的地址。例如，若转移指令的地址为 2010H，转移指令的长度为两个字节，则转移指令执行时的 PC 值为 2012H。

(2) 偏移量 rel 是 8 位有符号数，以补码表示，它的取值范围为-128～+127。当为负数时向前转移，当为正数时向后转移。

相对寻址的目的地址为：

目的地址=当前 PC+rel=转移指令的地址+转移指令的字节数+rel

3.3　51 单片机的指令系统

51 系列单片机指令系统功能强、指令短、执行快。从功能上可分成五大类：数据传送指令、算术运算指令、逻辑操作指令、控制转移指令和位操作指令。下面将分别进行介绍。

3.3.1　数据传送指令

数据传送指令实现数据在各模块间的相互传送，一般是把源操作数(第 2 个操作数)传送到目的操作数(第 1 个操作数)。它是指令系统中数量最多、使用也最频繁的一类指令。共 29 条，涉及 8 个助记符：MOV、MOVX、MOVC、XCH、XCHD、SWAP、PUSH 和 POP。分为五组：片内数据存储器传送指令、片外数据存储器传送指令、程序存储器传送指令、数据交换指令和堆栈操作指令，如表 3.1 所示。

表 3.1　数据传送指令表

分　组	格　式	功　能	说　明

片内数据存储器传送指令	MOV A,#data
	MOV A,Rn
	MOV A,direct
	MOV A,@Ri
		A← #data
		A← Rn
		A←(direct)
		A←(Ri)
			以 A 为目的操作数

	MOV Rn,A
	MOV Rn,direct
	MOV Rn,#data
		Rn ← A
		Rn ←(direct)
		Rn ← #data
			以 Rn 为目的操作数

	MOV direct,A
	MOV direct,Rn
	MOV direct,direct
	MOV direct,@Ri
	MOV direct,#data
		(direct) ← A
		(direct) ←Rn
		(direct) ← (direct)
		(direct) ←(Ri)
		(direct) ← #data
			以直接地址 direct 为目的操作数

	MOV @Ri,A
	MOV @Ri,direct
	MOV @Ri,#data
		(Ri) ← A
		(Ri)←(direct)
		(Ri)←#data
			以间接地址@Ri 为目的操作数

	MOV DPTR,#data16	DPTR←#data16	以 DPTR 为目的操作数

续表

分 组	格 式	功 能	说 明
片外数据存储器传送指令	MOVX A,@Ri MOVX A,@DPTR	A ←(Ri) A ←(DPTR)	把片外数据存储器的内容读到 A
	MOVX @Ri,A MOVX @DPTR,A	(Ri)← A (DPTR)← A	把 A 的内容写到片外数据存储器
程序存储器传送指令	MOVC A,@A+DPTR MOVC A,@A+PC	A ←(A+DPTR) A ←(A+PC)	把程序存储器的内容读到 A
数据交换指令	XCH A,Rn XCH A,direct XCH A,@Ri XCHD A,@Ri SWAP A	A<=> Rn A<=>(direct) A<=>(Ri) A0～3<=>(Ri)0～3 A0～3<=>A4～7	前 3 条 A 和 Rn、(direct)、(Ri)字节交换 第 4 条 A 和(Ri)半字节交换 SWAP 累加器 A 高低 4 位互换
堆栈操作指令	PUSH direct POP direct	SP←SP+1 (SP)←(direct) (direct)←(SP) SP ← SP-1	PUSH 入栈 POP 出栈

说明如下：

(1) 数据传送指令不影响标志位。

(2) 源操作数和目的操作数中的 Rn 和@Ri 不能相互配对。如不允许有“MOV Rn，Rn”，“MOV @Ri，Rn”这样的指令。如果涉及相应处理，可通过累加器 A 中间处理。

(3) 片外数据存储器、程序存储器都只能通过累加器 A 传送，程序存储器只能读，不能写。

(4) 堆栈操作指令通常是用来保存和恢复数据，如果多个数据的保存和恢复，要先入栈的数据后出栈恢复，后入栈的数据先出栈恢复。

【例 3-1】将 R0 的内容送 R6。其指令如下：

```
MOV  A,R0
MOV  R6,A
```

【例 3-2】若入栈保存时入栈的顺序为：

```
PUSH   A
PUSH   B
```

则出栈的顺序为：

```
POP    B
POP    A
```

3.3.2 算术运算指令

算术运算指令实现加、减、乘、除运算。共 24 条，涉及 8 个助记符：ADD、ADDC、INC、SUBB、DEC、MUL、DIV 和 DA。分为五组：加法指令、减法指令、乘法指令、除法指令和十进制调整指令，如表 3.2 所示。

表 3.2　算术运算指令表

分　组	格　式	功　能	说　明

加法指令	ADD A,Rn
	ADD A,direct
	ADD A,@Ri
	ADD A,#data
		A← A + Rn
		A← A +(direct)
		A← A +(Ri)
		A← A + #data
			一般的加法指令
			累加器 A 和第 2 个操作数相加，结果送回 A

	ADDC A,Rn
	ADDC A,direct
	ADDC A,@Ri
	ADDC A,#data
		A← A + Rn + C
		A← A +(direct)+ C
		A← A +(Ri)+ C
		A← A + #data + C
			带进位加法指令
			累加器 A 和第 2 个操作数相加，再加进位，结果送回 A

	INC A INC Rn INC direct INC @Ri INC DPTR	A← A + 1 Rn← Rn + 1 (direct)←(direct)+1 (Ri)←(Ri)+ 1 DPTR← DPTR + 1	加 1 指令

减法指令	SUBB A,Rn
	SUBB A,direct
	SUBB A,@Ri
	SUBB A,#data
		A← A - Rn - C
		A← A -(direct)- C
		A← A -(Ri)- C
		A← A - #data - C
			带借位减法指令
			累加器 A 和第 2 个操作数相减，再加减位，结果送回 A

	DEC A DEC Rn DEC direct DEC @Ri	A← A - 1 Rn← Rn - 1 direct← (direct)- 1 (Ri)←(Ri)- 1	减 1 指令
乘法指令	MUL AB	A←A×B 积低 8 位 B←A×B 积高 8 位	A 和 B 中两个 8 位无符号相乘，结果送 B 和 A
除法指令	DIV AB	A←A÷B 的 8 位商 B←A÷B 的 8 位余数	A 和 B 中两个 8 位无符号相除，结果送 B 和 A
十进制调整指令	DA A	对 A 中的结果按 BCD 码调整	

说明如下：

(1) 算术运算指令执行要影响标志位。其中：ADD、ADDC 和 SUBB 指令要影响 CY、AC、OV 和 P 标志位，INC 和 DEC 只影响 P 标志位；MUL 指令执行后 CY 复位，当积大于 255 时，OV 为 1，否则，OV 为 0；DIV 指令执行后一般情况下 CY 和 OV 都清 0，而当 B 寄存器中的除数为 0 时，CY 和 OV 置 1。

(2) 51 单片机只有带借位减法，没有一般减法，一般减法可通过带借位减法实现，只需要执行带借位减法前先把借位清零。

(3) 51 单片机的乘法和除法指令都只有一条，针对的只能是无符号数。

(4) 十进制调整指令只有一条 DA　A，只能用在 ADD 或 ADDC 指令的后面，用来对两个二位压缩的 BCD 码数通过用 ADD 或 ADDC 指令相加后存于累加器 A 中的结果进行调整，使之得到正确的十进制结果。

它的调整过程为：

① 若累加器 A 的低四位为十六进制的 A～F 或辅助进位标志 AC 为 1，则累加器 A 中的内容做加 06H 调整。

② 若累加器 A 的高四位为十六进制的 A～F 或进位标志 CY 为 1，则累加器 A 中的内容做加 60H 调整。

【例 3-3】求 R3← R2－R1。

程序段如下：

```
MOV  A,R2
CLR C
SUBB  A,R1
MOV  R3,A
```

【例 3-4】在 R3 中有十进制数 67，在 R2 中有十进制数 85，用十进制运算，运算的结果放于 R5 中。

程序段如下：

```
MOV  A,R3
ADD  A,R2
DA   A
MOV  R5,A
```

程序中 DA 指令对 ADD 指令运算出来的放于累加器 A 中的结果进行调整，调整后，累加器 A 中的内容为 52H，CY 为 1，则结果为 152，最后放于 R5 中的内容为 52H(十进制数 52)。

3.3.3 逻辑操作指令

逻辑操作指令对操作数按逻辑量处理。共 24 条指令，涉及 9 个助记符：ANL、ORL、XRL、CLR、CPL、RL、RR、RLC 和 RRC。分为五组：逻辑与、逻辑或、逻辑异或、逻辑清 0 和求反以及循环移位指令，如表 3.3 所示。

表 3.3 逻辑操作指令表

分 组	格 式	功 能	说 明
逻辑与指令	ANL A,Rn ANL A,direct ANL A,@Ri ANL A,#data ANL direct,A ANL direct,#data	A← A ∧ Rn A← A ∧ (direct) A← A ∧ (Ri) A← A ∧ data (direct)←(direct)∧A (direct) ← (direct)∧data	A 的数据和第 2 个操作数的数据按位相与，结果送回 A 中
逻辑或指令	ORL A,Rn ORL A,direct ORL A,@Ri ORL A,#data ORL direct,A ORL direct,#data	A← A ∨ Rn A← A ∨ (direct) A← A ∨ (Ri) A← A ∨ data (direct)←(direct)∨A direct) ← (direct) ∨ data	A 的数据和第 2 个操作数的数据按位相或，结果送回 A 中
逻辑异或指令	XRL A,Rn XRL A,direct XRL A,@Ri XRL A,#data XRL direct,A XRL direct,#data	A← A ∀ Rn A← A ∀ (direct) A← A ∀ (Ri) A← A ∀ data (direct)←(direct)∀A (direct) ← (direct) ∀ data	A 的数据和第 2 个操作数的数据按位相异或，结果送回 A 中

续表

分　组	格　式	功　能	说　明
逻辑清 0 和求反指令	CLR　A CPL　A	A← 0 A← /A	累加器 A 清 0 累加器 A 取反
循环移位指令	RL　A RR　A RLC　A RRC　A	累加器 A 循环左移 累加器 A 循环右移 带进位的循环左移 带进位的循环右移	

说明如下：

(1) 逻辑与通常用于实现对指定位清 0，其余位不变；逻辑或通常用于实现对指定位置 1，其余位不变；逻辑异或通常用于实现指定位取反，其余位不变。

(2) 循环移位指令通常用于把一个字节各位依次取出使用。

【例 3-5】写出完成下列功能的指令段。

(1) 对累加器 A 中的 1、3、5 位清 0，其余位不变。

```
ANL  A,#11010101B
```

(2) 对累加器 A 中的 2、4、6 位置 1，其余位不变。

```
ORL  A,#01010100B
```

(3) 对累加器 A 中的 0、1 位取反，其余位不变。

```
XRL  A,#00000011B
```

3.3.4　控制转移指令

控制转移指令用于改变程序执行的顺序，实现循环结构和分支结构。共 17 条，涉及 12 个助记符：LJMP、AJMP、SJMP、JMP、JZ、JNZ、CJNE、DJNZ、ACALL、LCALL、RET 和 RETI。分为四组：无条件转移指令、条件转移指令、子程序调用指令及返回指令，如表 3.4 所示。

表 3.4　控制转移指令表

分　组	格　式	功　能	说　明
无条件转移指令	LJMP addr16	PC ← addr16	长转移指令
	AJMP addr11	$PC_{10\sim0}$ ← addr11	绝对转移指令
	SJMP rel	PC ← PC + 2 + rel	相对转移指令
	JMP @A+DPTR	PC ← A + DPTR	间接转移指令
条件转移指令	JZ rel JNZ rel	若 A=0，则 PC ← PC + 2 + rel 若 A≠0，则 PC ← PC + 2 + rel	累加器 A 判零条件转移指令
	CJNE A,#data,rel CJNE Rn,#data,rel CJNE @Ri,#data,rel CJNE A,direct,rel	若第 1 个操作数等于第 2 个操作数，则 PC ← PC + 3，不转移，继续执行． 若第 1 个操作数大于第 2 个操作数，则 C=0，PC ← PC + 3 + rel，转移． 若第 1 个操作数小于第 2 个操作数，则 C=1，PC ← PC + 3 + rel，转移	比较转移指令

续表

分 组	格 式	功 能	说 明
条件转移指令	DJNZ Rn,rel DJNZ direct,rel	先将第 1 个操作数中的内容减 1,再判断内容是否等于零,若不为零,则转移	减 1 不为零转移指令
子程序调用指令	LCALL addr16	PC←PC+3 SP←SP+1 (SP)←$PC_{7\sim0}$ SP←SP+1 (SP)←$PC_{15\sim8}$ PC←addr16	长调用指令
	ACALL addr11	PC←PC+2 SP←SP+1 (SP)←$PC_{7\sim0}$ SP←SP+1 (SP)←$PC_{15\sim8}$ $PC_{10\sim0}$←addr11	绝对调用指令
返回指令	RET	$PC_{15\sim8}$ ←(SP) SP←SP-1 $PC_{7\sim0}$ ←(SP) SP←SP-1	子程序返回指令
	RETI	$PC_{15\sim8}$ ←(SP) SP←SP-1 $PC_{7\sim0}$ ←(SP) SP←SP-1 中断优先级触发位清 0	中断返回指令

说明如下：

(1) 无条件转移指令，指令执行后，程序将无条件地转移到指令指定的地方。条件转移指令，条件满足时，程序转移到指定位置，条件不满足时，程序将继续顺次执行。

(2) LJMP 和 AJMP 是绝对转移，其他都是相对转移。LJMP 可实现程序存储器 64KB 空间范围内转移，AJMP 实现当前位置 2KB 空间内转移，相对转移范围为-128～+127 字节。

(3) 子程序调用指令转移前会先将当前的 PC 值(指令执行的 PC 值)入栈保存。RET(RETI)放在子程序(中断服务子程序)的最后位置，用来返回主程序的断点位置，RETI 和 RET 基本操作相同，只是 RETI 在回主程序前要先将相应的中断优先级触发位清 0。

(4) 对于 SJMP 指令，在单片机汇编程序设计中，通常在最后位置放一条：HERE: SJMP HERE(或 SJMP $)，转移到指令自己本身，进入等待状态，使程序不再向后执行以避免执行后面的内容而出错。

(5) JMP @A+DPTR 是 51 单片机中唯一一条间接转移指令，这条指令一般和一个无条件转移指令表一起实现多分支转移程序，因而又称为多分支转移指令。具体情况后面程序设计部分介绍。

(6) 累加器 A 判零条件转移指令和比较转移指令通常用来实现分支结构，减 1 不为零转移指令通常用来实现循环结构。

【例 3-6】把片外 RAM 的 30H 单元开始的数据块传送到片内 RAM 的 40H 开始的位

置，直到出现零为止。

片内、片外数据传送以累加器 A 过渡。每次传送一个字节，通过循环处理，直到处理到传送的内容为 0 结束。

程序代码如下：

```
MOV  R0,#30H
MOV  R1,#40H
LOOP:MOVX  A,@R0
MOV  @R1,A
INC   R1
INC   R0
JNZ   LOOP
SJMP   $
```

【例 3-7】统计片内 RAM 中 30H 单元开始的 20 个数据中 0 的个数，放于 R7 中。

用 R2 做循环变量，最开始置初值为 20；用 R7 做计数器，最开始置初值为 0；用 R0 做指针访问片内 RAM 单元，最开始置初值为 30H；用 DJNZ 指令对 R2 减 1 转移进行循环控制，在循环体中用指针 R0 依次取出片内 RAM 中的数据，判断如为 0，则 R7 中的内容加 1。

程序代码如下：

```
     MOV  R0,#30H
     MOV  R2,#20
     MOV  R7,#0
LOOP:MOV  A,@R0
     CJNE  A,#0,NEXT
     INC   R7
NEXT:INC   R0
     DJNZ  R2,LOOP
     SJMP   $
```

3.3.5　位操作指令

在 51 单片机中，除了有一个 8 位的运算器 A 以外，还有一个位运算器 C(实际为进位标志 CY)，可以进行位处理，这对于控制系统很重要。位操作指令共有 17 条，涉及 11 个助记符：MOV、CLR、CPL、SETB、ANL、ORL、JC、JNC、JB、JNB 和 JBC。分为三组：位传送、位逻辑运算、位控制转移等操作，如表 3.5 所示。

表 3.5　位操作指令表

分　组	格　式	功　能	说　明
位传送指令	MOV　C，bit	C←(bit)	位运算器 C 与一般位之间的相互传送。
	MOV　bit，C	(bit)←C	
位逻辑运算指令	CLR　C	C←0	位清 0
	CLR　bit	(bit)←0	
	SETB　C	C←1	位置 1
	SETB　bit	(bit)←1	

续表

分　组	格　式	功　能	说　明
位逻辑运算指令	CPL C CPL bit	C←/C (bit)←/(bit)	位取反
	ANL C,bit ANL C,/bit	C←C∧(bit) C←C∧/(bit)	位与
	ORL C,bit ORL C,/bit	C←C∨(bit) C←C∨/(bit)	位或
位控制转移指令	JC rel JNC rel	若 C=1，则转移，PC←PC+2+rel； 若 C=0，则转移，PC←PC+2+rel；	以 C 为条件的位转移指令
	JB bit,rel JNB bit,rel JBC bit,rel	若(bit)=1，则转移，PC←PC+3+rel； 若(bit)=0，则转移，PC←PC+3+rel； 若(bit)=1，则转移，PC←PC+3+rel，且(bit)←0；	以 bit 为条件的位转移指令
空操作指令	NOP	PC ← PC+1	

说明如下：

(1) 位传送必须有位运算器 C 参与，不能直接实现两位之间的传送。

(2) 位逻辑运算指令通常用来实现各种各样的逻辑功能。

(3) 位转移指令通常用来实现各种位测试。

(4) 空操作指令执行时，不做任何操作，但要消耗一个机器周期时间，常常用它来构造延时程序。

【例 3-8】利用位逻辑运算指令编程实现图 3.3 所示硬件逻辑电路的功能。

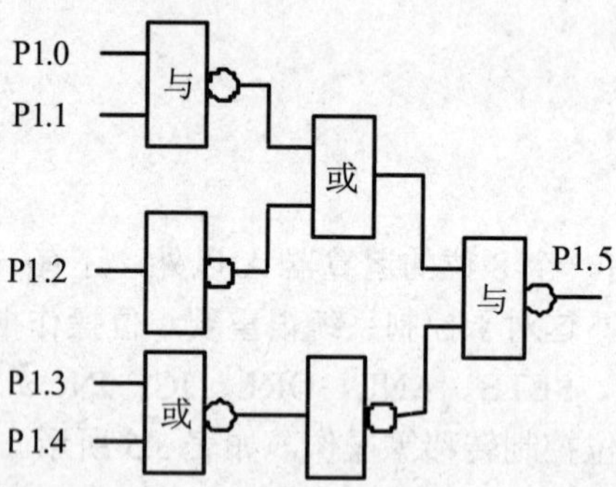

图 3.3　硬件电路图

程序代码如下：

```
MOV  C,P1.0
ANL  C,P1.1
CPL  C
ORL  C,/P1.2
MOV  F0,C
MOV  C,P1.3
```

```
ORL  C,P1.4
ANL  C,F0
CPL  C
MOV  P1.5,C
SJMP  $
```

【例 3-9】从片外 RAM 的 30H 单元处开始有 100 个数据，统计当中正数、0 和负数的个数，分别放于 R5、R6、R7 中。

设用 R2 作计数器，用 DJNZ 指令对 R2 减 1 转移进行循环控制，在循环体外设置 R0 指针，指向片外 RAM 30H 单元，对 R5、R6、R7 清零，在循环体中用指针 R0 依次取出片外 RAM 中的 100 个数据，然后判断，如大于 0，则 R5 中的内容加 1；如等于 0，则 R6 中的内容加 1；如小于 0，则 R7 中的内容加 1。

程序代码如下：

```
    MOV  R2,#100
    MOV  R0,#30H
    MOV  R5,#0
    MOV  R6,#0
    MOV  R7,#0
LOOP: MOVX  A,@R0
    CJNE  A,#0,NEXT1
    INC   R6
    SJMP   NEXT3
NEXT1:CLR   C
    SUBB  A,#80H
    JC    NEXT2
    INC   R7
    SJMP   NEXT3
NEXT2:INC   R5
NEXT3:INC   R0
    DJNZ  R2,LOOP
    SJMP   $
```

3.4　51 单片机汇编程序常用伪指令

伪指令是放在汇编语言源程序中用于指示汇编程序如何对源程序进行汇编的指令。它不同于指令系统中的指令。指令系统中的指令在汇编程序汇编时能够产生相应的指令代码，而伪指令在汇编程序汇编时不会产生代码，只是对汇编过程进行相应的控制和说明。

伪指令通常在汇编语言源程序中用于定义数据、分配存储空间、控制程序的输入/输出等。51 单片机汇编语言源程序常用的伪指令有以下几条。

1. ORG 伪指令

格式：ORG　地址(十六进制表示)

这条伪指令放在一段源程序或数据的前面，汇编时用于指明程序或数据从程序存储空间的什么位置开始存放。ORG 伪指令后的地址是程序或数据的起始地址。

2. DB 伪指令

格式：[标号：] DB　项或项表

DB 伪指令用于定义字节数据，可以定义一个字节，也可定义多个字节。定义多个字节时，两两之间用逗号间隔，定义的多个字节在存储器中是连续存放的。定义的字节可以是一般常数，也可以为字符，还可以是字符串。字符和字符串以引号括起来，字符数据在存储器中以ASCII码形式存放。

在定义时前面可以带标号，定义的标号在程序中是起始单元的地址。

3. DW伪指令

格式：[标号：] DW 项或项表

这条指令与 DB 相似，但用于定义字数据。项或项表所定义的一个字在存储器中占两个字节。汇编时，机器自动按高字节在前，低字节在后存放，即高字节存放在低地址单元，低字节存放在高地址单元。

4. DS伪指令

格式：[标号：] DS 数值表达式

该伪指令用于在存储器中保留一定数量的字节单元。保留存储空间主要是为了以后存放数据。保留的字节单元数由表达式的值决定。

5. EQU伪指令

格式：符号 EQU 项

该伪指令的功能是将指令中项的值赋予 EQU 前面的符号。项可以是常数、地址标号或表达式。以后可以通过使用该符号使用相应的项。

用EQU伪指令对某标号赋值后，该符号的值在整个程序中不能再改变。

6. DATA伪指令

格式：符号 DATA 直接字节地址

该伪指令用于给片内RAM字节单元地址赋予DATA前面的符号，符号以字母开头，同一单元地址可以赋予多个符号。赋值后可用该符号代替DATA后面的片内RAM字节单元地址。

7. XDATA伪指令

格式：符号 XDATA 直接字节地址

该伪指令与DATA伪指令基本相同，只是它针对的是片外RAM字节单元。

8. bit伪指令

格式：符号 bit 位地址

该伪指令用于给位地址赋予符号，经赋值后可用该符号代替bit后面的位地址。

9. END伪指令

格式：END

该指令放于程序的最后位置，用于指明汇编语言源程序的结束位置。当汇编程序汇编到END伪指令时，汇编结束。END后面的指令，汇编程序都不予处理。一个源程序只能有一个 END 命令，否则就有一部分指令不能被汇编。

【例 3-10】 程序代码如下：

```
ORG  1000H
TAB1:  DB  12H,34H
       DB  'A','abc'
       DS   2H
TAB2:  DW  1234H
```

汇编后，各个数据在程序存储单元中的存放情况如图 3.4 所示。

地址	内容
1000H	12H
1001H	34H
1002H	41H
1003H	61H
1004H	62H
1005H	63H
1006H	—
1007H	—
1008H	12H
1009H	34H

图 3.4　DB 数据分配图

【例 3-11】 程序代码如下：

```
TAB1     EQU   1000H
NUM      DATA  60H
PORT1    XDATA  2000H
A1       bit  P1.0
```

汇编后，在程序后面，TAB1 等于 1000H；NUM 就表示片内 RAM 的 60H 单元；符号 PORT1 就表示片外 RAM 的 2000H 单元地址；A1 就表示 P1.0。

3.5　51 单片机汇编程序设计

在单片机系统设计中，程序设计是重要的一环，它的质量直接影响到整个系统的功能。用汇编语言进行程序设计的过程和用高级语言设计程序有相似之处，其设计过程大致可以分为以下几个步骤。

(1) 明确课题的具体内容，明确程序功能、运算精度、执行速度等方面要求。

(2) 把复杂问题分解为若干个模块，确定各模块的处理方法，画出程序流程图(简单问题可以不画)。对复杂问题可分别画出分模块流程图和总的流程图。

(3) 存储器资源分配，如各程序段的存放地址、数据区地址、工作单元分配等。

(4) 编制程序，根据程序流程图精心选择合适的指令和寻址方式来编制源程序。

(5) 对程序进行汇编、调试和修改。将编制好的源程序进行汇编，检查修改程序中的错误，执行目标程序，对程序运行结果进行分析，直至正确为止。

另外，用汇编语言进行程序设计时，对于程序、数据在存储器的存放位置，工作寄存器、片内数据存储单元、堆栈空间等安排都要由编程者自己安排。编写过程中要特别注意。

单片机汇编程序有多种，这里介绍常见的几种。

3.5.1　数据传送程序

【例 3-12】 把片内 RAM 的 40H～4FH 的 16 个字节的内容传送到片外 RAM 的 2000H 单元位置处。

分析：片内数据存储器与片外数据存储器数据传送通过累加器 A 过渡，片内 RAM 和片外 RAM 分别用指针指向，每传送一次指针向后移一个单元，重复 16 次即可实现。

具体处理过程如下：在循环体外，用 R0 指向片内 RAM 的 40H 单元，用 DPTR 指向片外 RAM 的 2000H 单元，用 R2 作循环变量，初值为 16。在循环体中把 R0 指向的片内 RAM 单元内容传送到 DPTR 指向的片外 RAM 单元，改变 R0、DPTR 指针指向下一个单元，用 DJNZ 指令控制循环 16 次即可。程序流程图如图 3.5 所示。

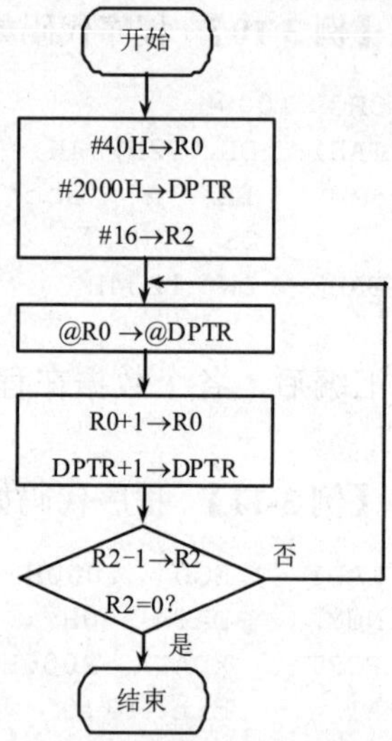

图 3.5 多字节数据传送程序流程图

程序代码如下：

```
       ORG  0000H
       LJMP MAIN

       ORG  0100H
  MAIN:MOV  R0,#40H
       MOV  DPTR,#2000H
       MOV  R2,#16
 LOOP: MOV  A,@R0      ;@R0 →@DPTR
       MOVX  @DPTR,A
       INC  R0
       INC  DPTR
       DJNZ  R2,LOOP
       SJMP $
       END
```

3.5.2 运算程序

【例 3-13】多字节无符号数加法。

设从片内 RAM30H 单元和 40H 单元有两个 16 字节数，把它们相加，将结果放于 30H 单元开始的位置处(设结果不溢出)。

用 R0 做指针指向 30H 单元，用 R1 做指针指向 40H 单元，用 R2 为循环变量，初值为 16，在循环体中用 ADDC 指令把 R0 指针指向的单元与 R1 指针指向的单元相加，加得的结果放回 R0 指向的单元，改变 R0、R1 指针指向下一个单元，循环 16 次，在第一次循环前应先将 CY 清零。程序流程图如图 3.6 所示。

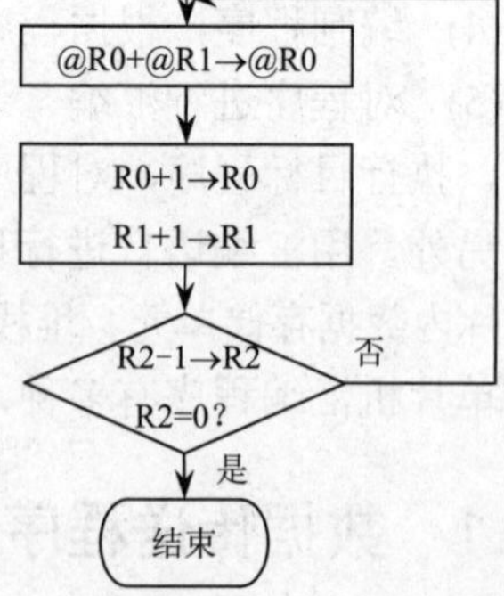

图 3.6 多字节无符号数加法流程图

程序代码如下：

```
       ORG  0000H
       LJMP MAIN

       ORG  0100H
  MAIN:MOV  R0,#30H
       MOV R1,#40H
       MOV R2,#16
       CLR  C
  LOOP: MOV  A,@R0
       ADDC  A, @R1
       MOV  @R0,A
       INC  R0
       INC  R1
       DJNZ  R2,LOOP
       SJMP $
       END
```

【**例 3-14**】两字节无符号数乘法。

设被乘数的高字节放在 R7 中，低字节放在 R6 中；乘数的高字节放在 R5 中，低字节放在 R4 中。乘得的积有 4 个字节，按由低字节到高字节的次序存于片内 RAM 中以 ADDR 为首地址的区域中。

由于 51 单片机只有一条单字节无符号数乘法指令 MUL，而且要求参加运算的两个字节需放在累加器 A 和 B 寄存器中，而乘得的结果的高字节放在 B 寄存器中，低字节放在累加器 A 中。因而两字节乘法需用四次乘法指令来实现，关系如图 3.7 所示。

			R7	R6
		×	R5	R4
			B1	A1
		B2	A2	
		B3	A3	
+	B4	A4		
	C4	C3	C2	C1

图 3.7　两字节无符号数乘法关系图

四次乘法为 R6×R4、R7×R4、R6×R5 和 R7×R5，设 R6×R4 的结果为 B1A1，R7×R4 的结果为 B2A2，R6×R5 的结果为 B3A3，R7×R5 的结果为 B4A4，乘得的结果需按图 3.7 所示的关系加起来。即乘积的最低字节 C1 只由 A1 这部分得到，乘积的第二字节 C2 由 B1、A2 和 A3 相加得到，乘积的第三字节 C3 由 B2、B3、A4 以及 C2 部分的进位相加得到，乘积的第四字节 C4 由 B4 和低字节的进位相加得到。

由于在计算机内部不能同时实现多个数相加，因此我们用累加的方法来计算 C2、C3 和 C4 部分，用 R3 寄存器来累加 C2 部分，用 R2 寄存器来累加 C3 部分，用 R1 寄存器来累加 C4 部分，另外用 R0 作指针来依次存放 C1、C2、C3、C4 到存储器。

程序代码如下：

```
     ORG  0000H
     LJMP MAIN

     ORG 0100H
MAIN:MOV  R0,#ADDR
MUL1:MOV  A,R6
     MOV  B,R4
     MUL  AB              ;R6×R4,结果的低字节直接存入积的第一字节单元
     MOV  @R0,A           ;结果的高字节存入 R3 中暂存起来
     MOV  R3,B
MUL2:MOV  A,R7
     MOV  B,R4
     MUL  AB              ;R7×R4,结果的低字节与 R3 相加后,再存入 R3 中
     ADD  A,R3
     MOV  R3,A
     MOV  A,B             ;结果的高字节加上进位位后存入 R2 中暂存起来
     ADDC A,#00
     MOV  R2,A
```

```
MUL3:MOV  A,R6
    MOV  B,R5
    MUL  AB             ;R6×R5,结果的低字节与 R3 相加存入积的第二字节单元
    ADD  A,R3
    INC   R0
    MOV  @R0,A
    MOV  A,R2
    ADDC  A,B           ;结果的高字节加 R2 再加进位位后,再存入 R2 中
    MOV  R2,A
    MOV  A,#00
    ADDC  A,#00         ;相加的进位位存入 R1 中
    MOV  R1,A
MUL4:MOV  A,R7
    MOV  B,R5
    MUL  AB             ;R7×R5,结果的低字节与 R2 相加存入积的第三字节单元
    ADD  A,R2
    INC   R0
    MOV  @R0,A
    MOV  A,B
    ADDC  A,R1          ;结果的高字节加 R1 再加进位位后存入积的第四字节单元
    INC   R0
    MOV  @R0,A
    SJMP $
    END
```

3.5.3 代码转换程序

对于代码转换，如果要转换的内容与代码之间有规律，则可利用它们的规律用运算方式实现转换；如果没有规律，可以通过用查表方式实现转换。

【例 3-15】一位十六进制数转换成 ASC1I 码，设十六进制数放于 R2 中，要求转换的结果放回 R2 中。

一位十六进制数有 16 个符号 0～9、A、B、C、D、E、F。其中，0～9 的 ASCII 码为 30H～39H，A～F 的 ASCII 码为 41H～46H。转换时，只要判断十六进制数是在 0～9 之间还是在 A～F 之间，如在 0～9 之间，加 30H，如在 A～F 之间，加 37H，就可得到 ASCII 码。

程序代码如下：

```
    ORG  0200H
    MOV  A,R2
    CLR   C
    SUBB  A,#0AH        ;减去 0AH,判断在 0～9 之间,还是在 A～F 之间
    MOV  A,R2
    JC  ADD30           ;如在 0～9 之间,直接加 30H
    ADD  A,#07H         ;如在 A～F 之间,先加 07H,再加 30H
ADD30:ADD  A,#30H
    MOV  R2,A
    RET
```

【例 3-16】一位十六进制数转换成 8 段式数码管显示码，设十六进制数放于 R2 中，要求转换的结果放回 R2 中。

一位十六进制数 0～9、A、B、C、D、E、F 的 8 段式数码管的共阴极显示码为 3FH、06H、5BH、4FH、66H、6DH、7DH、07H、7FH、67H、77H、7CH、39H、5EH、79H、71H。由于数与显示码没有规律，因此不能通过运算得到，只能通过查表方式得到。首先用数据定义伪指令 DB 建一张由十六进制数 0～9、A、B、C、D、E、F 的 8 段式数码管的共阴极显示码组成的表，查表时先找到表首，然后用这一位十六进制数作位移量就可以找到相应的显示码。

在 51 单片机中，查表指令有两条："MOVC　A，@A+DPTR"和"MOVC　A，@A+PC"。用它们构造的查表程序分别如下。

(1) 用 MOVC　A，@A+DPTR 构造的查表程序，其代码如下：

```
         ORG  0200H
CONVERT:MOV  DPTR,#TAB          ;DPTR 指向表首地址
         MOV  A,R2              ;转换的数放于 A
         MOVC  A, @A+DPTR       ;查表指令转换
         MOV  R2,A
         RET
TAB:     DB  3FH,06H,5BH,4FH,66H,6DH,7DH,07H
         DB  7FH,67H,77H,7CH,39H,5EH,79H,71H   ;显示码表
```

用"MOVC　A，@A+DPTR"查表时，基址寄存器 DPTR 直接存放表首地址，累加器 A 中存放要转换的数字。执行查表指令后累加器 A 中就可得到相应的显示码。

(2) 用"MOVC　A，@A+PC"构造的查表程序，其代码如下：

```
         ORG  0200H
CONVERT:MOV  A,R2               ;转换的数放于 A
         ADD  A,#02H            ;加查表指令相对于表首的位移量
         MOVC  A, @A+PC         ;查表指令转换
         MOV  R2,A
         RET
TAB:     DB  3FH,06H,5BH,4FH,66H,6DH,7DH,07H
         DB  7FH,67H,77H,7CH,39H,5EH,79H,71H   ;显示码表
```

用"MOVC　A，@A+PC"时，由于程序计数器 PC 不能直接赋值，在程序处理过程中它始终指向下一条指令。查表时如何得到表首地址呢？处理时，可以用"MOVC　A，@A+PC"指令执行时的 PC 值加一个差值来得到，这个差值为 MOVC　A，@A+PC 指令执行时的 PC 值相对于表首的位移量，在本例中，这个差值为 02H。在 51 单片机中，PC 又不能直接和位移量相加，如何办呢？处理时可以将这个差值加到累加器 A 中。上面的程序在把当前要转换的数字放于累加器 A 后，再把差值 02H 加到累加器 A，然后执行查表指令，累加器 A 中就可得到相应的显示码。

3.5.4　多分支转移(散转)程序

在 51 单片机中，多分支转移程序通常可以用两种方法实现，一种是用多分支转移指令 JMP　@A+DPTR 来实现，另一种是用 RET 指令来实现。

1. 采用多分支转移指令 JMP @A+DPTR 实现的多分支转移程序

JMP @A+DPTR 指令执行时，由数据指针寄存器 DPTR 的内容与累加器 A 中的内容相加得到转移的目的地址。用它来实现多分支时，先要构造一个无条件转移指令表，表首地址放于 DPTR 中，累加器 A 中放转移的分支信息，然后执行 JMP @A+DPTR 指令就可以转移到相应的分支去。

【例 3-17】编写一个有 10 路分支的多分支转移程序，设分支号为 0～9，放在 R2 中。即当

```
(R2)=0，转向 OPR0
(R2)=1，转向 OPR1
     ⋮
(R2)=9，转向 OPR9
```

先用无条件转移指令(“AJMP”或“LJMP”)按顺序构造一个转移指令表，执行转移指令表中的第 *n* 条指令，就可以转移到第 *n* 个分支，将转移指令表的首地址装入 DPTR 中，将 R2 中的分支信息装入累加器 A 中形成变址值。然后执行多分支转移指令 JMP @A+DPTR 转到转移指令表的相应无条件转移指令，再通过无条件转移指令转移对应的分支。

程序代码如下：

```
    MOV  DPTR,#TAB             ;DPTR 指向转移指令表的首地址
    MOV  A,R2
    RL  A                      ;分支信息乘 2 形成变址值放累加器 A 中
    JMP @A+DPTR                ;转到转移指令表的相应无条件转移指令
TAB:AJMP  OPR0                 ;转移指令表
    AJMP  OPR1
    ⋮
    AJMP  OPR9
```

在上面的例子中，转移指令表中的转移指令是由 AJMP 指令构成的，每条 AJMP 指令长度为两个字节，变址值的取得是通过分支信息乘以指令长度 2。

AJMP 指令的转移范围不超出 2KB 的字节空间，如果各分支程序比较长，在 2KB 范围内无法全部存放，这时应改用 LJMP 指令构造转移指令表。每条 LJMP 指令长度为 3 个字节，变址值应由分支信息乘以 3。

程序代码如下：

```
    ORG  0200H
    MOV  DPTR,#TAB             ;DPTR 指向转移指令表的首地址
    MOV  A,R2
    MOV  B,#3
    MUL  AB                    ;分支信息乘 3 形成变址值放累加器 A 中
    JMP  @A+DPTR               ;转到转移指令表的相应无条件转移指令
TAB:LJMP  OPR0                 ;转移指令表
    LJMP  OPR1
    LJMP  OPR2
    ⋮
    LJMP  OPR9
```

2. 采用 RET 指令实现的多分支程序

用 RET 指令实现多分支程序的方法是：先把各个分支的目的地址按顺序组织成一张地址表，在程序中用分支信息去查表，取得对应分支的目的地址，按先低字节，后高字节的顺序压入堆栈，然后执行 RET 指令，执行后则转到对应的目的位置。

【例 3-18】 用 RET 指令实现根据 R2 中的分支信息转到各个分支程序的多分支转移程序。

设有 10 路分支，分支号 0～9 放在 R2 中。各分支的目的地址分别为 addr0，addr1，addr2，…，addr9。

程序代码如下：

```
        MOV   DPTR,#TAB3      ;DPTR 指向目的地址表
        MOV   A,R2            ;分支信息存放于累加器 A 中
        RL    A               ;分支信息乘 2 得位移量
NEXT:   INC   A               ;加 1 指向目的地址的低字节
        MOV   R3,A            ;变址放于 R3 中暂存
        MOVC  A,@A+DPTR       ;取目的地址低 8 位
        PUSH  ACC             ;目的地址低 8 位入栈
        MOV   A,R3            ;取出 R3 中变址到累加器 A
        DEC   A               ;减 1 得到目的地址高 8 位单元的变址
        MOVC  A,@A+DPTR       ;取目的地址高 8 位
        PUSH  ACC             ;目的地址高 8 位入栈
        RET                   ;转向目的地址
TAB3:   DW   addr0            ;目的地址表
        DW   addrl
        ⋮
        DW   addr9
```

上述程序执行后，将根据 R2 中的分支信息转移到对应的分支程序。

3.5.5 延时程序

每条指令执行都要占用一定的机器周期，延时程序通过执行多条指令来实现，一般采用循环结构。典型的延时程序如下。

【例 3-19】 下面是延时 10ms 的程序，设系统时钟频率 12MHz。

```
DEL10ms:    MOV   R6,#20          ;1 个机器周期
DEL1:       MOV   R7,#249         ;1 个机器周期
            DJNZ  R7,$            ;2 个机器周期
            DJNZ  R6,DEL1         ;2 个机器周期
            RET                   ;2 个机器周期
```

系统时钟频率 12MHz，则机器周期 1μs。延时时间计算如下：

$$T=[2+20\times(249\times2+1+2)+1]\times1\mu s=10.023ms$$

习 题

1. 在 MCS-51 单片机中，寻址方式有几种？其中对片内 RAM 可以用哪几种寻址方式？对片外 RAM 可以用哪几种寻址方式？

2. 在对片外 RAM 单元的寻址中，用 Ri 间接寻址与用 DPTR 间接寻址有什么区别？

3. 在位处理中，位地址的表示方式有哪几种？

4. 写出完成下列操作的指令。

(1) R0 的内容送到 R1 中。

(2) 片内 RAM 的 30H 单元内容送到片外 RAM 的 50H 单元中。

(3) 片内 RAM 的 50H 单元内容送到片外 RAM 的 3000H 单元中。

(4) ROM 的 1000H 单元内容送到片内 RAM 的 50H 单元中。

5. 区分下列指令有什么不同？

(1) MOV A，20H 和 MOV A，#20H

(2) MOV A，@R1 和 MOVX A，@R1

(3) MOV A，R1 和 MOV A，@R1

(4) MOVX A，@R1 和 MOVX A，@DPTR

6. 已知 (A)=02H，(R1)=7FH，(DPTR)=2FFCH，片内 RAM(7FH)=70H，片外 RAM(2FFEH)=11H，ROM(2FFEH)=64H，试分别写出以下各条指令执行后目标单元的内容。

(1) MOV A，@R1

(2) MOVX @DPTR，A

(3) MOVC A，@A+DPTR

(4) XCHD A，@R1

7. 已知 (A)=78H，(R1)=78H，(B)=04H，CY=1，片内 RAM(78H)=0DDH，(80H)=6CH，试分别写出下列指令执行后目标单元的结果和相应标志位的值。

(1) ADD A，@R1

(2) SUBB A，#77H

(3) MUL AB

(4) DIV AB

(5) ANL 78H，#78H

(6) ORL A，#0FH

(7) XRL 80H，A

8. 设(A)=83H，(R0)=17H，(17H)=34H，分析当执行完下面指令段后累加器 A、R0、17H 单元的内容。

```
ANL  A,#17H
ORL  17H,A
XRL  A,@R0
CPL  A
```

9. 写出完成下列要求的指令。

(1) 累加器 A 的低 2 位清零，其余位不变。

(2) 累加器 A 的高 2 位置“1”，其余位不变。

(3) 累加器的高 4 位取反，其余位不变。

(4) 累加器第 0 位、2 位、4 位、6 位取反，其余位不变。

10. 用位处理指令实现 P1.4=P1.0∧(P1.1∨P1.2)∨/P1.3 的逻辑功能。

11. 下列程序段汇编后，从 1000H 单元开始的单元内容是什么？

```
     ORG  1000H
TAB: DB  12H,34H
     DS  3
     DW  5567H,87H
```

12. 编程实现将片外 RAM 的 2000H～2030H 单元的内容，全部移到片内 RAM 的 20H 单元的开始位置，并将原位置清零。

13. 编程将片外 RAM 的 1000H 单元开始的 100 个字节的数据相加，结果存放于 R7R6 中。

14. 用查表的方法实现将一位十六进制数转换成 ASCII 码。

15. 编程统计从片外 RAM2000H 开始的 100 个单元中“0”的个数，将结果存放于 R2 中。

第 4 章　单片机 C 语言程序设计

C 语言是现在单片机应用系统开发中广泛使用的程序设计语言，如今大型、复杂的单片机应用系统开发中往往都通过 C 语言来设计程序。

4.1　C51 的基本知识

C 语言是国内外普遍使用的一种程序设计语言，其功能丰富，表达能力强，使用灵活方便，应用面广，目标程序效率高，可移植性好，而且也能直接对计算机硬件进行操作，既有高级语言的特点，也具有汇编语言的特点。以前计算机系统软件和硬件系统设计主要是用汇编语言来编写，用汇编语言编写的程序对硬件操作很方便，编写的程序代码短，但是汇编语言使用起来很不方便，可读性和可移植性都很差，而且汇编语言程序在编写时，应用系统设计的周期长，调试和排错也比较困难。为了提高计算机应用系统和应用程序的效率，改善程序的可读性和可移植性，最好是采用高级语言来进行应用系统和应用程序设计。高级语言的种类很多，其他的高级语言虽然编程很方便，但不能对计算机硬件直接进行操作。而 C 语言既有高级语言使用方便的特点，也具有汇编语言直接对硬件进行操作的特点，因而现在在计算机硬件系统设计中，特别是在单片机应用系统开发中，往往采用 C 语言来进行开发和设计。

C 语言作为一种非常普遍的程序设计语言，在学习单片机前一般都先学习了这门课程。因而本书不打算花太多的篇幅介绍 C 语言的基本语法和程序设计方法。而把重点放在单片机 C 语言(简称“C51”)与标准 C 语言的区别上。

C51 是在标准 C 语言的基础上发展来的，总体上与标准 C 语言相同，其中，语法规则、程序结构及程序设计方法等与标准 C 语言完全相同。但标准 C 语言针对的是通用微型计算机，C51 面向的是 MCS-51 单片机，它们的硬件资源与存储器结构都不一样，而且 MCS-51 单片机相对于微型计算机系统资源要贫乏得多。C51 在数据类型、变量器类型、输入/输出处理、函数等方面与标准的 C 语言不一样。

C51 与标准 C 语言的区别主要体现在以下几个方面。

(1)　C51 中的数据类型与标准 C 语言的数据类型有一定的区别。C51 一方面对标准 C 语言的数据类型进行了扩展，在标准 C 语言的数据类型基础上增加了对 51 单片机位数据访问的位类型(bit 和 sbit)和内部特殊功能寄存器访问的特殊功能寄存器型(sfr 和 sfr16)。另一方面对部分数据类型的存储格式进行改造以适应 MCS-51 单片机。

(2)　C51 在变量定义与使用上与标准 C 语言不一样。一方面，C51 在标准 C 语言基础上增加了位变量与特殊功能寄存器变量；另一方面，由于 MCS-51 单片机的存储器结构与通用微型计算机的存储器结构不同，C51 中变量增加了存储器类型选项，以指定变量在存储器中的存放位置。

(3)　为了方便对 MCS-51 单片机硬件资源进行访问，C51 在绝对地址访问上对标准 C

语言进行了扩展。除可通过指针来进行绝对地址访问，还增加了一个绝对地址访问函数库 absacc.h，在函数库中给出了一些宏定义，可通过这些宏定义进行绝对地址访问。另外专门提供了一个关键字“_at_”，可把变量定位到某个固定的地址空间，实现绝对地址访问。

(4) C51 中函数的定义和使用与标准 C 语言也不完全相同。C51 的库函数和标准 C 语言定义的库函数不同，标准 C 语言定义的库函数针对通用微型计算机，而 C51 中的库函数是按 MCS-51 单片机来定义的。C51 中用户可定义编写中断函数，而标准 C 语言中用户一般不自己定义中断函数。

(5) C51 的主函数 main()内部格式与标准 C 语言也有一定的区别。标准 C 语言针对微型计算机，微型计算机首先有操作系统，其他软件都由操作系统管理，标准 C 语言编的程序在操作系统环境下运行，最后一般要返回操作系统。而 C51 程序在 MCS-51 单片机中运行，MCS-51 单片机很多时候是单任务处理，也就是说整个 MCS-51 系统只有一个程序，不存在返回。因此，C51 程序一般都是循环程序，而且是死循环，让它一直运行。如果前面没有循环，最后一般也加一条死循环语句，如“while(1);”。

下面，主要通过以上几个方面对 C51 作相应的介绍。

现在支持 MCS-51 系列单片机的 C 语言编译器有很多种，如 American Automation、Avocet、BSO/TASKING、DUNFIELD SHAREWARE 和 Keil/Franklin 等。各种编译器的基本情况相同，但具体处理时有一定的区别，其中 Keil/Franklin 以它的代码紧凑和使用方便等特点优于其他编译器，现在使用特别广泛。本书以 Keil/Franklin 编译器来介绍。

4.2 C51 的数据类型

数据的格式通常称为数据类型。C51 的数据类型与标准 C 语言的数据类型基本相同，但又有一定的区别。C51 的基本数据类型有字符型 char、短整型 short、整型 int、长整型 long、浮点型 float 和双精度型 double，都分无符号和有符号两种情况。但 short 型与 char 型相同，double 型与 float 型相同，而且整型 int 和长整型 long 在存储器中的存储格式与标准 C 语言不一样。另外，C51 还有专门针对 MCS-51 单片机的扩展了特殊功能寄存器型和位类型。有关 C51 的数据类型如表 4.1 所示。

表 4.1　Keil C51 编译器能够识别的基本数据类型

基本数据类型	名　称	长　度	取值范围
unsigned char	无符号字符型	1 字节	0～255
signed char	有符号字符型	1 字节	−128～+127
unsigned int	无符号整型	2 字节	0～65 535
signed int	有符号整型	2 字节	−32 768～+32 767
unsigned long	无符号长整型	4 字节	0～4 294 967 295
signed long	有符号长整型	4 字节	−2 147 483 648～+2 147 483 647
float	浮点型	4 字节	±1.175494E-38～±3.402823E+38
bit	位型	1 位	0 或 1

续表

基本数据类型	名 称	长 度	取值范围
sbit	特殊位型	1 位	0 或 1
sfr	8 位特殊功能寄存器型	1 字节	0～255
sfr16	16 位特殊功能寄存器型	2 字节	0～65 535

4.2.1 C51 的基本数据类型

1. char 字符型

char 有 signed char 和 unsigned char 之分，默认为 signed char。它们的长度均为一个字节，用于存放一个单字节的数据。signed char 用于定义有符号字节数据，其字节的最高位为符号位，“0”表示正数，“1”表示负数，补码表示，所能表示的数值范围是-128～+127；unsigned char 用于定义无符号字节数据或字符，可以存放一个字节的无符号数，其所能表示的数值范围为 0～255。unsigned char 既可以用来存放无符号数，也可以存放西文字符，一个西文字符占一个字节，在计算机内部用 ASCII 码形式存放。

2. int 整型

int 有 signed int 和 unsigned int 之分，默认为 signed int。它们的长度均为两个字节，用于存放一个双字节数据。signed int 用于定义双字节有符号数，补码表示，所能表示的数值范围为-32 768～+32 767。unsigned int 用于定义双字节无符号数，数的范围为 0～65 535。int 整型数据在 C51 中存放格式与标准 C 语言不同，如图 4.1 所示。标准 C 语言是高字节存放在高地址单元，低字节存放在低地址单元，而 C51 中是高字节存放在低地址单元，低字节存放在高地址单元。

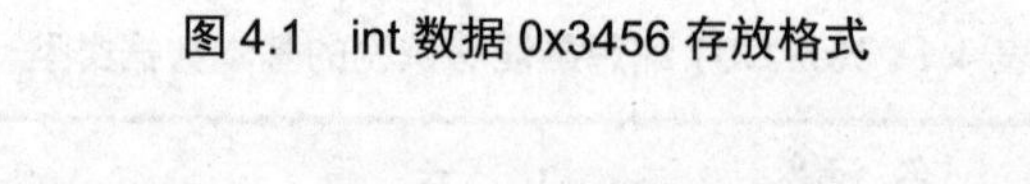

(a) 标准 C 语言中存放格式　　(b) C51 中存放格式

图 4.1 int 数据 0x3456 存放格式

3. long 长整型

long 有 signed long 和 unsigned long 之分，默认为 signed long。它们的长度均为 4 字节，用于存放一个 4 字节数据。signed long 用于定义 4 字节有符号数，补码表示，所能表示的数值范围为-2 147 483 648～+2 147 483 647。unsigned long 用于定义 4 字节无符号数，所能表示的数值范围为 0～4 294 967 295。C51 中 long 长整型数据存放格式也是高字节存放在低地址单元，低字节存放在高地址单元。情况和 int 型类似。

4. float 浮点型

float 型数据的长度为 4 个字节，Franklin C51 浮点数格式符合 IEEE-754 标准，包含指数和尾数两部分，最高位为符号位，“1”表示负数，“0”表示正数，其次的 8 位为阶码，最后的 23 位为尾数的有效数位，由于尾数的整数部分隐含为“1”，因此尾数的精度为 24 位。在存储器中的格式如表 4.2 所示。

表 4.2　单精度浮点数的格式

字节地址	3	2	1	0
浮点数的内容	SEEEEEEE	EMMMMMMM	MMMMMMMM	MMMMMMMM

其中，S 为符号位；E 为阶码位，共 8 位，用移码表示。阶码 E 的正常取值范围为 1～254，而对应的指数实际取值范围为-126～+127；M 为尾数的小数部分，共 23 位，尾数的整数部分始终为“1”。故一个浮点数的取值范围为$(-1)^{s}\times 2^{E-127}\times(1.M)$。

例如，浮点数+124.75=+1111100.11B=+1.11110011$\times 2^{+110}$，符号位为“0”，8 位阶码 E 为+110+1111111=10000101B，23 位数值位为 11110011000000000000000B，32 位浮点表示形式为 01000010 11111001 10000000 00000000B=42F98000H，在存储器中的存放格式如图 4.2 所示。

地址	
0	00H
+1	80H
+2	F9H
+3	42H

图 4.2　浮点数的存放格式

5. *指针型

指针型数据本身就是一个变量，在这个变量中存放着指向另一个数据的地址。这个指针变量要占用一定的内存单元。对不同的处理器其长度不一样，在 C51 中它的长度一般为 1～3 个字节。

4.2.2　C51 的特有数据类型

1. 特殊功能寄存器型

特殊功能寄存器型是 C51 扩充的数据类型，用于访问 MCS-51 单片机的特殊功能寄存器。它分为 sfr 和 sfr16 两种类型，其中 sfr 为字节型特殊功能寄存器类型，占一个内存单元，可以访问 MCS-51 内部的所有特殊功能寄存器；sfr16 为双字节型特殊功能寄存器类型，占两个字节单元，可以访问 MCS-51 内部的所有两个字节的特殊功能寄存器。在 C51 中，对特殊功能寄存器的访问必须先用 sfr 或 sfr16 进行声明。

2. 位类型

位类型也是 C51 中扩充的数据类型，用于访问 MCS-51 单片机的可寻址的位单元。在 C51 中，支持两种位类型：bit 型和 sbit 型。它们在内存中都只占一个二进制位，其值可以是“1”或“0”。其中用 bit 定义的位变量在用 C51 编译器编译时，不同的时候分配的位地址不一样。而用 sbit 定义的位变量必须与 MCS-51 单片机的一个可以位寻址的位单元联系在一起，在 C51 编译器编译时，其位地址是不可变化的。

下面就有符号和无符号的使用作一点说明。在 C51 中，如果不进行负数运算，应尽可能地使用无符号数，因为它能直接被 MCS-51 单片机接受，有符号数虽然与无符号数占用的字节数相同，但需要进行额外的操作来测试符号位。

4.3　C51的变量与存储类型

变量是程序运行过程中其值可以改变的量。一个变量由两部分组成：变量名和变量值。每个变量都有一个变量名，在存储器中占用一定的存储单元，变量的数据类型不同，占用的存储单元数也不一样。在存储单元中存放的内容就是变量值。

4.3.1　C51的普通变量及定义

C51 中，普通变量使用前必须对其进行定义，定义的总体格式与标准 C 语言相同，但由于 MCS-51 单片机的存储器组织与通用的微型计算机不一样，MCS-51 单片机的存储器分片内数据存储器、片外数据存储器和程序存储器。另外还有位寻址区，不同的存储器访问的方法不同，同一段存储区域又可以用多种方式访问。因而在定义变量时必须指明变量的存储器区域，以便编译系统为它分配相应的存储单元与访问方式。这通过在变量定义时加数据类型修饰符来指明。C51 中变量定义格式如下：

```
[存储种类]  数据类型说明符  [存储器类型]  变量名1[=初值],变量名2[=初值]…;
```

1. 数据类型说明符

数据类型说明符用来指明变量的数据类型，指明变量在存储器中占用的字节数。可以是系统已有的数据类型说明符，也可以是用 typedef 或#define 定义的类型别名。

为了增加程序的可读性，允许用户为系统固有的数据类型说明符用 typedef 或#define 起别名，格式如下：

```
typedef  C51固有的数据类型说明符  别名;
```

或

```
#define  别名  C51固有的数据类型说明符;
```

定义别名后，就可以用别名代替数据类型说明符对变量进行定义。别名可以用大写，也可以用小写，为了区别一般用大写字母表示。

【例 4-1】typedef 或#define 的使用。程序代码如下：

```
typedef  unsigned int  WORD;
#define   BYTE  unsigned char
BYTE  a1=0x12;
WORD  a2=0x1234;
```

2. 变量名

变量名是 C51 区分不同变量，为不同变量取的名称。在 C51 中规定变量名可以由字母、数字和下画线三种字符组成，且第一个字母必须为字母或下画线。变量名有两种：普通变量名和指针变量名。它们的区别是指针变量名前面要带“*”号。

3. 存储种类

存储种类是指变量在程序执行过程中的作用范围。C51 变量的存储种类与标准 C 语言一样，有 4 种，分别是自动(auto)、外部(extern)、静态(static)和寄存器(register)。

1)　auto

使用 auto 定义的变量称为自动变量，其作用范围在定义它的函数体或复合语句内部。当定义它的函数体或复合语句执行时，C51 才为该变量分配内存空间，结束时占用的内存空间释放。自动变量一般分配在内存的堆栈空间中。定义变量时，如果省略存储种类，则该变量默认为自动(auto)变量。

2)　extern

使用 extern 定义的变量称为外部变量。在一个函数体内，要使用一个已在该函数体外或其他程序中定义过的外部变量时，该变量在该函数体内要用 extern 说明。外部变量被定义后分配固定的内存空间，在程序整个执行时间内都有效，直到程序结束才释放。

3)　static

使用 static 定义的变量称为静态变量，可以分为内部静态变量和外部静态变量。在函数体内部定义的静态变量为内部静态变量，它在对应的函数体内有效，一直存在，但在函数体外不可见。这样不仅使变量在定义它的函数体外可以被保护，还可以实现当离开函数体时值不被改变。外部静态变量是在函数体外部定义的静态变量，它在程序中一直存在，但在定义的范围之外是不可见的。如在多文件或多模块处理中，外部静态变量只在文件内部或模块内部有效。

4)　register

使用 register 定义的变量称为寄存器变量。它定义的变量存放在 CPU 内部的寄存器中，处理速度快，但数目少。C51 编译器编译时能自动识别程序中使用频率最高的变量，并自动将其作为寄存器变量，用户无须专门声明。

4. 存储器类型

存储器类型用于指明变量所处 MCS-51 单片机的存储器区域与访问方式。C51 编译器的存储器类型有 data、bdata、idata、pdata、xdata 和 code，如表 4.3 所示。

表 4.3　C51 的存储器类型描述

存储器类型	描　述
data	变量位于片内 RAM 低 128B 空间，直接寻址访问，速度快
bdata	变量位于片内 RAM 的可位寻址区(20H～2FH)，允许字节和位混合访问
idata	变量位于片内 RAM 256B 空间，用 Ri 寄存器间接寻址访问
pdata	变量位于片外 RAM 低 256B 空间，用 Ri 间接访问
xdata	变量位于片外 RAM 64KB 空间，用 DPTR 间接访问
code	变量位于程序存储器 ROM 64KB 空间，基址变址寻址访问

具体描述如下：

(1)　data 区，data 区为片内数据存储器低端 128 字节，通过直接寻址方式访问，它定义的变量访问速度最快，所以应把经常使用的变量放在 data 区，但 data 区的空间小，而且除了包含程序变量外，还包含堆栈和寄存器组。所以能存放的变量少。

(2) bdata 区，bdata 区实际是 data 区中的可位寻址区，在片内数据存储器 20H 到 2FH 单元，在这个区域中变量可进行位寻址，可定义成位变量使用。

(3) idata 区，如果是 MCS-51 单片机的 MCS-51 子系列，则 idata 与 data 存储区域相同，只是访问方式不同，data 为直接寻址，idata 为寄存器间接寻址。如果是 MCS-52 子系列，idata 比 data 多高端 128 字节。idata 区一般也用来存储使用比较频繁的变量，只是由于是寄存器间接寻址，速度比直接寻址慢。

(4) pdata 和 xdata 区，pdata 和 xdata 区同属于片外数据存储器，只是 pdata 定义的变量只能存放在片外数据存储器低端的 256 字节，通过 8 位寄存器 R0 和 R1 间接寻址，而 xdata 定义的变量可以存放在片外数据存储器 64KB 空间的任意位置，通过 16 位的数据指针 DPTR 间接寻址。

(5) code 区，用 code 定义的变量存放于 MCS-51 单片机的程序存储器，由于程序存储器具有只读属性，只能通过下载方式把程序写入到程序存储器中，变量也会与程序一起写入。写入后就不能通过程序再修改，否则会产生错误。因而要求 code 属性的变量在定义时一定要初始化。一般用 code 属性定义表格型数据，其值在程序执行过程中永远不改变。

5. 存储模式

定义变量有时也省略“存储器类型”，省略时 C51 编译器将按存储模式默认变量的存储器类型，C51 中变量支持三种存储模式：SMALL 模式、COMPACT 模式和 LARGE 模式。不同的存储模式对变量默认的存储器类型不一样。

(1) SMALL 模式。SMALL 模式称为小编译模式，在 SMALL 模式下，编译时变量被默认在片内 RAM 中，存储器类型为 data。

(2) COMPACT 模式。COMPACT 模式称为紧凑编译模式，在 COMPACT 模式下，编译时变量被默认在片外 RAM 的低 256B 空间，存储器类型为 pdata。

(3) LARGE 模式。LARGE 模式称为大编译模式，在 LARGE 模式下，编译时变量被默认在片外 RAM 的 64KB 空间，存储器类型为 xdata。

在程序中变量存储模式的指定通过#pragma 预处理命令来实现。如果没有指定，则系统都隐含为 SMALL 模式。

【例 4-2】 C51 变量定义情况。

```
char  data var1;    /*在片内 RAM 的低 128B 空间定义用直接寻址方式访问的字符型变量
                     var1*/
int  idata  var2;    /*在片内 RAM 的 256B 空间定义用间接寻址方式访问的整型变量
                      var2*/
auto  unsigned  long  data  var3;
/*在片内 RAM 的 128B 空间定义用直接寻址方式访问的自动无符号长整型变量 var3*/
extern  float  xdata  var4;
/*在片外 RAM 的 64KB 空间定义用间接寻址方式访问的外部实型变量 var4*/
int  code  var5;       /*在 ROM 空间定义整型变量 var5*/
unsigned  char  bdata  var6;
```

```
/*在片内RAM的位寻址区20H~2FH单元定义可字节处理和位处理的无符号字符型变量var6*/
#pragma  small        /*变量的存储模式为SMALL*/
char  k1;             /* k1变量的存储器类型默认为data*/
int  xdata  m1;       /* m1变量的存储器类型为xdata*/
#pragma  compact      /*变量的存储模式为compact*/
char  k2;             /* k2变量的存储器类型默认为pdata*/
int  xdata  m2;       /* m2变量的存储器类型为xdata*/
```

4.3.2　C51 的特殊功能寄存器变量

特殊功能寄存器变量是 C51 中特有的一种变量。MCS-51 系列单片机片内有许多特殊功能寄存器，每个特殊功能寄存器功能不一样，通过这些特殊功能寄存器可以控制 MCS-51 系列单片机的定时器、计数器、串口、I/O 及其他功能部件，每一个特殊功能寄存器在片内 RAM 中都对应一个字节单元或两个字节单元。

在 C51 中，允许用户对这些特殊功能寄存器进行访问，访问时需通过 sfr 或 sfr16 类型说明符进行定义，定义时需指明它们所对应的片内 RAM 单元的地址。格式如下：

```
sfr或sfr16  特殊功能寄存器变量名=地址;
```

sfr 用于对 MCS-51 单片机中单字节的特殊功能寄存器进行定义，sfr16 用于对双字节特殊功能寄存器进行定义。为了与一般变量相区别，特殊功能寄存器变量名一般用大写字母表示。地址一般用直接地址形式。为了使用方便，特殊功能寄存器变量名取名时一般与相应的特殊功能寄存器名相同。如下面例子所示。

【例 4-3】 特殊功能寄存器的定义。程序代码如下：

```
sfr  PSW=0xd0;
sfr  SCON=0x98;
sfr  TMOD=0x89;
sfr  P1=0x90;
sfr16  DPTR=0x82;
sfr16  T0=0X8A;
```

4.3.3　C51 的位变量

位变量也是 C51 中的一种特有变量。MCS-51 系列单片机的片内数据存储器和特殊功能寄存器中有一些位可以按位方式处理，C51 中，这些位可通过位变量来使用，使用时需用位类型符进行定义。位类型符有两个：bit 和 sbit。可以定义两种位变量。

bit 位类型符用于定义一般的位变量，定义的位变量位于片内数据存储器的位寻址区。它的格式如下：

```
bit  位变量名;
```

在格式中可以加上各种修饰，但注意存储器类型只能是 bdata、data、idata，只能是片内 RAM 的可位寻址区，严格来说只能是 bdata。而且定义时不能指定地址，只能由编译器自动分配。

【例 4-4】 bit 型变量的定义。程序段如下：

```
bit  data  a1;       /*正确*/
bit  bdata  a2;      /*正确*/
bit  pdata  a3;      /*错误*/
bit  xdata  a4;      /*错误*/
```

sbit 位类型符用于定义位地址确定的位变量，定义的位变量可以在片内数据存储器位寻址区，也可为特殊功能寄存器中的可位寻址位。定义时必须指明其位地址，可以是位直接地址，也可以是可位寻址的变量带位号，还可以是可位寻址的特殊功能寄存器变量带位号。格式如下：

```
sbit  位变量名=位地址;
```

如位地址为位直接地址，其取值范围为 0x00～0xff；如位地址是可位寻址变量带位号或特殊功能寄存器名带位号，则在它前面需对可位寻址变量(在 bdata 区域)或可位寻址特殊功能寄存器变量(字节地址能被 8 整除)进行定义。字节地址与位号之间、特殊功能寄存器与位号之间一般用“^”作间隔。另外，sbit 通常用来对 MCS-51 单片机的特殊功能寄存器中的特殊功能位进行定义，定义时位变量名一般取成大写，而且名称与相应的特殊功能位名称相同。

【例 4-5】sbit 型变量的定义。程序代码如下：

```
sbit  OV=0xd2;
sbit  CY=0xd7;
unsigned  char  bdata  flag;
sbit  flag0=flag^0;
sfr  P1=0x90;
sbit  P1_0=P1^0;
sbit  P1_1=P1^1;
sbit  P1_2=P1^2;
sbit  P1_3=P1^3;
sbit  P1_4=P1^4;
sbit  P1_5=P1^5;
sbit  P1_6=P1^6;
sbit  P1_7=P1^7;
```

在 C51 中，为了用户使用方便，C51 编译器把 MCS-51 单片机的特殊功能寄存器和特殊功能位进行了定义，定义的变量名称与特殊功能寄存器名称和特殊功能位名称相同，放在一个“reg51.h”或“reg52.h”的头文件中。当用户要使用时，只需要用一条预处理命令“#include <reg51.h>”把这个头文件包含到程序中，然后就可直接使用特殊功能寄存器和特殊功能位了。所以，一般 C51 程序的第一条语句都是“#include <reg51.h>”。

4.3.4　C51 的指针变量

指针是 C 语言中的一个重要概念，它也是 C51 语言的特色之一。使用指针可以方便有效地表达复杂的数据结构；可以动态地分配存储器，直接处理内存地址。

指针就是地址，数据或变量的指针就是存放该数据或变量的地址。C51 中指针、指针变量的定义与用法和标准的 C 语言基本相同，只是增加了存储器类型的属性。也就是说，除了要表明指针本身所处的存储空间外，还需要表明该指针所指向的对象的存储空间。

C51 的指针可分为“存储器型指针”和“一般指针”两种。存储器型指针的定义含有指针本身及所指数据的存储器类型，编译时存储器类型已确定，使用这种指针可以高效访问对象，并且只需 1～2 个字节；当定义一个指针变量未指定它所指向的数据的存储类型，则该指针变量被认为是一般指针，对于一般指针编译器预留 3 个字节，1 个字节作为存储器类型，2 个字节作为偏移量。

1)　存储器型指针

存储器型指针在定义时指明了所指向数据的存储器类型，如下面例子所示：

```
char  xdata  *p2;
```

定义了一个指向存储在 xdata 存储器区域的字符型变量的指针变量。指针变量自身存放在默认的存储器区域(由编译模式决定)，长度为 2 字节。如果存储器类型为 code *和 xdata *，则长度为 2 个字节；如果存储器类型为 idata *、data *和 pdata *，则长度为 1 个字节。

定义时也可指明指针变量自身的存储器空间，如下面例子所示：

```
char xdata *data p2;
```

除了指明指针变量自身位于 data 区以外，其他与上例相同，它与编译模式无关。

2)　一般指针

当指针定义时没有指明所指向的数据的存储器类型，该指针就为一般指针，一般指针在存储器中占 3 个字节，其中第一个字节为指针所指向数据的存储器类型代码。后面 2 个字节存放地址。一般指针中的存储器类型代码和指针变量存放情况如表 4.4 和表 4.5 所示。

表 4.4　一般指针的存储器类型代码表

存储器类型	idata	xdata	pdata	data	code
代码	1	2	3	4	5

表 4.5　一般指针变量的存放格式

字节地址	+0	+1	+2
内容	存储器类型代码	地址高字节	地址低字节

如果存储器类型为 code *和 xdata *，所指向的数据有 16 位地址，则第二个字节和第三个字节分别存放数据的高 8 位地址和低 8 位地址；如果存储器类型为 idata *、data *和 pdata *，所指向的数据只有 8 位地址，则第二个字节存放 0，第三个字节存放数据的 8 位地址。

例如，存储器类型为 xdata*，地址值为 0x1234 的指针变量在内存中的存放形式如表 4.6 所示。

表 4.6　指针变量在内存中的存放形式

字节地址	+0	+1	+2
内容	0x02	0x12	0x34

4.3.5 C51 的数组

在 C51 程序设计中，数组使用非常广泛，通常用来构造表格型数据。C51 中的数组和标准 C 语言中的数组相同。

数组是一组数据的有序集合，数组中的每个元素都是同一类型的数据。数组集合用一个名字来标识，称为数组名。数组中元素的顺序用下标表示，下标表示该元素在数组中的位置。元素的下标从 0 开始，依次为 0、1、2、…、*n*，改变下标可依次访问数组中的元素。使用形式为：数组名[下标]。

在 C51 中，数组使用前也须先定义，定义格式和用到的关键字与普通变量完全相同，只是须用下标指明数组元素的个数。定义时可不赋初值，也可赋初值，如果定义时已给所有的元素赋初值，也可不用下标指明元素的个数。可以定义一维数组，也可定义二维或多维数组，定义后在存储器中分配一段连续存储区域来依次存放数组中的元素，具体情况和标准 C 语言完全相同。

在 C51 中，数组使用时须特别注意，数组使用时易占用大量的存储空间，而 51 单片机的存储空间有限，特别是片内数据存储器，只有 128B 或 256B，而且系统本身还要占用一部分，如果数组元素个数太多，存储空间不够用，可能会产生意料不到的结果。因此，在 C51 应用程序编程时，要仔细根据需要选择数组的大小，避免资源浪费。

4.4 绝对地址的访问

在 C51 中，可以通过变量的形式访问 MCS-51 单片机的存储器，但一般变量编译时分配的存储器单元是不确定的，而 MCS-51 单片机系统中，往往需要对地址确定的存储单元进行访问，特别是片外数据存储器，这种情况使用非常普遍。在 C51 中，地址确定的存储单元可以通过绝对地址访问方式来实现。

C51 的绝对地址访问形式有三种：宏定义、指针和关键字“_at_”。

4.4.1 使用 C51 运行库中预定义宏

C51 编译器提供了一组宏定义来对 51 系列单片机的 code、data、pdata 和 xdata 空间进行绝对寻址。规定只能以无符号数方式访问，定义了 8 个宏定义，其函数原型如下：

```
#define  CBYTE((unsigned char volatile*)0x50000L)
#define  DBYTE((unsigned char volatile*)0x40000L)
#define  PBYTE((unsigned char volatile*)0x30000L)
#define  XBYTE((unsigned char volatile*)0x20000L)

#define  CWORD((unsigned int volatile*)0x50000L)
#define  DWORD((unsigned int volatile*)0x40000L)
#define  PWORD((unsigned int volatile*)0x30000L)
#define  XWORD((unsigned int volatile*)0x20000L)
```

这些函数原型放在 absacc.h 文件中。使用时需用预处理命令把该头文件包含到文件中，形式为：#include <absacc.h>。

其中：CBYTE 以字节形式对 code 区寻址，DBYTE 以字节形式对 data 区寻址，PBYTE 以字节形式对 pdata 区寻址，XBYTE 以字节形式对 xdata 区寻址，CWORD 以字形式对 code 区寻址，DWORD 以字形式对 data 区寻址，PWORD 以字形式对 pdata 区寻址，XWORD 以字形式对 xdata 区寻址。访问形式如下：

```
宏名[地址]
```

宏名为 CBYTE、DBYTE、PBYTE、XBYTE、CWORD、DWORD、PWORD 或 XWORD。地址为存储单元的绝对地址，一般用十六进制形式表示。

【例 4-6】绝对地址对存储单元的访问。程序代码如下：

```
#include  <absacc.h>                /*将绝对地址头文件包含在文件中*/
#include  <reg52.h>                 /*将寄存器头文件包含在文件中*/
#define  uchar  unsigned  char      /*定义符号 uchar 为数据类型符 unsigned char*/
#define  uint  unsigned  int        /*定义符号 uint 为数据类型符 unsigned int*/
void  main(void)
{
  uchar  var1;
  uint  var2;
  var1=XBYTE[0x0005];              /*XBYTE[0x0005]访问片外 RAM 的 0005 字节单元*/
  var2=XWORD[0x0002];              /*XWORD[0x0002]访问片外 RAM 的 0002 字单元*/
    ⋮
  while(1);
}
```

在上面的程序中，XBYTE[0x0005]就是以绝对地址方式访问的片外 RAM 0005 字节单元；XWORD[0x0002]就是以绝对地址方式访问的片外 RAM 0002 字单元。

4.4.2　通过指针访问

通过用存储器型指针，可以在 C51 程序中对任意指定的存储器单元进行访问。访问过程如下：①定义基于存储器型指针；②给指针变量本身赋要访问的存储单元地址；③通过指针变量实现指定存储单元访问。

【例 4-7】通过指针实现绝对地址的访问。程序代码如下：

```
#define  uchar  unsigned  char      /*定义符号 uchar 为数据类型符 unsigned char*/
#define  uint  unsigned  int        /*定义符号 uint 为数据类型符 unsigned int*/
void  func(void)
{
  uchar  data  var1;
  uchar  pdata  *dp1;               /*定义一个指向 pdata 区的指针 dp1*/
  uint  xdata  *dp2;                /*定义一个指向 xdata 区的指针 dp2*/
  uchar  data  *dp3;                /*定义一个指向 data 区的指针 dp3*/
  dp1=0x30;                         /*dp1 指针赋值,指向 pdata 区的 30H 单元*/
  dp2=0x1000;                       /*dp2 指针赋值,指向 xdata 区的 1000H 单元*/
  *dp1=0xff;                        /*将数据 0xff 送到片外 RAM30H 单元*/
  *dp2=0x1234;                      /*将数据 0x1234 送到片外 RAM1000H 单元*/
  dp3=&var1;                        /*变量 var1 的地址送指针变量 dp3*/
  *dp3=0x20;                        /*通过指针 dp3 给变量 var1 赋值 0x20*/
}
```

4.4.3 使用C51扩展关键字“_at_”

使用“_at_”关键字对指定存储单元的绝对地址访问，一般格式如下：

```
[存储器类型] 数据类型说明符 变量名 _at_ 地址常数;
```

其中，存储器类型为 data、bdata、idata、pdata 等，如省略则按存储模式规定的默认存储器类型确定变量的存储器区域；数据类型为 C51 支持的数据类型；地址常数用于指定变量的绝对地址，必须位于有效的存储器空间之内；使用“_at_”定义的变量必须为全局变量。

【例 4-8】通过“_at_”实现绝对地址的访问。程序代码如下：

```
#define uchar unsigned char     /*定义符号uchar为数据类型符unsigned char*/
#define uint  unsigned int      /*定义符号uint为数据类型符unsigned int*/
data  uchar x1 _at_ 0x40;       /*在data区中定义字节变量x1,它的地址为40H*/
xdata uint  x2 _at_ 0x2000;     /*在xdata区中定义字变量x2,它的地址为2000H*/
void main(void)
{
  x1=0xff;
  x2=0x1234;
   ⋮
  while(1);
}
```

4.5 C51中的函数

函数是C语言中的一种基本模块，实际上一个C语言程序就是由若干函数所构成。C语言程序总是由主函数 main( )开始，并在主函数中结束。在进行程序设计时，如果所设计的程序较大，一般将其分成若干个子程序模块，每个子程序模块完成一种特定的功能。在C语言中，子程序是用函数来实现的。在标准C语言中，对于一些经常使用的函数，编译器已经为用户设计好，做成专门的函数库——标准库函数，以供用户反复调用，只需用户在调用前用预处理命令 include 将相应的函数库包含到当前程序中。用户还可自己定义函数——用户自定义函数，定义后在需要时拿来使用。

C51 程序与标准C语言类似，程序也由若干函数组成，由主函数 main( )开始，并在主函数中结束，除了主函数以外，也有标准库函数和用户自定义函数。标准库函数是 C51 编译器提供的，不需要用户进行定义，可以直接调用，C51 标准库函数参考附录 C。另外用户也可自己定义函数。它们的使用方法与标准C语言基本相同。但 C51 针对的是 51 系列单片机，C51 的函数在有些方面还是与标准C语言不同，参数传递和返回值与标准C语言中是不一样的，而且 C51 又对标准C语言作了相应的扩展。这些扩展有：选择存储模式；指定一个函数作为一个中断函数；选择所用的寄存器组；指定重入等。下面针对这些不同作相应介绍。

4.5.1　C51 函数的参数传递

C51 中函数具有特定的参数传递规则。C51 中参数传递的方式有两种，一种是通过寄存器 R0～R7 传递参数，不同类型的实参会存入相应的寄存器；第二种是通过固定存储区传递。C51 规定调用函数时最多可通过工作寄存器传递 3 个参数，余下的通过固定存储区传递。

不同的参数用到的寄存器不一样，不同的数据类型用到的寄存器也不同。通过寄存器传递的参数如表 4.7 所示。

表 4.7　传递参数用到的寄存器

参数类型	char	int	long/float	通用指针
第 1 个	R7	R6、R7	R4～R7	R1、R2、R3
第 2 个	R5	R4、R5	R4～R7	R1、R2、R3
第 3 个	R3	R2、R3	无	R1、R2、R3

其中，int 型和 long 型数据传递时高位数据在低位寄存器中，低位数据在高位寄存器中；float 型数据满足 32 位的 IEEE 格式，指数和符号位在 R7 中；通用指针存储类型在 R3，高位在 R2。一般函数的参数传递举例如表 4.8 所示。

表 4.8　函数参数传递举例

声　明	说　明
func1(int a)	唯一一个参数 a 在寄存器 R6 和 R7 中传递
func2(int b，int c，int *d)	第一个参数 b 在寄存器 R6 和 R7 中传递，第二个参数 c 在寄存器 R4 和 R5 中传递，第三个参数 d 在寄存器 R1、R2 和 R3 中传递
func3(long e，long f)	第一个参数 e 在寄存器 R4、R5、R6 和 R7 中传递，第二个参数 f 不能用寄存器，因为 long 类型可用的寄存器已被第一个参数所用，这个参数用固定存储区传递
func4(float g，char h)	第一个参数 g 在寄存器 R4、R5、R6 和 R7 中传递，第二个参数 h 不能用寄存器传递，只能用固定存储区传递

C51 中函数也通过固定存储区传递参数，用作参数传递的固定存储区可能在内部数据区或外部数据区，由存储模式决定，SMALL 模式的参数段用内部数据区，COMPACT 和 LARGE 模式用外部数据区。

4.5.2　C51 函数的返回值

函数返回值通常用寄存器传递，函数的返回值和所用的寄存器如表 4.9 所示。

表 4.9　函数返回值和所用的寄存器

返回值类型	寄 存 器	说 明
bit	C	由位运算器 C 返回
(unsigned)char	R7	在 R7 返回单个字节
(unsigned)int	R6、R7	高位在 R6，低位在 R7
(unsigned) long	R4～R7	高位在 R4，低位在 R7
float	R4～R7	32 位 IEEE 格式
通用指针	R1、R2、R3	存储类型在 R3，高位在 R2，低位在 R1

4.5.3　C51 函数的存储模式

C51 函数的存储模式与变量相同，也有三种：SMALL 模式、COMPACT 模式和 LARGE 模式，通过函数定义时后面加相应的参数(small、compact 或 large)来指明，不同的存储模式，函数的形式参数和变量默认的存储器类型与前面变量定义情况相同，这里不再重复。

【**例 4-9**】C51 函数的存储模式例子。程序代码如下：

```
int  func1(int  x1,int  y1)  large   /*函数的存储模式为LARGE*/
{
  int  z1;
  z1=x1+y1;
  return(z1);         /* x1、y1、z1变量的存储器类型默认为xdata*/
}
int  func2(int  x2,int  y2)          /*函数的存储模式隐含为SMALL*/
{
  int  z2;
  z2=x2-y2;
  return(z2);         /* x2、y2、z2变量的存储器类型默认为data*/
}
```

4.5.4　C51 的中断函数

中断函数是 C51 的一个重要特点，C51 允许用户创建中断函数。在 C51 程序设计中经常用中断函数来实现系统实时性，提高程序处理效率。

在 C51 程序设计中，若定义函数时后面用了 interrupt m 修饰符，则把该函数定义成中断函数。系统对中断函数编译时会自动加上程序头段和尾段，并按 MCS-51 系统中断的处理方式把它安排在程序存储器中的相应位置。在该修饰符中，m 的取值为 0～31，对应的中断情况如下：

0——外部中断 0

1——定时/计数器 T0

2——外部中断 1

3——定时/计数器 T1

4——串行口中断

5——定时/计数器 T2

其他值预留。

编写 MCS-51 中断函数需要注意如下几点。

(1) 中断函数不能进行参数传递，如果中断函数中包含任何参数声明都将导致编译出错。

(2) 中断函数没有返回值，如果企图定义一个返回值将得不到正确的结果，建议在定义中断函数时将其定义为 void 类型，以明确说明没有返回值。

(3) 在任何情况下都不能直接调用中断函数，否则会产生编译错误。因为中断函数的返回是由 8051 单片机的 RETI 指令完成的，RETI 指令影响 8051 单片机的硬件中断系统。如果在没有实际中断的情况下直接调用中断函数，RETI 指令的操作结果将会产生一个致命的错误。

(4) 如果在中断函数中调用了其他函数，则被调用函数所使用的寄存器必须与中断函数相同，否则会产生不正确的结果。

(5) C51 编译器对中断函数编译时会自动在程序开始和结束处加上相应的内容，具体如下：在程序开始处对 ACC、B、DPH、DPL 和 PSW 入栈，结束时出栈。中断函数未加 using n 修饰符的，开始时还要将 R0～R1 入栈，结束时出栈。如中断函数加 using n 修饰符，则在程序开始将 PSW 入栈后还要修改 PSW 中的工作寄存器组选择位。

(6) C51 编译器从绝对地址 8m+3 处产生一个中断向量，其中 m 为中断号，也即 interrupt 后面的数字。该向量包含一个到中断函数入口地址的绝对跳转。

(7) 中断函数最好写在文件的尾部，并且禁止使用 extern 存储类型说明。防止其他程序调用。

【例 4-10】编写一个用于统计外中断 0 的中断次数的中断服务程序。程序代码如下：

```
extern int x;
void int0() interrupt 0 using 1
{
    x++;
}
```

通过这个例子我们可以发现，中断函数虽然不能通过参数方式和主程序进行数据传递，但可以通过全局变量方式进行信息交换。

4.5.5 C51 函数的寄存器组选择

C51 程序执行时都会翻译成机器语言(或者汇编语言)，程序中就会出现 MCS-51 单片机系统中的工作寄存器 R0～R7，而在前面单片机基本原理的介绍中，我们已经知道，MCS-51 单片机工作寄存器有 4 组：0 组、1 组、2 组和 3 组。每组有 8 个寄存器，分别用 R0～R7 表示。那么当前程序用的是哪一组呢？在 C51 中允许函数定义时带 using n 修饰符，用于指定本函数内部使用的工作寄存器组，其中 n 的取值为 0～3，表示寄存器组号。例如：

```
void func3(void) using 1        /*指定函数内部用的是 1 组工作寄存器*/
```

```
{
    …
}
```

对于 using n 修饰符的使用，应注意以下两点。

(1) 加入 using n 后，C51 在编译时自动在函数的开始处和结束处加入以下指令。

```
{
    PUSH  PSW                                    ;标志寄存器入栈
    MOV   PSW,#与寄存器组号 n 相关的常量         ;常量值为(psw&OXET)&n*8
     ⋮
    POP   PSW                                    ;标志寄存器出栈
}
```

(2) using n 修饰符不能用于有返回值的函数，因为 C51 函数的返回值是放在寄存器中的。如寄存器组改变了，返回值就会出错。

4.5.6 C51 的重入函数

在标准 C 语言中，调用函数时会将函数的参数和函数中使用的局部变量压入堆栈保存。由于 51 单片机内部堆栈空间有限(在片内数据存储器中)，因此 C51 没有像标准 C 语言中那样使用堆栈，而是使用压缩栈的方法，为每一个函数设定一个空间用于存放参数和局部变量。

一般函数中的每个变量都存放在这个空间的固定位置，当函数递归调用时会导致变量覆盖，所以就会出错。但在某些实时应用中，因为函数调用时可能会被中断函数中断，而在中断函数中可能再调用这个函数，这就出现对函数的递归调用。为解决这个问题，C51 允许将一个函数声明成重入函数，声明成重入函数后就可递归调用。重入函数又称为再入函数，是一种可以在函数体内间接调用其自身的函数。重入函数的参数和局部变量是通过 C51 生成的模拟栈来传递和保存，递归调用或多重调用时参数和变量不会被覆盖，因为每次函数调用时的参数和局部变量都会单独保存。模拟栈所在的存储器空间根据重入函数存储模式的不同，可以是 data、pdata 或 xdata 存储器空间。

C51 函数定义时，通过后面带 reentrant 修饰符把函数声明为重入函数，如下例子所示。

```
char  func4(char a, char b)  reentrant  /*声明函数 func4 是可重入函数*/
{
    char  c;
    c=a+b;
    return (c)
}
```

关于重入函数，需要注意以下几点：

(1) 用 reentrant 修饰的重入函数被调用时，实参表内不允许使用 bit 类型的参数。函数体内也不允许存在任何关于位变量的操作，更不能返回 bit 类型的值。

(2) 编译时，系统为重入函数在内部或外部存储器中建立一个模拟堆栈区，称为重入栈。重入函数的局部变量及参数被放在重入栈中，使重入函数可以实现递归调用。

(3) 在参数的传递上，实际参数可以传递给间接调用的重入函数。无重入属性的间接调用函数不能包含调用参数，但是可以使用定义的全局变量来进行参数传递。

习　题

1. C51 特有的数据类型有哪些？

2. C51 中的存储器类型有几种？它们分别表示的存储器区域是什么？

3. 在 C51 中，bit 位与 sbit 位有什么区别？

4. 位变量和特殊功能寄存器变量有什么作用？

5. 在 C51 中，通过绝对地址来访问的存储器有几种？

6. 什么是存储模式？存储模式和存储器类型有什么关系？

7. 在 C51 中，修饰符 using　n 有什么作用？

8. 在 C51 中，中断函数与一般函数有什么不同？

9. 按给定的存储类型和数据类型，写出下列变量的说明形式。

(1) 在 data 区定义字符变量 val1。

(2) 在 idata 区定义整型变量 val2。

(3) 在 xdata 区定义无符号字符型数组 val3[4]。

(4) 在 xdata 区定义一个指向 char 类型的指针 px。

(5) 定义可寻址位变量 flag。

(6) 定义特殊功能寄存器变量 P3。

(7) 定义特殊功能寄存器变量 SCON。

(8) 定义 16 位的特殊功能寄存器 T0。

第 5 章　Keil C51 集成环境的使用

Keil C51 是单片机应用系统开发中使用较多的一种开发工具，它功能强大、简单易用，特别适合于初学者。

5.1　Keil C51 简介

Keil C51 是美国 Keil Software 公司出品的 MCS-51 系列单片机开发软件，它集成了源程序编辑、编译、仿真调试于一体，支持汇编、C、PL/M 语言。系统提供丰富的库函数和功能强大的集成开发调试工具，界面友好，易学易用。Keil C51 从产生到现在经历了多个版本。下面以 Keil μVision4 IDE 版详细介绍系统各部分的功能和使用。

5.1.1　Keil μVision4 IDE 的安装

Keil μVision4 IDE 的安装与其他软件的安装方法相同，安装过程比较简单，运行 Keil μVision4 IDE 的安装程序，然后按默认的安装目录或设置新的安装目录，确定后根据提示依次填入相应信息，就将 Keil μVision4 IDE 软件安装到计算机上了，同时在桌面上建立了一个快捷方式。

5.1.2　Keil μVision4 IDE 的界面

单击 Keil μVision4 IDE 图标，启动 Keil μVision4 IDE 程序，就可以看到如图 5.1 所示的 Keil μVision4 IDE 的主界面。以下对μVision4 IDE 的界面作简要说明。

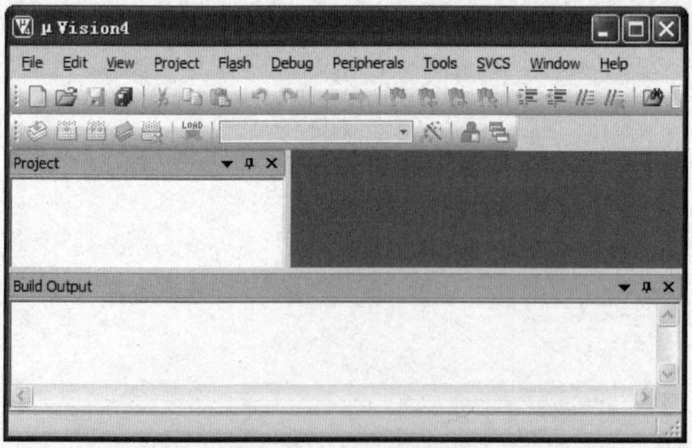

图 5.1　Keil μVision4 IDE 的主界面

窗口标题栏下紧接着是菜单栏，菜单栏下面是工具栏，工具栏下面的左边是项目管理器窗格，右边是编辑窗格，它们的下面是命令窗格和各种输出信息窗格，对于这些窗格可以通过视图菜单(View)下面的命令打开或关闭。

菜单条提供各种操作菜单，如文件操作、编辑操作、项目维护、开发工具选项设置、调试程序、窗口选择和处理在线帮助等。工具条按钮提供键盘快捷键(用户可自行设置)，允许快速执行 Keil μVision4 IDE 命令。

μVision4 有两种操作模式：编辑模式和调试模式，通过用 Debug 菜单下的 Start/Stop Debugging(开始/停止调试模式)命令切换。编辑模式可以建立项目、文件，编译项目、文件产生可执行程序；调试模式提供一个非常强大的调试器，可以用来调试项目。两种模式的菜单命令有一定的区别。

下面列出了 Keil μVision4 IDE 的菜单命令、默认的快捷键以及它们的描述。

1．File(文件)菜单

File(文件)菜单中的各个命令及其描述如表 5.1 所示。

表 5.1　File 菜单中的命令说明

命　令	快 捷 键	描　述
New	Ctrl+N	创建新文件
Open	Ctrl+O	打开已经存在的文件
Close		关闭当前文件
Save	Ctrl+S	保存当前文件
Save as		另取名保存文件
Save all		保存所有文件
Device Database		管理器件库
License Management		许可证管理器
Print Setup		打印机设置
Print	Ctrl+P	打印当前文件
Print Preview		打印预览
1-10		打开最近用过的文件
Exit		退出μVision4 提示是否保存文件

2．Edit(编辑)菜单

Edit(编辑)菜单中的各个命令及其描述如表 5.2 所示。

表 5.2　Edit 菜单中的命令说明

命　令	快 捷 键	描　述
Undo	Ctrl+Z	取消上次操作
Redo	Ctrl+Y	重复上次操作
Cut	Ctrl+X	剪切选取文本
Copy	Ctrl+C	复制选取文本
Paste	Ctrl+V	粘贴

续表

命　令	快 捷 键	描　述
Navigate Backwards		向后浏览
Navigate Forwards		向前浏览
Insert/Remove Bookmark		插入/删除书签
Goto Next Bookmark	F2	移动光标到下一个标签处
Goto Previous Bookmark	Shift+F2	移动光标到上一个标签处
Clear All Bookmarks		清除当前文件的所有标签
Find	Ctrl+F	在当前文件中查找文本
Replace	Ctrl+H	替换特定的字符
Find in Files		在多个文件中查找
Start all Outlining		源代码命令
Advanced		编辑器命令
Configuration		配置

3．View(视图)菜单

View(视图)菜单的各个命令及其描述如表5.3所示。

表5.3　View菜单中的命令说明

命　令	描　述
Status Bar	显示/隐藏状态条
Toolbars	工具栏
File Toolbar	显示/隐藏文件菜单条
Build Toolbar	显示/隐藏编译菜单条
Project Window	显示/隐藏项目窗口
Books Window	书窗口
Functions Window	功能窗口
Templates Window	模板窗口
Source Browser Window	源浏览窗口
Build Output Window	建立输出窗口
Find In Files Window	在文件窗口查找
Full Screen	全屏

调试模式时View菜单增加的命令如表5.4所示。

表5.4　调试格式时，View菜单增加的命令

命　令	描　述
Command Window	显示/隐藏命令窗口
Disassembly Window	显示/隐藏反汇编窗口

续表

命　令	描　述
Symbol Window	显示/隐藏字符变量窗口
Registers Window	显示/隐藏寄存器窗口
Call Stack Window	显示/隐藏观察和堆栈窗口
Watch Window	显示/隐藏观察和堆栈窗口
Memory Window	显示/隐藏存储器窗口
Serial Window	显示/隐藏串口的观察窗口
Analysis Window	显示/隐藏分析窗口
Trace	跟踪
System Viewer	系统查看器
Toolbox	显示/隐藏自定义工具条
Periodic Window Update	程序运行时刷新调试窗口

4．Project(项目)菜单

Project(项目)菜单中的各个命令及其描述如表 5.5 所示。

表 5.5　Project 菜单中的命令说明

命　令	快捷键	描　述
New Project		创建新项目
New multi-project Workspace		创建新多项目工作区
Import uVision1 Project		转化μVision1 的项目
Open Project		打开一个已经存在的项目
Close Project		关闭当前的项目
Export		套出
Save Project to μVision3 Format		保存项目为μVision3 格式
Save Multi-Project Workspace to μVision3 Format		保存多项目工作区为μVision3 格式
Manage		管理器
Components Environment Books		组件环境书
Multi-Project Workspace		多项目工作区
Select Device for Target Target1		为目标 Target1 选择器件
Remove Item		删除项目
Options		目标选项
Clean Target		清除目标
Build Target	F7	编译连接目标文件
Rebuild all Target Files		重新编译连接所有目标文件
Batch Build		批量编译连接
Translate	Ctrl+F7	编译当前文件
Stop Build		停止编译连接
1-10		最近打开过的项目

5. Flash 菜单

Flash 菜单可以配置和运行 Flash 编程设备。Flash 菜单中的各个命令及其描述如表 5.6 所示。

表 5.6 Flash 菜单中的命令说明

命 令	快 捷 键	描 述
Download		下载到 Flash ROM
Erase		擦除 Flash ROM
Configure Flash Tools		打开 Flash 配置工具

6. Debug (调试)菜单

Debug(调试)菜单中的各个命令及其描述如表 5.7 所示。

表 5.7 调试菜单中的命令说明

命 令	快 捷 键	描 述
Start/Stop Debugging	Ctrl+F5	开始/停止调试模式
Reset CPU		CPU 复位
Run	F5	连续运行
Stop	Esc	停止运行
Step Over	F11	单步执行
Step Out	F10	单步执行程序跳过子程序
Run to Cursor Line		运行到光标行
Show Next Statement		显示下一条指令
Breakpoints		打开断点对话框
Insert/Remove Breakpoint		设置/取消当前行的断点
Enable/Disable Breakpoint		使能/禁止当前行的断点
Disable All Breakpoints		禁止所有的断点
Kill All Breakpoints		取消所有的断点
Os Support		操作系统支持
Execution Profiling		记录执行时间
Memory Map		打开存储器空间配置对话框
Inline Assembly		对某一个行重新汇编可以修改汇编代码
Function Editor		编辑调试函数和调试配置文件
Debug Setting		调试设置

7. Peripherals(片上外设)菜单

Peripherals(片上外设)菜单命令在调试时才会出现，这些外设对话框可能因为所选CPU的不同而不同，各个命令及其描述如表5.8所示。

表 5.8 Peripherals 菜单中的命令说明

命 令	描 述
Interrupt	打开片上外设中断对话框
I/O-Ports	打开片上外设并口对话框

续表

命　令	描　述
Serial	打开片上外设串口对话框
Timer	打开片上外设定时/计数器对话框

8．Tools(工具)菜单

利用 Tools(工具)菜单，可以配置、运行 Gimpel　PC-Lint、Siemens Easy-Case 和用户程序。通过 Customize Tools Menu 命令，可以添加想要添加的程序。具体菜单描述如表 5.9 所示。

表 5.9　Tools 菜单中的命令说明

命　令	描　述
Setup PC-Lint	配置 Gimpel Software 的 PC-Lint 程序
Lint	用 PC-Lint 处理当前编辑的文件
Lint all C Source Files	用 PC-Lint 处理项目中所有的 C 源代码文件
Customize Tools Menu	添加用户程序到工具菜单中

9．软件版本控制系统菜单(SVCS)

用此菜单来配置和添加软件版本控制系统的命令。具体菜单描述如表 5.10 所示。

表 5.10　软件版本控制系统(SVCS)菜单中的命令说明

命　令	描　述
Configure Software Version Control	配置软件版本控制系统的命令

10．Window(视窗)菜单

Window(视窗)菜单中的各个命令及其描述如表 5.11 所示。

表 5.11　Window 菜单中的命令说明

命　令	描　述
Debug Restore View	调试窗口 View 恢复
Reset View To Defaults	恢复 View 菜单到默认值
Split	把当前的文件窗口分隔为几个
Close all	关闭所有窗口
1-9	激活指定的窗口对象

11．Help(帮助)菜单

Help(帮助)菜单中的各个命令及其描述如表 5.12 所示。

表 5.12　Help 菜单中的命令说明

命　令	描　述
Vision Help	打开在线帮助
Open Books Window	打开工程工作空间中的 BOOKS 标签

续表

命　令	描　述
Simulated Peripherals for “Device”	有关所选 CPU 的外设信息
Internet Support Knowledgebase	网站知识提供
Contact Support	通过论坛可以获得技术支持
Check for Update	检查更新
About Vision	显示版本信息和许可证信息

5.2 Keil μVision4 IDE 的使用方法

Keil μVision4 IDE 是一个集项目管理、源代码编辑、程序调试仿真于一体的集成开发环境。可用来编译 C 源码，汇编汇编源程序，连接和重定位目标文件和库文件，创建 HEX 文件，调试目标程序。

Keil μVision4 IDE 中文件采用项目方式管理，各种 C51 源程序、汇编源程序、头文件等都放在项目文件里统一管理。一般操作步骤如下：

(1) 建立项目文件。

(2) 给项目添加程序文件。

(3) 编译、连接项目，形成目标文件。

(4) 仿真运行调试观察结果。

5.2.1 建立项目文件

μVision4 采用项目方式管理，一个项目用一个文件夹存放，建立项目时要先建立一个文件夹，这里项目文件夹建立在 D 盘根目录下，名称为 newproject。文件夹建好后，启动 μVision4，通过用 Project 菜单中的 New μVision Project 命令建立项目文件。过程如下。

(1) 在编辑模式下，选择 Project 菜单中的 New μVision Project 命令，弹出如图 5.2 所示的 Create New Project 对话框。

图 5.2 Create New Project 对话框

(2) 在 Create New Project 对话框中选择新建项目文件的位置(为项目建立的文件夹)，输入新建项目文件的名称，项目文件类型固定为 uvproj，例如，项目文件名为 example，单击“保存”按钮将弹出如图 5.3 所示的 Select Device for Target 'Target 1'对话框，用户可以根据使用情况选择单片机型号，如选择 AT89C51。Keil μVision4 IDE 几乎支持所有的 51 核心的单片机，并以列表的形式给出。选中芯片后，在右边的描述框中将同时显示选中的芯片的相关信息以供用户参考。

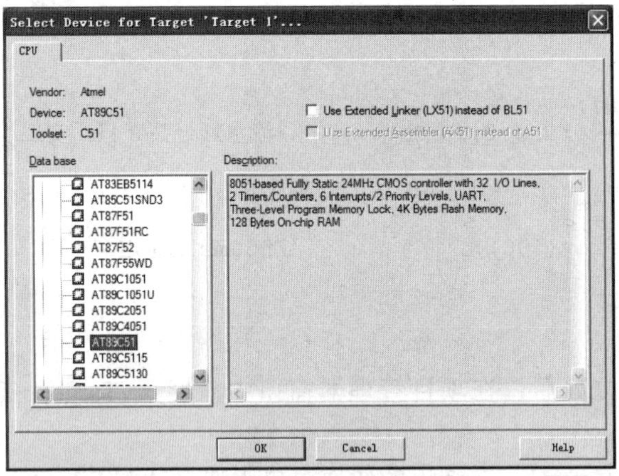

图 5.3　Select Device for Target 'Target 1'对话框

(3) 选择好单片机芯片后，单击 OK 按钮，弹出如图 5.4 所示的μVision 对话框，问是否把启动代码文件复制到项目文件夹并添加到项目中。如果程序用 C51 语言编写要选择“是”按钮，用汇编语言编写，单击“否”按钮，这里选择“是”按钮，项目文件就创建好了。项目文件创建后，在左边的项目管理器窗口可以看到新建的项目，这时的项目只是一个框架，紧接着需向项目文件中添加程序文件内容。

图 5.4　μVision 对话框

5.2.2　给项目添加程序文件

当项目文件建立好后，就可以给项目文件加入程序文件了，Keil μVision4 支持 C 语言程序，也支持汇编语言程序。程序文件已经建立好了可直接添加，程序文件如果没有，须先建立程序文件再添加。过程如下。

(1) 如果没有程序文件，则应先用 File 菜单中的 New 命令建立程序文件，输入文件内容，保存(注意汇编程序扩展名为.asm，C 语言程序扩展名为.c)。例如这里新建一个控制并行口 P2 滚动输出高电平的 C51 程序，保存为 IO.c 文件，文件内容如下：

```
#include<intrins.h>
#include<reg52.h>
#define uchar unsigned char
#define uint unsigned int

void mDelay(uint Delay)    //延时
```

```
{   uint i;
    for(;Delay > 0;Delay--)
        for(i = 0;i < 110;i++);
}

void main(void)
{
    unsigned char a,i;
    while(1)
    {
        a = 0x01;
        for(i = 0;i < 8;i++)          //流水灯一共 8 只，实现 1 到 8 只流水灯的循环
        {
            a = _crol_(a,1);      //实现输出
            P2 = a;
            mDelay(500);              //500ms 的延迟
        }
    }
}
```

(2) 程序文件建立好后，在项目管理器窗口中，展开 Target1 项，可以看到 Source Group1 子项。

(3) 右击 Source Group1，在弹出的快捷菜单中选择 Add Files to Group 'Source Group1' 命令，如图 5.5 所示。

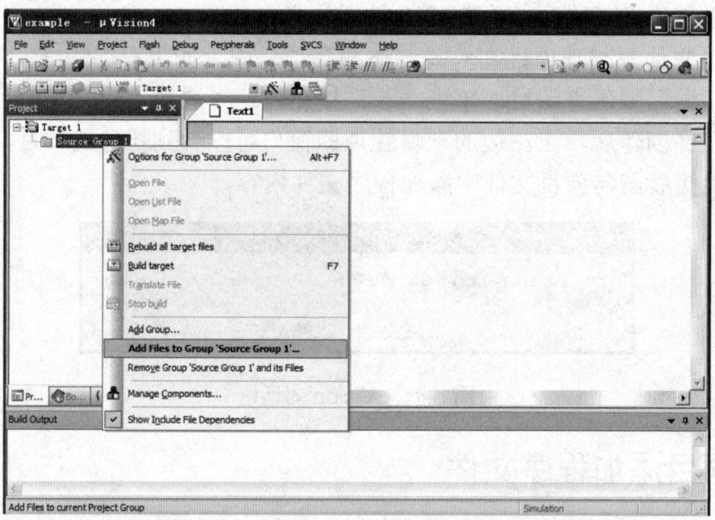

图 5.5 选择 Add Files to Group 'Source Group1'命令

(4) 弹出如图 5.6 所示的 Add Files to Group 'Source Group1'对话框。在对话框中选择需要添加的程序文件，单击 Add 按钮，把所选文件添加到项目文件中。一次可连续添加多个文件，添加的文件在项目管理器的 Source Group1 下面可以看见。当不再添加时，单击 Close 按钮，结束添加程序文件。

注意： 在该对话框中文件类型默认为*.c，如果是汇编程序，需在文件类型选择框选择*.a*才看得到。如果文件添加的不对，可在项目管理器的 Source Group1 下面选中对应的文件，用右键快捷菜单中的 Remove File 命令把它移出去。如果某个文件添加后再次添加将给出提示，如图 5.7 所示，提示文件已经添

加了，只须单击“确定”按钮即可。

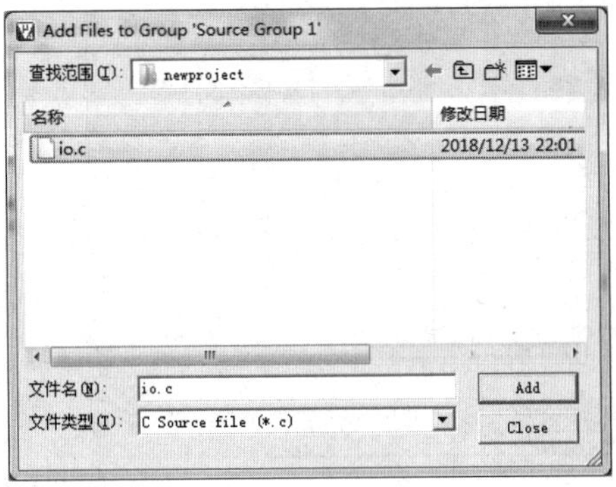

图 5.6　Add Files to Group 'Source Group1'对话框

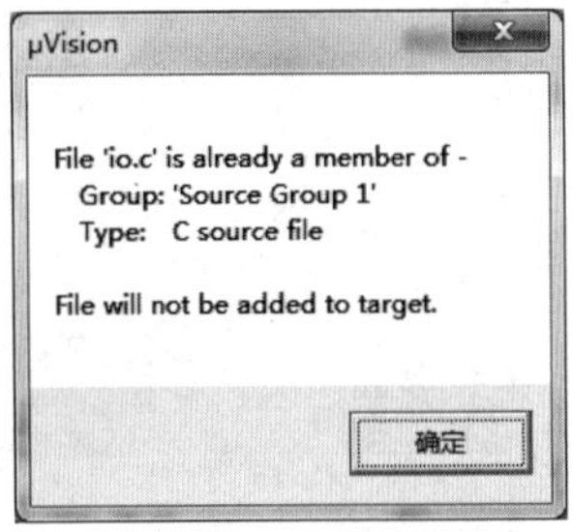

图 5.7　文件已经添加的提示对话框

5.2.3　编译、连接项目，形成目标文件

当把程序文件添加到项目文件中，并且程序文件已经建立好存盘后，就可以进行编译、连接，形成目标文件。编译、连接用 Project 菜单中的 Built Target 命令(或快捷键 F7)，如图 5.8 所示。

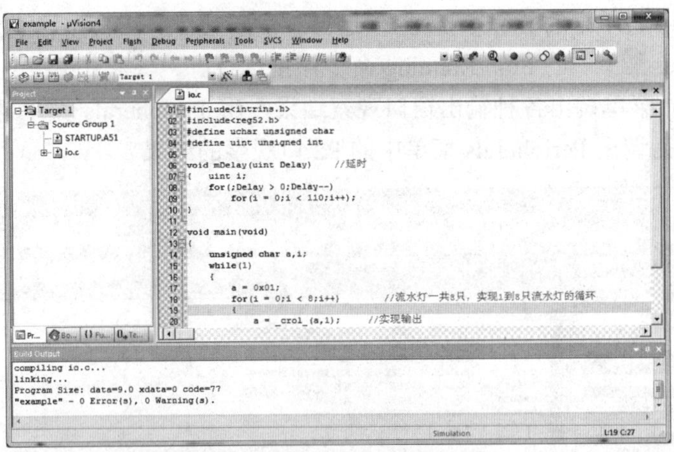

图 5.8　编译、连接后的显示图

编译、连接时，如果程序有错，则编译不成功，并在下面的信息窗口给出相应的出错提示信息，以便用户进行修改，修改后再编译、连接，这个过程可能会重复多次。如果没有错误，则编译、连接成功，并且在信息窗口给出提示信息。

5.2.4　运行调试观察结果

当项目编译、连接成功后，就可以进入调试模式，仿真运行来观察结果。运行调试过程如下。

(1) 先用 Debug 菜单中的 Start/Stop Debug Session 命令(快捷键 Ctrl+F5) 进入调试模式，结果如图 5.9 所示。

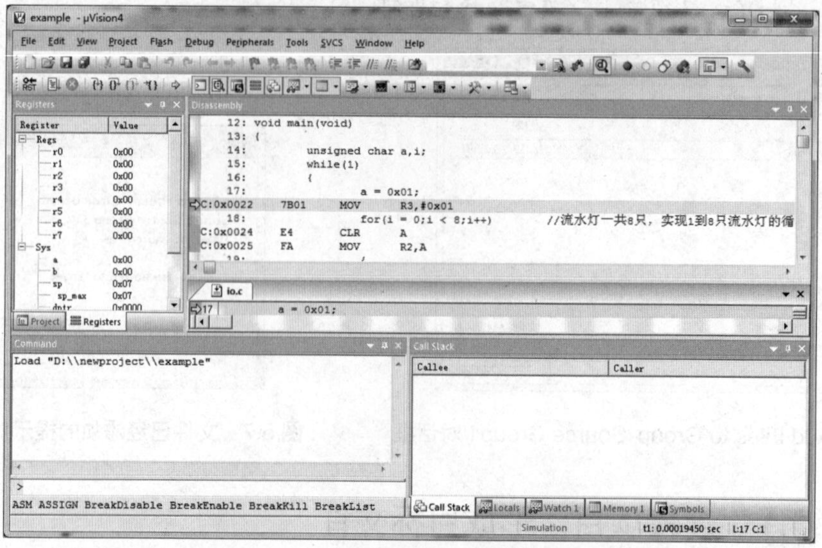

图 5.9 启动调试过程结果图

(2) 用 Debug 菜单中的 Go 命令连续运行。

(3) 用 Debug 菜单中的 Step 命令单步运行。子函数中也要一步一步地运行。

(4) 用 Debug 菜单中的 Step Over 单步运行。子函数体一步直接完成。

(5) 用 Debug 菜单中的 Stop Running 命令停止运行。

(6) 用 View 菜单调出各种输出窗口观察结果，用 Peripherals 菜单观察 51 单片机内部资源。图 5.10 为调出 Peripherals 菜单中的 P2 口观察的结果。

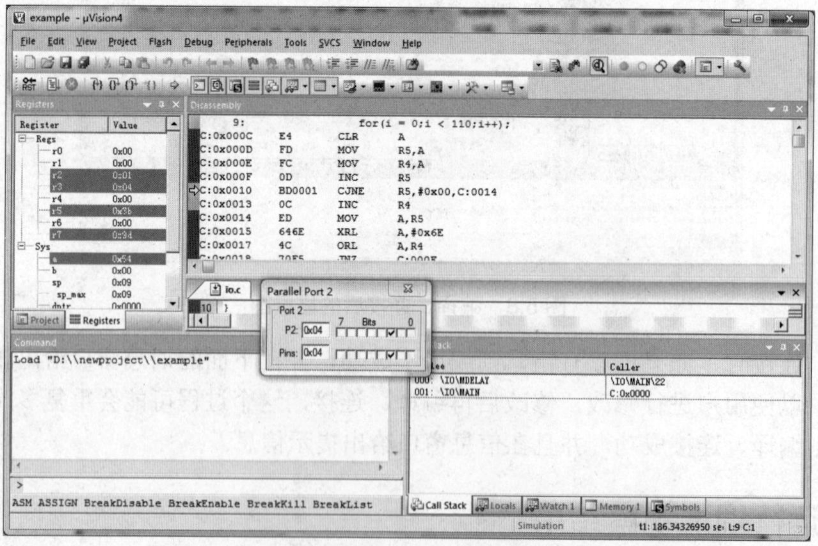

图 5.10 P2 口仿真窗口

(7) 运行调试完毕，先用 Stop Running 命令停止运行，再用 Debug 菜单中的 Start/Stop Debug Session 命令退出调试模式，结束仿真运行过程，回到编辑模式。

5.2.5　仿真环境的设置

当 Keil μVision4 IDE 用于软件仿真和硬件仿真时，如果不是工作在默认情况下，就需要在编译、连接之前对它进行设置，设置须在编辑模式下，用鼠标右击项目窗口中当前项目的 Target 1，在弹出的快捷菜单中选择 Options for Target 'Target 1'命令。选择 Options for Target 'Target 1'命令后将出现如图 5.11 所示的 Options for Target 'Target 1'对话框。

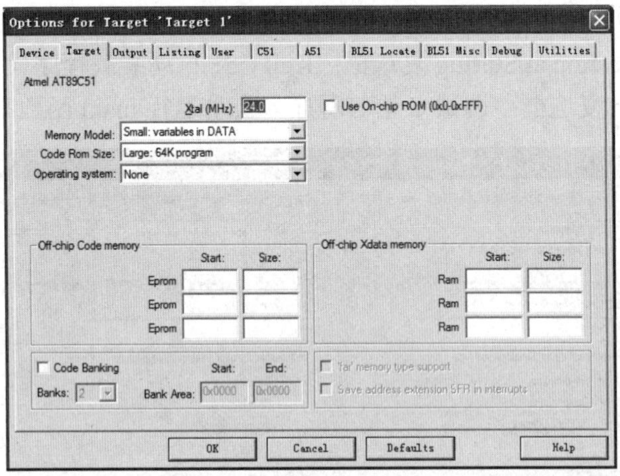

图 5.11　Options for Target 'Target 1' 对话框

Options for Target 'Target 1'对话框有 10 个选项卡，默认为 Target 选项卡。常用的有以下几个。

1. Target 选项卡

Target 选项卡用于设置芯片的相关信息。其中的选项说明如下。

- Xtal(MHz)文本框：设置单片机的工作频率。已经有一个已选芯片的默认值。
- Use On-chip ROM (0x0-0xFFF)复选框：选中该项表示使用芯片内部的 Flash ROM， 8051 系列内部有 4KB 的 Flash ROM。要根据单片机芯片的 EA 引脚的连接情况来选取该项。
- Memory Model 下拉列表框：可设置变量存储方式，有 3 个选项，以 Small 开头的选项表示变量存储在内部 RAM 中；以 Compact 开头的选项表示变量存储在外部 RAM 的低 256B 中；以 Large 开头的选项表示变量存储在外部 RAM 的 64KB 中。
- Code Rom Size 下拉列表框：可设置程序和子程序的长度范围。有 3 个选项，Small:program 2K or less 表示子程序和程序只限于 2KB；Compact: 2K functions,64K program 表示子程序只限于 2KB，程序可为 64KB；Large: 64K program 表示子程序和程序都可为 64KB。
- Operating system 下拉列表框：可设置操作系统，有 3 个选项可供选择。
- Off-chip Code memory 选项组：用来设置片外 ROM 的开始地址和大小，可以输入三段。如果没有则不填。

- Off-chip Xdata memory 选项组：用来设置片外 RAM 的开始地址和大小，可以输入三段。如果没有则不填。

2．Debug 选项卡

Debug 选项卡用于对软件仿真和硬件仿真进行设置，左边是软件仿真设置，右边是硬件仿真设置，如图 5.12 所示，主要设定选项如下。

- Use Simulator 单选按钮：是纯软件仿真选项，默认为纯软件仿真。
- Use 下拉列表框中的 Keil Monitor-51 Driver 选项：是带硬件仿真器的仿真。
- Load Application at Startup 复选框：Keil C51 自动装载程序代码选项。
- Run to main 复选框：调试 C 语言程序，自动运行 main 函数。

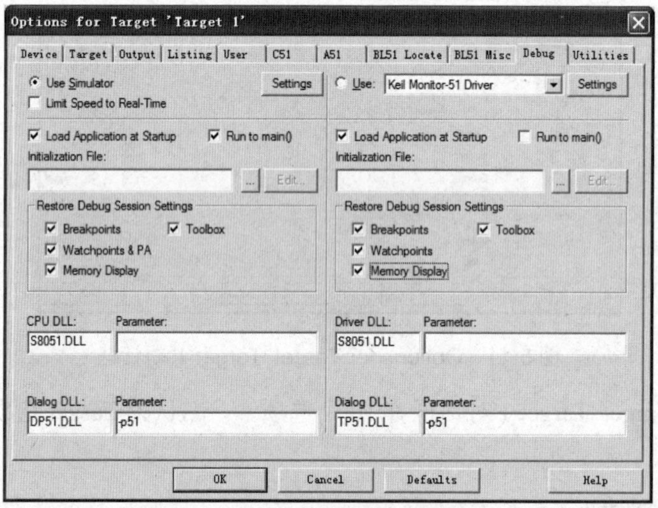

图 5.12　Debug 选项卡设置

如果选中 Use 单选按钮并选择 Keil Monitor-51 Driver (硬件仿真)选项，还可单击右边的 Settings 按钮，对硬件仿真器连接情况进行设置。单击 Settings 按钮后，弹出如图 5.13 所示的对话框。相关选项说明如下。

- Port 下拉列表框：串行口号。仿真器与计算机连接的串行口号。
- Baudrate 下拉列表框：可用于波特率设置。与仿真器串行通信的波特率，仿真器上的设置必须与它一致。一般仿真使用的波特率为 9600。
- Serial Interrupt 复选框：选中它允许单片机串行中断。
- Cache Options 选项组：包含几个缓存选项，可选可不选，选择可加快程序的运行速度。

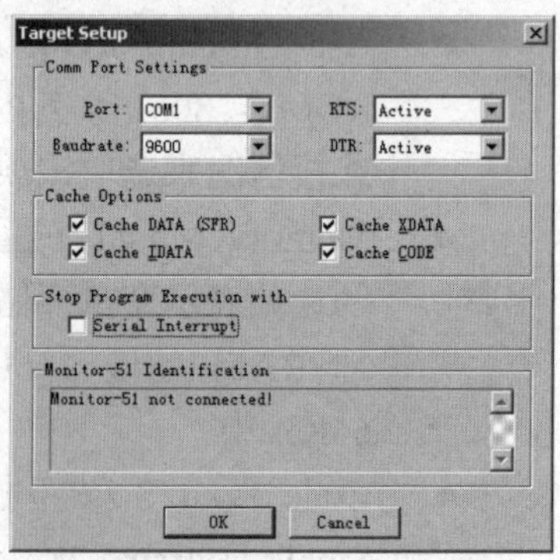

图 5.13　仿真器连接设置

3．Output 选项卡

Output 选项卡用于对编译后形成的目标文件输出进行设置，如图 5.14 所示。

- Select Folder for Objects 按钮：单击该按钮用于设置编译后生成的目标文件的存储目录，如果不设置，默认为项目文件所在的目录。
- Name of Executable 文本框：用来设置生成的目标文件的名字，默认情况下和项目文件名相同。可以生成库或 obj、HEX 格式的目标文件。
- Create Executable 单选按钮：选中此单选按钮，则生成 obj、HEX 格式的目标文件。
- Create HEX File 复选框：选中此复选框生成 HEX 文件。
- Create Library 单选按钮：选中此单选按钮生成库。

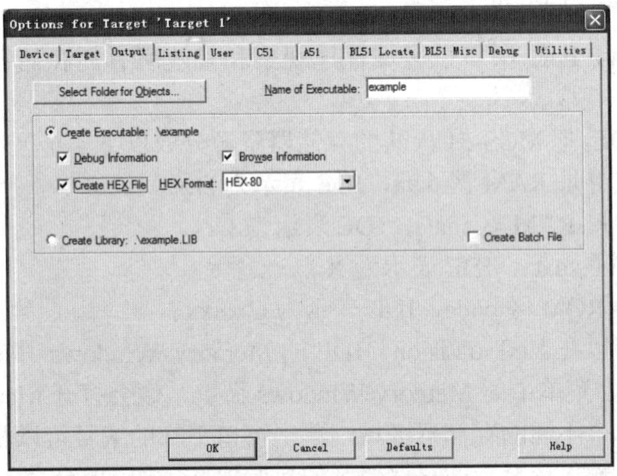

图 5.14　Output 选项卡设置

5.3　Keil C51 的调试技巧

在 Keil 51 的调试模式下，提供了多种调试方法对程序进行调试。可以通过视图菜单(View)下面的命令调出各种输出窗口，也可用片上外设菜单 (Peripherals)输出片上外设的仿真情况。

5.3.1　如何设置和删除断点

设置/删除断点最简单的方法是双击待设置断点的源程序行或反汇编程序行，或用断点设置命令 Insert/Remove Breakpoint。

5.3.2　如何查看和修改寄存器的内容

仿真式寄存器的内容显示在寄存器窗口，用户除了可以观察以外还可以自行修改，单击选中一个单元，例如，单元 DPTR， 然后再单击 DPTR 的数值位置，出现文本框后输入相应的数值按 Enter 键即可；另外可使用下面的命令行窗口进行修改，例如，输入

A=0X34 将把 A 的数值修改为 0X34。

5.3.3 如何观察和修改变量

变量的观察和修改过程如下：选择 View 菜单中的 Watch & Call stack Window 命令，出现相应的窗口，选择 Watch 1～3 中的任一窗口，按 F2 键，在 Name 栏中输入用户变量名，如 Temp1、Counter 等，但必须是存在的变量。如果想修改数值，可单击 Value 栏，出现文本框后输入相应的数值。用户可以连续修改多个不同的变量。

另外，Keil μVision4 IDE 提供了观察变量更简单的方法。在用户程序停止运行时，移动鼠标指针到要观察的变量上停大约一秒钟，就弹出一个变量提示对话框。

5.3.4 如何观察存储器区域

在 Keil μVision4 IDE 中可以区域性地观察和修改所有的存储器数据，这些数据从 Keil uVision4 IDE 中获取。

Keil μVision4 IDE 把 MCS-51 内核的存储器资源分成以下 4 个区域。

(1) 内部可直接寻址 RAM 区 data，IDE 表示为 D:xx。

(2) 内部间接寻址 RAM 区 idata，IDE 表示为 I:xx。

(3) 外部 RAM 区 xdata，IDE 表示为 X:xxxx。

(4) 程序存储器 ROM 区 code，IDE 表示为 C:xxxx。

这 4 个区域都可以在 Keil μVision4 IDE 的 Memory Windows 中观察和修改。在 IDE 集成环境中选择 View 菜单中的 Memory Windows 命令，便会打开 Memory 窗口，Memory 窗口可以同时显示 4 个不同的存储器区域，单击窗口下部的编号可以相互切换显示。

在地址输入栏内输入待显示的存储器区的起始地址。如 D:45h 表示从内部可直接寻址 RAM 区 45H 地址处开始显示；x:3f00H 表示从外部 RAM 区 3f00H 地址处开始显示；c:0X1234 表示从程序存储器 ROM 区 1234H 地址处开始显示；I:32H 表示从内部间接寻址 RAM 区 32H 地址处开始显示。

在区域显示中，默认的显示形式为十六进制字节(byte)，但是可以选择其他显示方式。在 Memory 显示区域内右击，在弹出的快捷菜单中可以选择的显示方式如下。

- Decimal：按照十进制方式显示。
- Unsigned：按照有符号的数字显示，又分 char(单字节)、int(整型)、long(长整型)。
- Singed：按照无符号的数字显示，又分 char(单字节)、int(整型)、long(长整型)。
- ASCII：按照 ASCII 码格式显示。
- Float：按照浮点格式进行显示。
- Double：按照双精度浮点格式显示。

在 Memory 窗口中显示的数据可以修改，修改方法如下：用鼠标指针对准要修改的存储器单元并右击，在弹出的快捷菜单中选择 Modify Memory at 0x 命令，在弹出的对话框的文本框中输入相应数值后按 Enter 键，修改完成。注意代码区数据不能更改。

习　题

1. 在 Keil C51 环境下如何设置和删除断点？在计算机上实现。

2. 在 Keil C51 环境下如何查看和修改寄存器的内容，调试一个程序并修改寄存器的内容。

3. 在 Keil C51 环境下如何观察和修改变量？如何观察存储器区域？在 Keil C51 环境下编程测试。

4. 模仿本章实例，在 Keil C51 环境下练习并行口、定时/计数器、串行口等单片机的资源和外中断的使用。

第 6 章　Proteus 软件的使用

Proteus 是一套可以仿真单片机硬件的软件系统，20 世纪初期引入我国，它简单易用，使用方便，对单片机应用系统的开发非常有用，目前已在国内很多大专院校及企业获得广泛的使用。

6.1　Proteus 概述

Proteus ISIS 是英国 Labcenter 公司开发的电路分析与实物仿真软件。它运行于 Windows 操作系统上，可以仿真、分析(SPICE)各种模拟器件和集成电路，该软件的特点是：①实现了单片机仿真和 SPICE 电路仿真相结合。具有模拟电路仿真，数字电路仿真，单片机及其外围电路组成的系统的仿真，RS232 动态仿真，I2C 调试器、SPI 调试器、键盘和 LCD 系统仿真的功能；有各种虚拟仪器，如示波器、逻辑分析仪、信号发生器等。②支持主流单片机系统的仿真。目前支持的单片机类型有：68000 系列、8051 系列、AVR 系列、PIC12 系列、PIC16 系列、PIC18 系列、Z80 系列、HC11 系列以及各种外围芯片。③提供软件调试功能。在硬件仿真系统中具有全速、单步、设置断点等调试功能，同时可以观察各个变量、寄存器等的当前状态；同时支持第三方的软件编译和调试环境，如 Keil C51 μVision2 等软件。④具有强大的原理图绘制功能。总之，该软件是一款集单片机和 SPICE 分析于一身的仿真软件，功能极其强大。Proteus 发展很快，现在已有多个版本，本章以 7.8 Professional 版介绍 Proteus ISIS 软件的工作环境和一些基本操作。

6.1.1　Proteus 的进入

双击桌面上的 ISIS 7.8 Professional 图标或者单击屏幕左下方的“开始”|“程序”|Proteus 7 Professional|ISIS 7 Professional 命令，出现如图 6.1 所示的屏幕，表明进入 Proteus ISIS 集成环境。

图 6.1　启动时的屏幕

6.1.2　Proteus 的界面

Proteus ISIS 的工作界面是一种标准的 Windows 界面，如图 6.2 所示。包括：标题栏、主菜单栏、标准工具栏、绘图工具栏、状态栏、对象选择按钮、方向控制按钮、仿真进程控制按钮、预览窗口、对象选择器窗口、图形编辑窗口等。

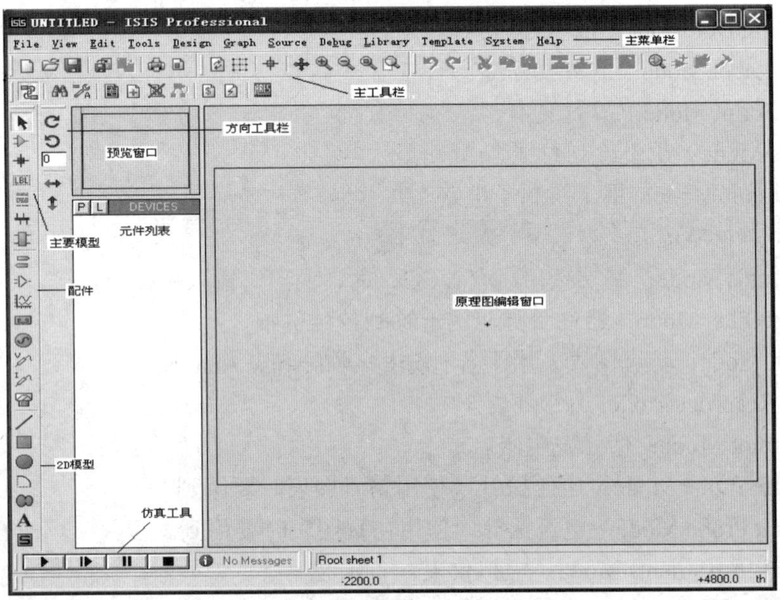

图 6.2　Proteus ISIS 的工作界面

1. 主菜单栏

主菜单栏中包括 File(文件)、View(查看)、Edit(编辑)、Tools(工具)、Design(设计)、Graph(图形)、Source(源)、Debug(调试)、Library(库)、Template(模板)、System(系统)和 Help(帮助)等菜单。

2. 主工具栏

主工具栏包括 File 工具栏、View 工具栏、Edit 工具栏和 Design 工具栏等。每个工具栏都可以打开和关闭，可通过 View | Toolbars 命令进行设置。

3. 原理图编辑窗口

顾名思义，它是用来绘制原理图的。蓝色矩形框内为可编辑区，元件要放到它里面。注意，这个窗口是没有滚动条的，你可用预览窗口来改变原理图的可视范围。

4. 预览窗口

预览窗口可显示两个内容，一个是：当你在元件列表中选择一个元件时，它会显示该元件的预览图；另一个是，当用户的鼠标焦点落在原理图编辑窗口时(即放置元件到原理图编辑窗口后或在原理图编辑窗口中单击鼠标后)，它会显示整张原理图的缩略图，并会显示一个绿色的方框，绿色的方框里面的内容就是当前原理图窗口中显示的内容，因此，用户可用鼠标在它上面单击来改变绿色的矩形框的位置，从而改变原理图的可视范围。

5. 模型选择工具栏

(1) 主要模型(Main Modes)：

① Selection Mode：选中元件，用于选中原理图编辑窗口中的元件。

② Component Mode：选择元件，用于从元器件库中选择元件。

③ Junction Dot Mode：放置连接点。

④ Wire Label Mode：放置线标签。

⑤ Text Script Mode：放置文本。

⑥ Buses Mode：用于绘制总线。

⑦ Subcircuit Mode：用于绘制子电路。

(2) 配件(Gadgets)：

① Terminals Mode：终端接口，有VCC、地、输出、输入等接口。

② Device Pins Mode：器件引脚，用于绘制各种引脚。

③ Graph Mode：仿真图表，用于各种分析，如Noise Analysis。

④ Tape Recorder Mode：录音机。

⑤ Generator Mode：信号发生器。

⑥ Voltage Probe Mode：电压探针，使用仿真图表时要用到。

⑦ Current Probe Mode：电流探针，使用仿真图表时要用到。

⑧ Virtual Instruments Mode：虚拟仪表，有示波器等。

(3) 2D图形(2D Graphics)：

① 2D Graphics Line Mode：画各种直线。

② 2D Graphics Box Mode：画各种方框。

③ 2D Graphics Circle Mode：画各种圆。

④ 2D Graphics Are Mode：画各种圆弧。

⑤ 2D Graphics Closed Path Mode：画各种多边形。

⑥ 2D Graphics Text Mode：画各种文本。

⑦ 2D Graphics Symbols Mode：画符号。

⑧ 2D Graphics Markers Mode：画原点等。

6. 元件列表(The Object Selector)

用于挑选元件(component)、终端接口(terminals)、信号发生器(generators)、仿真图表(graph)、虚拟仪表(virtual instruments)等。举例，当你选择“元件(component)”工具，单击P按钮会打开挑选元件对话框，选择一个元件后(单击OK按钮后)，该元件会在元件列表中显示，以后要用到该元件时，只需在元件列表中选择即可。

7. 方向工具栏(Orientation Toolbar)：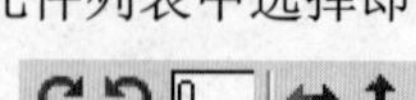

依次为向右旋转90°、向左旋转90°、水平翻转和垂直翻转。使用方法：先右键单击元件，再单击(左击)相应的旋转图标。

8. 仿真工具栏

仿真控制按钮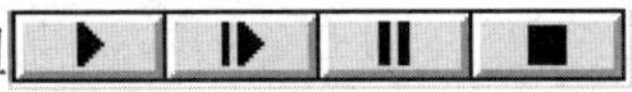

① 运行

② 单步运行

③ 暂停

④ 停止

6.2 Proteus 的基本操作

下面以一个简单的实例来完整地介绍 Proteus ISIS 的处理过程和基本操作。在 AT89C51 单片机小系统的基础上 P2 口连接 8 个发光二极管指示灯，编程实现流水灯的控制，从低位到高位轮流点亮指示灯，一直重复。在 Keil 51 中编程序，形成 HEX 文件，在 Proteus 中设计硬件，下载程序，运行看结果。Proteus ISIS 处理过程一般如下。

6.2.1 新建电路，选择元件

具体操作步骤如下。

(1) Proteus ISIS 软件打开后，系统默认新建一个名为 UNTITLED(没有存盘的文件)的原理图文件，如图 6.3 所示。用户要存盘，则可用 File 菜单下的 Save 或 Save as 命令，这里设文件保存到 D:\EXAMPLE 文件夹下面(最好与 KEIL 51 编写的程序放在同一文件夹，这样使用方便)，文件基本名为 example，扩展名默认。

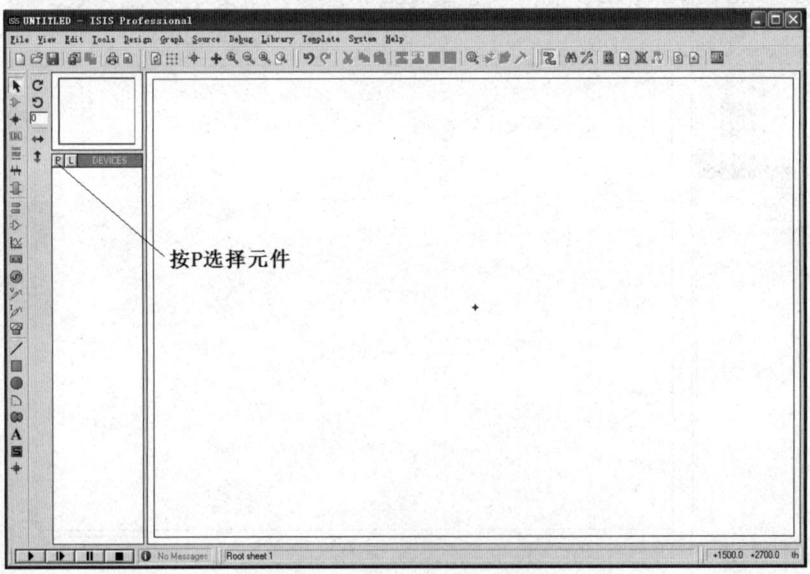

图 6.3　Proteus ISIS 窗口图

(2) 在主要模型下选择 component mode 选择元件工具，然后再选择图 6.3 中的按钮 P，打开元件选择对话框，如图 6.4 所示。

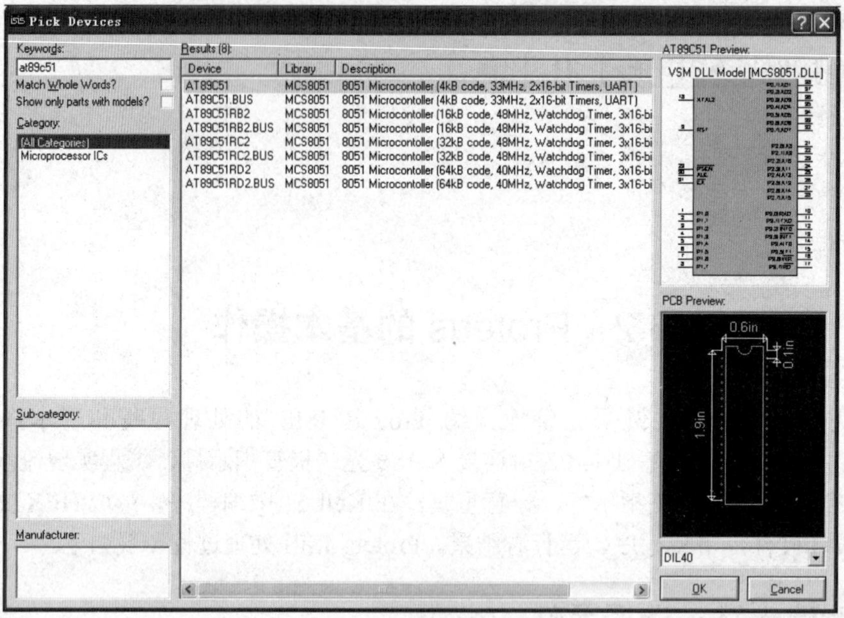

图6.4 元件选择对话框

(3) 在元件选择对话框的 keywords 窗口中输入元件关键字搜索元件，找到元件后，双击元件则可选中元件，添加元件 device 元件列表栏。本实例中，需要的元件依次为：单片机 AT89C51、电阻 RES、电容 CAP、按键 BUTTON、晶振 CRYSTAL、发光二极管 LED-RED。添加后如图 6.5 所示，选择了的元件列于 device 元件列表栏。

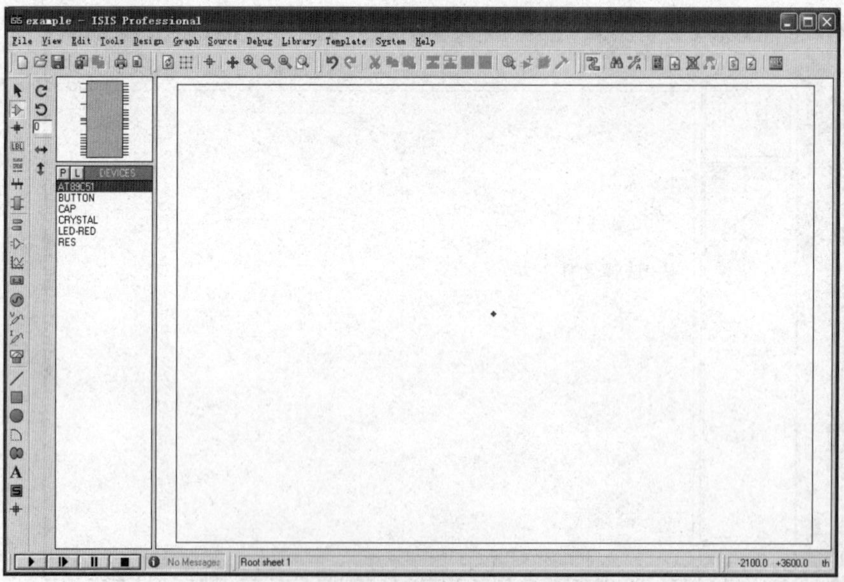

图6.5 添加元件到 device 元件列表栏

注意： 在选择元件时一定要知道元件的名字或名字的一部分，这样才能找到元件。Proteus 中部分常见的元器件库及元器件见表 6.1 和表 6.2。

表 6.1　Proteus 中部分常见元器件库表

元器件库名称	中文说明	元器件库名称	中文说明
Analog ICs	电源调节器、运放和数据采集集成电路	Capacitors	电容
CMOS 4000 series	4000 系列 COMS 元器件	Connectors	连接器库
Data Converters	数据转换类库	Diodes	二极管和整流桥库
ECL 10000 series	ECL 10000 元件库	Electromechanical	电动机械库
Inductors	电抗元件库	Laplace Primitives	拉普拉斯变换器元件库
Memory ICs	存储器集成电路库	Microprocessor ICs	微处理器集成电路库
Operational Amplifiers	运算放大器库	Optoelectronics	光电子元件库
PICAXE	PICAXE 微控制器库	PLDs&FPGAs	PLD 和 FPGA 库
Resistors	电阻元件库	Speakers &Sounders	扬声器发声元件库
Switching Relays	隔离开关器件库	Switching Devices	开关器件库
Transistors	晶体管库	TTL 74 series	74 系列标准 TTL 元件库
TTL 74ALS series	74 系列 AST 元件库	TTL 74AS series	74 系列 AS 元件库
TTL 74F series	74 系列快速元件库	TTL 74HC series	74 系列高速元件库
TTL 74HCT series	74 系列 HC 元件库	TTL 74LS series	74 系列 LS 元件库
TTL 74S series	74 系列肖特基元件库		

表 6.2　Proteus 中部分常见元器件表

元器件名称	中文名说明	元器件名称	中文名说明
7407	驱动门	BATTERY	电池/电池组
4001	四 2 输入与门	CAP	电容
1N914	二极管	CAPACITOR	电容器
74LS00	与非门	CONN-	排针
74LS04	非门	CLOCK	时钟信号源
74LS08	与门	CRYSTAL	晶振
74LS373	8 位锁存器	FUSE	保险丝
74LS245	8 位数据收发器	LAMP	灯
74LS390	TTL 双十进制计数器	POT-HG	三引线可变电阻器
74LS283	4 位二进制全加器	RES	电阻
74LS138	3-8 译码器	RESPACK	排阻
74LS153	双 4 选 1 数据选择器	RX8	排阻(无公共端)
74HC164	串入并出移位寄存器	BUZZER	蜂鸣器

续表

元器件名称	中文名说明	元器件名称	中文名说明
74HC165	并入串出移位寄存器	KEYPAD	矩阵键盘
7SEG	7 段式数码管开始字符	8051	51 系列单片机
LED	发光二极管	ARM	ARM 系列
LED-BARGRAPH-	10 个并列发光二极管	PIC	PIC 系列单片机
LM016L	2 行 16 列液晶	AVR	AVR 系列单片机
SWITCH	开关	IN4004	整流二极管
DIPSWC-	并列开关	LM317	可调稳压电源
BUTTON	按钮	7805	三端集成稳压器
Inductor	电感	ADC0808/0809	8 位 AD 转换器
SPEAKER	扬声器(模拟)	DAC0832	8 位 DA 转换器
SOUNDER	扬声器(数字)	24C02	串行 EEPROM 存储器
ALTERNATOR	交流发电机	DA18B20	数字温度传感器
PG12864L	12864 液晶显示器	DS1302	实时时钟芯片
PNP	PNP 型三极管	4511	BCD-7 段译码器/驱动器
NPN	NPN 型三极管	MOTOR	电动机
NMOSFET	场效应管	MOTOR-SEPTER	步进电机
LM324	集成运放	MOTOR-SERVO	伺服电机
PT2262/2272	红外遥控集成电路(收/发)	MOC3021	光耦合器
G2RL-	继电器	ULN2003	达林顿驱动器

6.2.2 放置元件，调整元件

放置元件过程如下：

(1) 选择 component mode 工具，这时 devices 元件列表将出现元件列表单，如图 6.5 所示。

(2) 用鼠标左键单击 devices 元件列表中的元件名称选中元件，这时在预览窗口将出现该元件的形状，这时选择方向工具，可改变元件的放置方向。移动鼠标指针到编辑窗口，单击左键，在鼠标指针处会出现元件形状，再移动鼠标，把元件移动到合适的位置，单击左键，元件就被放在相应的位置上。通过相同的方法把所有元件放置到编辑窗口相应位置，电源和地是在配件的终端接口中。本实例放置情况如图 6.6 所示。

元件放置后，如果元件位置不合适或不对，可通过移动、旋转、删除、属性修改等操作对元件进行编辑。

对元件进行编辑时首先要选中元件，元件的选择分以下几种：①鼠标左键单击选择；②对于活动元件，如开关 BUTTON 等，通过用鼠标左键拖动选择；③对于一组元件的选择，可以通过鼠标左键拖动选择框内的所有元件，也可按住 Ctrl 键再用鼠标左键依次单击要选择的元件。

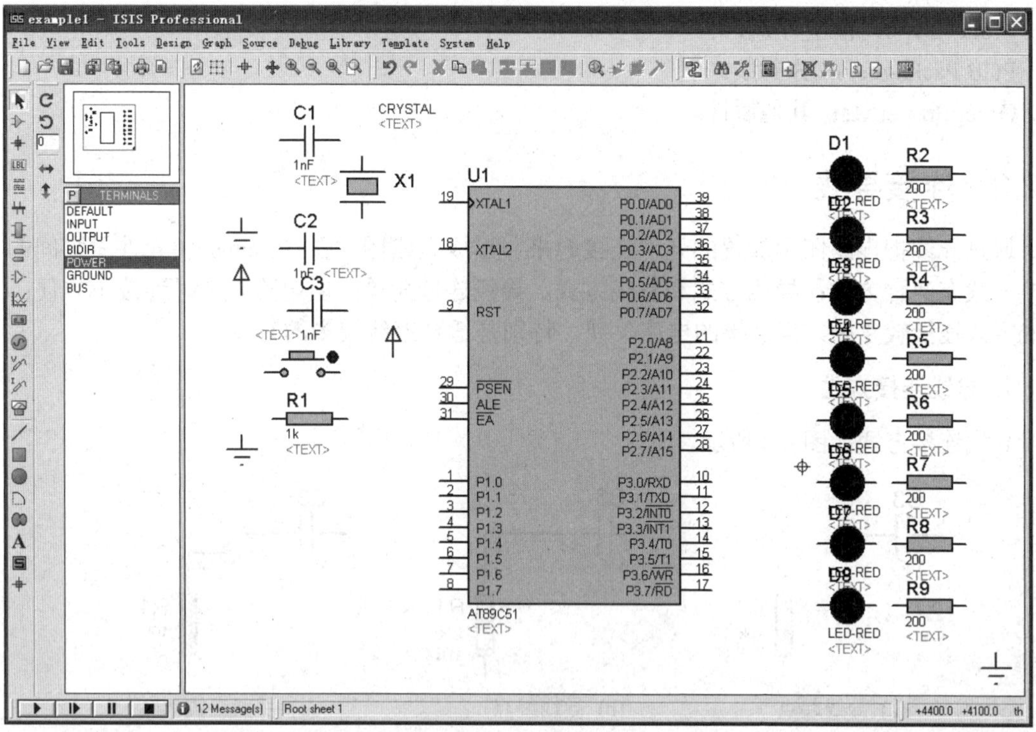

图 6.6　放置元件图

选中元件后，如果要移动元件，则用鼠标左键拖动所选元件即可；如要删除元件，按键盘的 Delete 删除键，或者在选中的元件上右击，在弹出的快捷菜单中选择 Delete Object 命令；如果要旋转，则在快捷菜单中选择相应的旋转选项。如果修改属性，则在快捷菜单中选择 Edit Properties 命令，不同的元件，元件的属性不同，出现的元件属性对话框也不一样。图 6.7 所示为电阻属性对话框。

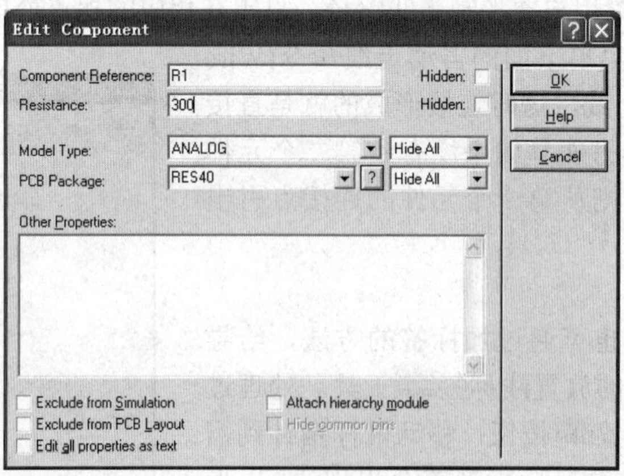

图 6.7　电阻属性对话框

在该对话框中包含如下信息。

Component Reference：元件参考号。

Resistance：电阻阻值。

Model Type：模型方式。

PCB Package：PCB 封装。

Other Properties：其他属性。

6.2.3 连接导线

通过导线把电路图中放置的元件连接起来，形成电路图。在 Proteus 中元件引脚间的连接一般有两种方式：导线方式和总线方式。导线连接简单，但电路复杂时连接不方便；总线方式连接较复杂，但连接的电路美观，特别是适合连线较多的时候。

1. 导线连接方式

导线连接方式如图 6.8 所示。

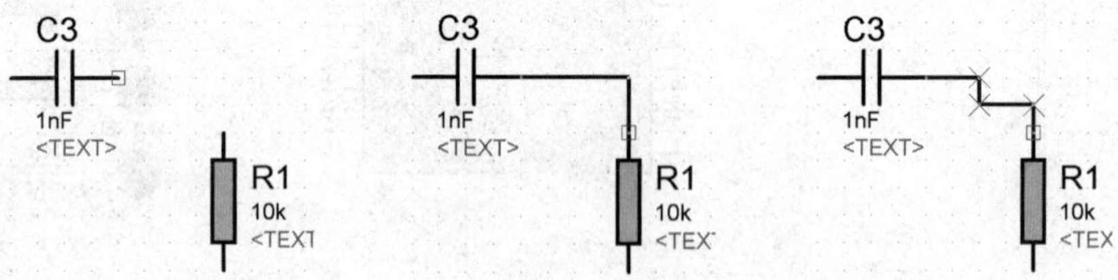

(a) 导线起点　(b) 导线终点　(c) 手动走线

图 6.8 导线的连接

过程如下：

(1) 把鼠标指针移动到第一个元件的连接点，鼠标指针前会出现“□”形状，单击左键，这时会从连接点引出一条导线。

(2) 移动鼠标指针到第二个元件的连接点，在第二个元件的连接点时，鼠标指针前也会出现 “□”形状，单击左键，则在两个元件连接上导线，这时导线的走线方式是系统自动的而且是走直线，如果用户要控制走线路径，只需在相应的拐点处单击左键。

也可用工具(Tools)菜单下面的自动走线命令(Wire Auto Router)取消自动走线，这时连接形成的就是直接从起点到终点的导线。另外，如果没有到第二个元件的连接点就双击左键，则从第一个元件的连接点引出一段导线。

(3) 导线加标签。

对于导线的连接，也可通过加标签的方法，给导线加标签用主要模型中的放置线标签LBL工具。处理过程如下：单击放置线标签LBL按钮，移动鼠标指针到需要加标签的导线上，这时鼠标指针前会出现“×”形状，单击左键，弹出编辑线标签对话框，如图 6.9 所示。在 String 下拉列表框中输入线标签名。

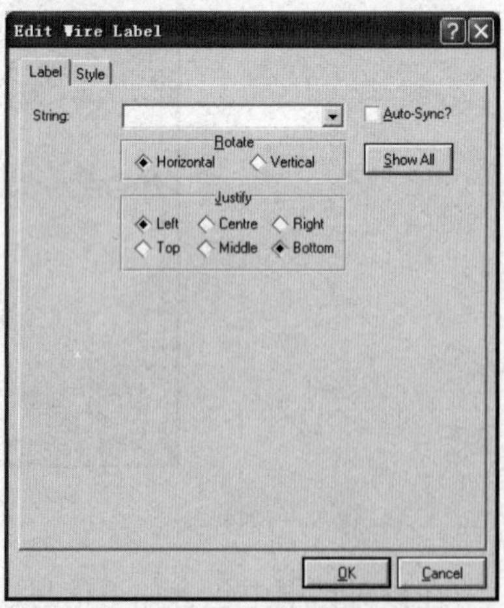

图 6.9 编辑线标签对话框

在一个电路图中，标签名相同的导线在逻辑上是连接在一起的。

2. 总线方式

总线用于元件中间段的连接，便于减少电路导线的连接，而元件引脚端的连接必须用一般的导线。因此，使用总线时主要涉及绘制总线和导线与总线的连接。

1)　绘制总线

绘制总线通过用主要模型中的绘制总线(Buses Mode)工具。选中该工具后，移动鼠标指针到编辑窗口，在需要绘制总线的开始位置单击左键，移动鼠标指针，在结束位置再单击左键，便可绘制出一条总线。

2)　导线与总线的连接

导线与总线的连接一般是从导线向总线方向连线，连接时一般有直线和斜线两种，如图 6.10 所示，斜线连接时一般要取消自动走线。

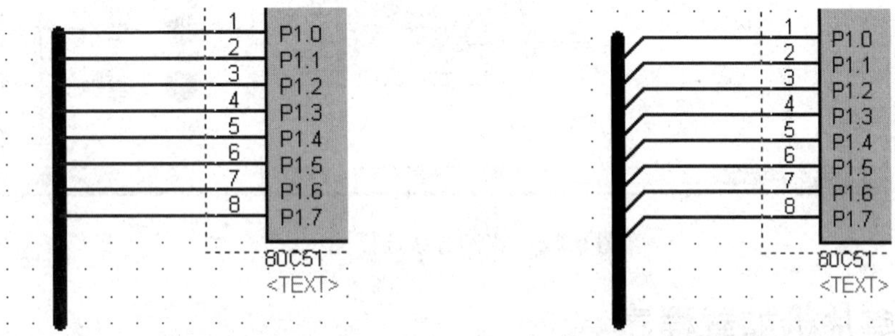

(a) 直线连接　　(b) 斜线连接

图 6.10　导线与总线的连接

总线绘制好后，也可用放置线标签工具给总线加标签。给总线加标签时，可同时给总线中的一组信号线加标签，处理过程与导线一样，只是标签用成 A[0..7]的形式，这时就给总线中的 8 根信号线加了标签，8 根信号线的标签名分别为 A0、A1、…、A7。连接在总线上的导线，标签名相同，则它们在逻辑关系上是连接在一起的，如图 6.11 所示。

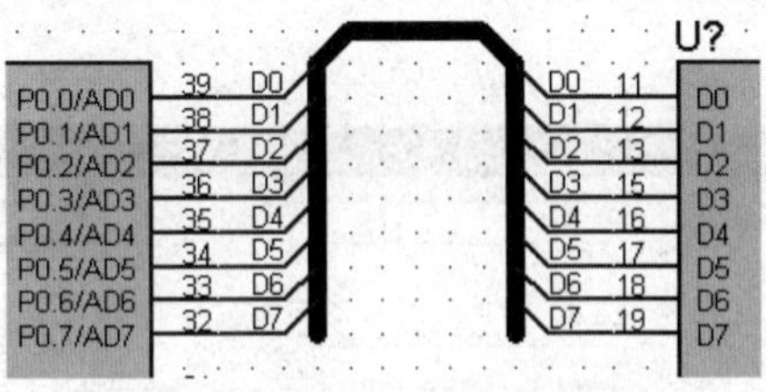

图 6.11　总线上信号线的连接

在这个实例中，电阻 R1 阻值改为 1kΩ，R2 到 R9 是 LED 的限流电阻，改为 200Ω，线路比较简单，我们用导线方式连接，根据 AT89C51 单片机小系统和本实例 P2 接发光二极管的连接要求连接导线，连接后电路如图 6.12 所示。

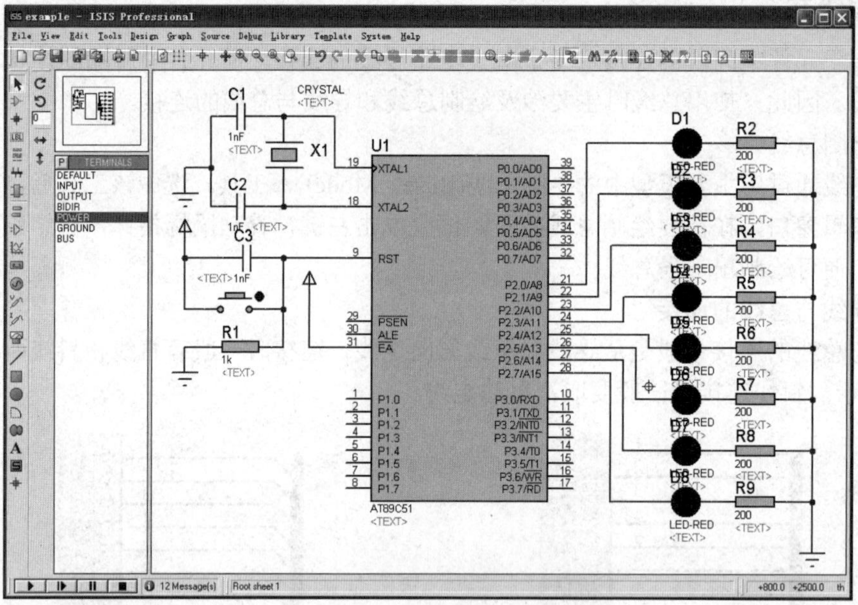

图 6.12　实例导线连接图

6.2.4　给单片机加载程序

当硬件线路连接，元件属性调整好后，就可以给单片机加载程序。加载的程序只能是 HEX 文件，可以在 Keil 51 软件中来设计，形成 HEX 文件。处理时软件程序文件最好与硬件电路文件保存在一个文件夹下面，在实例中，我们都保存在 d：\newproject 文件夹下面。软件源程序在第 5 章已介绍。

假定在 Keil 51 中我们已经编译形成了名为 example.hex 的十六进制文件，则加载过程如下：在 Proteus 的电路图中，单击单片机 AT89C51 芯片，选中，再次单击(或选择 Edit Properties 命令)，打开单片机 AT89C51 的属性对话框，在属性对话框中的 Program File 文本框中选择加载到 AT89C51 芯片中的程序。这里是同一个文件夹下面的 example.hex 文件，如图 6.13 所示。

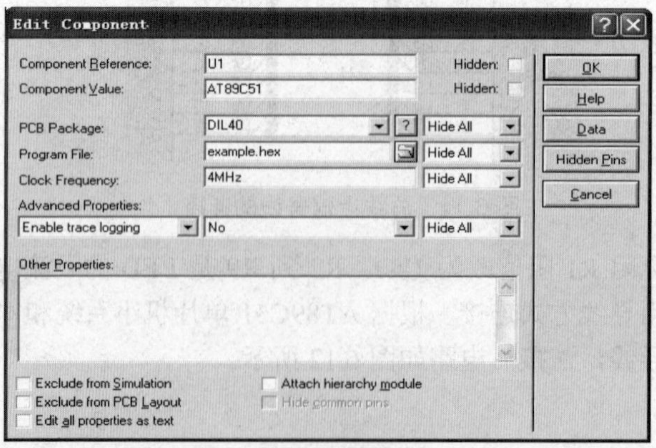

图 6.13　加载程序到单片机

6.2.5　运行仿真看结果

程序加载以后，就可以通过仿真工具中的运行按钮 ▶ 在 51 单片机中运行程序，运行后可以在 Proteus ISIS 中看到运行的结果。本实例结果如图 6.14 所示。

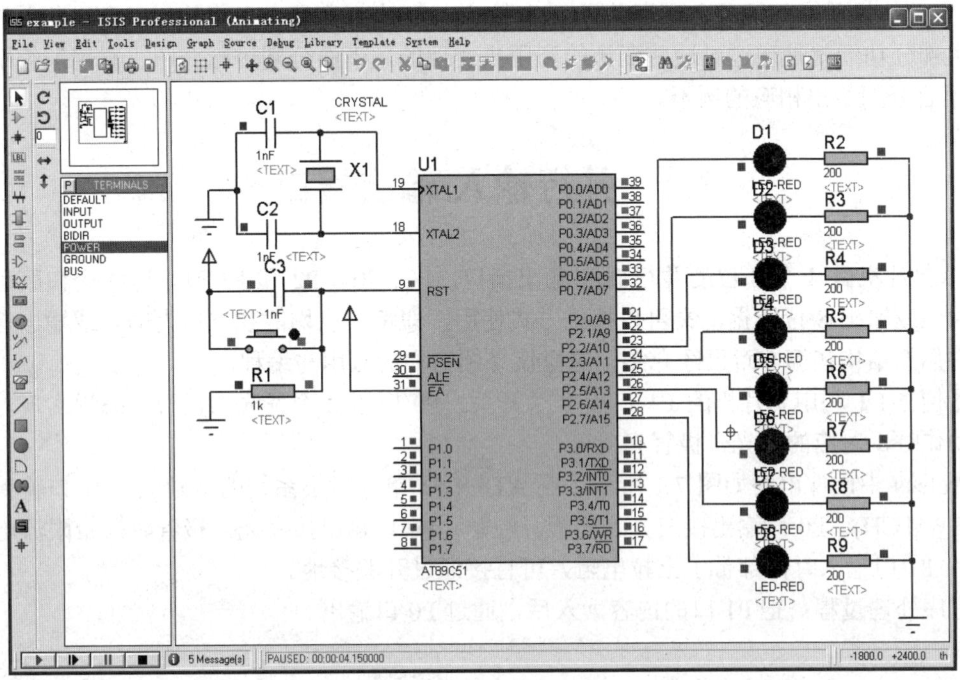

图 6.14　仿真结果图

如果要看 51 单片机的特殊功能寄存器、存储器中的内容，则可用暂停按钮 ‖ 使程序暂停下来，然后通过 Debug(调试)菜单下面的相应命令打开特殊功能寄存器窗口或存储器窗口查看。

最后说明一下，在仿真调试时，如果因为程序有错，仿真不能得到相应的结果，则要在 Keil μVision IDE 中修改程序，程序修改后再对程序进行重新编译连接形成 HEX 文件，但在 Proteus 中不用再重新加载，因为前面已经加载了，直接运行即可，非常方便。因而现在使用 Keil μVision IDE 和 Proteus 仿真单片机应用系统非常广泛。

习　题

1. 简要介绍在 Proteus 中单片机应用系统的仿真过程。
2. 在 Proteus 中，导线的连接方式有几种？
3. 在 Proteus 中，如何把程序加载到 51 单片机中？
4. 用 51 单片机的并口完成一个 16 个发光二极管的流水灯设计，在 Keil C51 中编程序，在 Proteus 中设计硬件，仿真实现。

第 7 章　51 单片机的内部资源及编程

51 单片机的内部资源主要有并行 I/O 接口、定时/计数器、串行接口以及中断系统，它的大部分功能就是通过对这些资源的利用来实现的。下面分别进行介绍，并用汇编语言和 C 语言分别给出相应的例子。

7.1　并行输入/输出接口

51 单片机有 4 个 8 位的并行输入/输出接口：P0、P1、P2 和 P3 口。这 4 个口既可以并行输入或输出 8 位数据，又可以按位方式使用，即每一位均能独立作为输入或输出接口用。它们的结构在第 2 章已经介绍，这里仅介绍它们的应用与编程。

【例 7-1】 利用单片机的 P1 口接 8 个开关，P0 口接 8 个发光二极管，编程实现，当开关动作时，对应的发光二极管亮或灭。

Proteus 中硬件电路如图 7.1 所示，在 AT89C51 单片机小系统的基础上，P1 口输入接开关(SWITCH)，P0 口输出接发光二极管。注意：P0 口输出接发光二极管时须带限流电阻(RES)，P1 口输入时内部带了上拉电阻，可直接通过开关接地。

程序处理过程：把 P1 口的内容读入后，通过 P0 口输出。

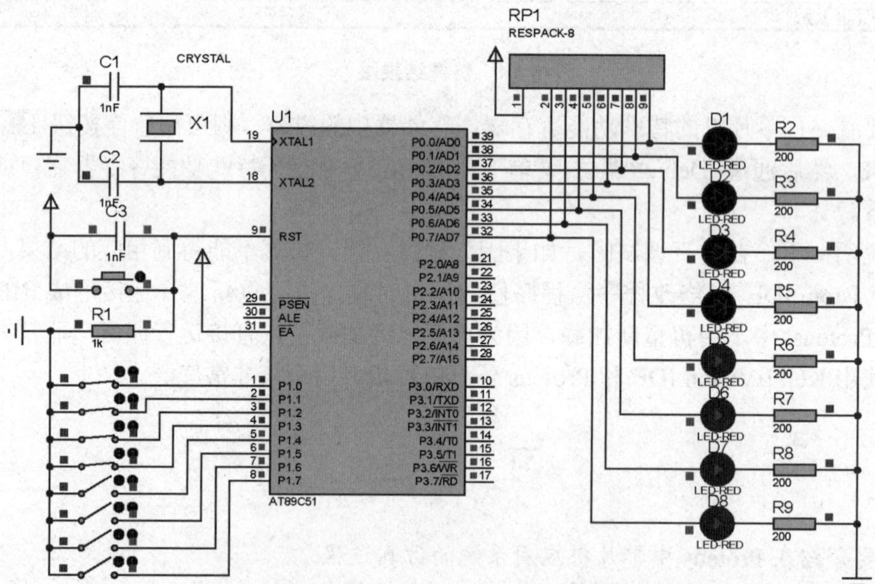

图 7.1　P1 口输入 P0 口输出电路图

汇编语言程序代码如下：

```
ORG  0000H
LJMP MAIN
```

```
     ORG  0100H
MAIN:MOV  P1,#0FFH
LOOP:MOV  A,P1
     MOV  P0,A
     SJMP LOOP
     END
```

C51 语言程序代码如下：

```
#include  <reg51.h>
void  main(void)
{
   unsigned  char  i;
   P1=0xff;
   for(;;) { i=P1;P0=i; }
}
```

7.2　定时/计数器接口

定时/计数器是单片机中的重要功能模块之一，在检测、控制和智能仪器等设备中经常用它来定时。另外，它还可以用于对外部事件进行计数。

7.2.1　定时/计数器的主要特性

定时/计数器的主要特性如下。

(1) MCS-51 系列中 51 子系列有两个 16 位的可编程定时/计数器：定时/计数器 T0 和定时/计数器 T1；52 子系列有三个，比 51 子系列多一个定时/计数器 T2。

(2) 每个定时/计数器既可以对系统时钟计数实现定时，也可以对外部信号计数实现计数功能，这些功能都是通过编程设定来实现的。

(3) 每个定时/计数器都有多种工作方式，其中 T0 有四种工作方式；T1 有三种工作方式，T2 有三种工作方式。通过编程可设定工作于某种方式。

(4) 每一个定时/计数器定时计数时间到时产生溢出，使相应的溢出位置位。溢出可通过查询或中断方式来处理。

7.2.2　定时/计数器 T0、T1 的结构及工作原理

定时/计数器 T0、T1 的结构如图 7.2 所示，它由加法计数器、方式寄存器 TMOD、控制寄存器 TCON 等组成。

定时/计数器的核心是 16 位加法计数器，在图中用特殊功能寄存器 TH0、TL0 及 TH1、TL1 表示。TH0、TL0 是定时/计数器 T0 加法计数器的高 8 位和低 8 位，TH1、TL1 是定时/计数器 T1 加法计数器的高 8 位和低 8 位。方式寄存器 TMOD 用于设定定时/计数器 T0 和 T1 的工作方式，控制寄存器 TCON 用于对定时/计数器的启动、停止进行控制。

当定时/计数器用于定时时，加法计数器对内部机器周期 Tcy 进行计数。由于机器周期时间是定值，因此对 Tcy 的计数就是定时，如 Tcy=1μs，计数 100，定时 100μs。当定

时/计数器用于计数时，加法计数器对单片机芯片引脚 T0(P3.4)或 T1(P3.5)上的输入脉冲进行计数。每来一个输入脉冲，加法计数器加 1。当由全 1 再加 1 变成全 0 时产生溢出，使溢出位 TF0 或 TF1 置位，如中断允许，则向 CPU 提出定时/计数中断；如中断不允许，则只有通过查询方式使用溢出位。

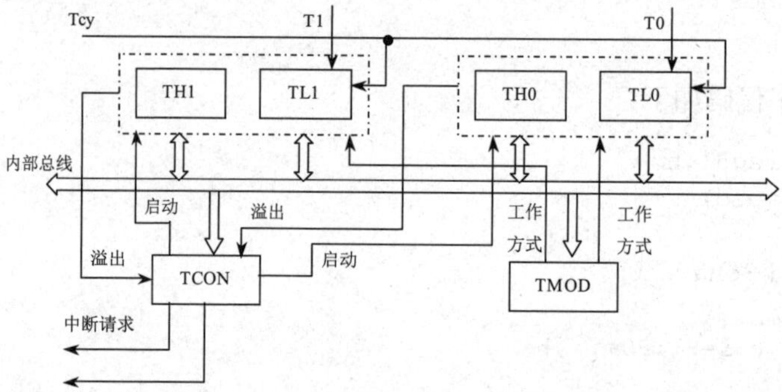

图 7.2 定时/计数器 T0、T1 的结构框图

加法计数器在使用时应注意以下两个方面。

第一，由于它是加法计数器，每来一个计数脉冲，加法器中的内容加 1 个单位，当由全 1 加到全 0 时计满溢出。因而，如果要计 N 个单位，则首先应向计数器置初值为 X，且有：

初值 X=最大计数值(满值)M−计数值 N

在不同的计数方式下，最大计数值(满值)不一样。一般来说，当定时/计数器工作于 R 位计数方式时，它的最大计数值(满值)为 2 的 R 次幂。

第二，当定时/计数器工作于计数方式时，对芯片引脚 T0(P3.4)或 T1(P3.5)上的输入脉冲计数。计数过程如下：在每一个机器周期的 S5P2 时刻对 T0(P3.4)或 T1(P3.5)上的信号采样一次，如果上一个机器周期采样到高电平，下一个机器周期采样到低电平，则计数器在下一个机器周期的 S3P2 时刻加 1 计数一次。因而需要两个机器周期才能识别一个计数脉冲，所以外部计数脉冲的频率应小于振荡频率的 1/24。

7.2.3 定时/计数器的方式和控制寄存器

1. 定时/计数器的方式寄存器 TMOD

方式寄存器 TMOD 用于设定定时/计数器 T0 和 T1 的工作方式。它的字节地址为 89H，格式如图 7.3 所示。

TMOD	D7	D6	D5	D4	D3	D2	D1	D0
(89H)	GATE	C/T	M1	M0	GATE	C/T	M1	M0
	⟵ 定时器 1 ⟶				⟵ 定时器 0 ⟶			

图 7.3 定时/计数器的方式寄存器 TMOD

其中各二进制位的含义说明如下。

M1、M0：工作方式选择位，用于对 T0 的四种工作方式、T1 的三种工作方式进行选择，选择情况如表 7.1 所示。

表 7.1　定时/计数器的工作方式

M1	M0	工作方式	方式说明
0	0	0	13 位定时/计数器方式
0	1	1	16 位定时/计数器方式
1	0	2	8 位自动重置定时/计数器方式
1	1	3	两个 8 位定时/计数器方式(只有 T0 有)

C/T：定时或计数方式选择位。当 C/T=1 时工作于计数方式；当 C/T=0 时工作于定时方式。

GATE：门控位，用于控制定时/计数器的启动是否受外部中断请求信号的影响。如果 GATE=0，定时/计数器的启动与外部中断请求信号引脚 $\overline{\text{INT0}}$ (P3.2)和 $\overline{\text{INT1}}$ (P3.3)无关。如果 GATE=1，定时/计数器 T0 的启动还受芯片外部中断请求信号引脚 $\overline{\text{INT0}}$ (P3.2)的控制，定时/计数器 T1 的启动还受芯片外部中断请求信号引脚 $\overline{\text{INT1}}$ (P3.3)的控制，只有当外部中断请求信号引脚 $\overline{\text{INT0}}$ (P3.2)或 $\overline{\text{INT1}}$ (P3.3)为高电平时才开始启动计数；利用 GATE 的这个特点可以测量加在 $\overline{\text{INT0}}$ (P3.2)或 $\overline{\text{INT1}}$ (P3.3)引脚上正脉冲的宽度，在后面应用中将详细介绍。在一般情况下 GATE=0。

2. 定时/计数器的控制寄存器 TCON

控制寄存器 TCON 用于控制定时/计数器的启动与溢出，它的字节地址为 88H，可以进行位寻址。各位的格式如图 7.4 所示。

TCON	D7	D6	D5	D4	D3	D2	D1	D0
(88H)	TF1	TR1	TF0	TR0	IE1	IT1	IE0	IT0

图 7.4　定时/计数器的控制寄存器 TCON

其中各二进制位的含义说明如下。

TF1：定时/计数器 T1 的溢出标志位。当定时/计数器 T1 计满时，由硬件使它置位，如中断允许则触发 T1 中断。进入中断处理后由内部硬件电路自动清除。

TR1：定时/计数器 T1 的启动位。可由软件置位或清零，当 TR1=1 时启动；TR1=0 时停止。

TF0：定时/计数器 T0 的溢出标志位，当定时/计数器 T0 计满时，由硬件使它置位，如中断允许则触发 T0 中断。进入中断处理后由内部硬件电路自动清除。

TR0：定时/计数器 T0 的启动位。可由软件置位或清零，当 TR0=1 时启动；TR0=0 时停止。

TCON 的低 4 位是用于外中断控制的，有关内容将会在 7.4 节介绍。

7.2.4　定时/计数器的工作方式

1. 方式 0——13 位定时/计数器方式

当 M1M0 两位为 00 时，定时/计数器工作于方式 0，方式 0 的结构如图 7.5 所示。

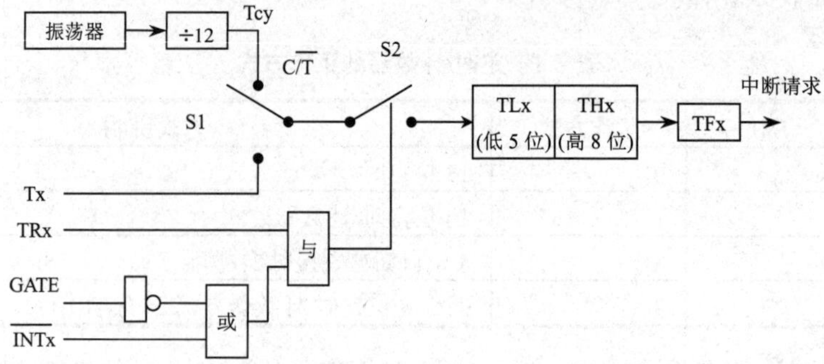

图 7.5 T0、T1 方式 0 的结构

在这种方式下，16 位的加法计数器只用了 13 位，分别是 TL0(或 TL1)的低 5 位和 TH0(或 TH1)的 8 位，TL0(或 TL1)的高 3 位未用。计数时，当 TL0(或 TL1)的低 5 位计满时向 TH0(或 TH1)进位，当 TH0(或 TH1)也计满时则溢出，使 TF0(或 TF1)置位。如果中断允许，则提出中断请求。另外也可通过查询 TF0(或 TF1)来判断是否溢出。由于采用 13 位的定时/计数方式，因此最大计数值(满值)为 2 的 13 次幂，为 8192。如计数值为 N，则置入的初值 X 为：X=8192−N。

在实际中使用时，先根据计数值计算出初值，然后按位置置入到初值寄存器中。如定时/计数器 T0 的计数值为 1000，则初值为 7192，转换成二进制数为 1110000011000B，则 TH0=11100000B，TL0=00011000B。

在方式 0 计数的过程中，当计数器计满溢出时，计数器的计数过程并不会结束，计数脉冲来时同样会进行加 1 计数。只是这时计数器是从 0 开始计数的，是满值的计数。如果要重新实现 N 个单位的计数，则这时应重新置入初值。

2. 方式 1——16 位定时/计数器方式

当 M1M0 两位为 01 时，定时/计数器工作于方式 1，方式 1 的结构与方式 0 的结构相同，只是把 13 位变成 16 位。

在方式 1 下，16 位的加法计数器被全部用上，TL0(或 TL1)作低 8 位，TH0(或 TH1)作高 8 位。计数时，当 TL0(或 TL1)计满时向 TH0(或 TH1)进位，当 TH0(或 TH1)也计满时则溢出，使 TF0(或 TF1)置位。同样可通过中断或查询方式来处理溢出信号 TF0(或 TF1)。由于是 16 位的定时/计数方式，因此最大计数值(满值)为 2 的 16 次幂，等于 65 536。如计数值为 N，则置入的初值 X 为：X=65 536−N。

如定时/计数器 T0 的计数值为 1000，则初值为 65 536−1000=64 536。转换成二进制数为 1111110000011000B，则 TH0=11111100B，TL0=00011000B。

对于方式 1 计满后的情况与方式 0 相同。当计数器计满溢出时，计数器的计数过程也不会结束，而是以满值开始计数。如果要重新实现 N 个单位的计数，则也应重新置入初值。

3. 方式 2——8 位自动重置定时/计数器方式

当 M1M0 两位为 10 时，定时/计数器工作于方式 2，方式 2 的结构如图 7.6 所示。

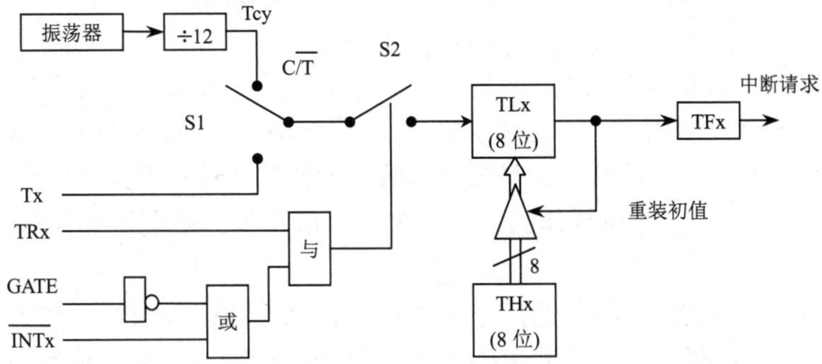

图 7.6　T0、T1 方式 2 的结构

在方式 2 下，16 位的计数器只用了 8 位(TL0 或 TL1 的 8 位)来计数，而 TH0(或 TH1)用于保存初值。计数时，当 TL0(或 TL1)计满时则溢出，一方面使 TF0(或 TF1)置位，另一方面溢出信号又会触发图 7.5 中的三态门，使三态门导通，TH0(或 TH1)的值就自动装入 TL0(或 TL1)。同样可通过中断或查询方式来处理溢出信号 TF0(或 TF1)。由于是 8 位的定时/计数方式，因此最大计数值(满值)为 2 的 8 次幂，等于 256。如计数值为 *N*，则置入的初值 *X* 为：*X*=256−*N*。

如定时/计数器 T0 的计数值为 100，则初值为 256−100=156，转换成二进制数为 10011100B，则 TH0= TL0=10011100B。

由于方式 2 计满后，溢出信号会触发三态门自动地把 TH0(或 TH1)的值装入 TL0(或 TL1)中，因此如果要重新实现 *N* 个单位的计数，不用重新置入初值。

4. 方式 3——两个 8 位定时/计数器方式

方式 3 只有定时/计数器 T0 才有。当 M1M0 两位为 11 时，定时/计数器 T0 工作于方式 3，方式 3 的结构如图 7.7 所示。

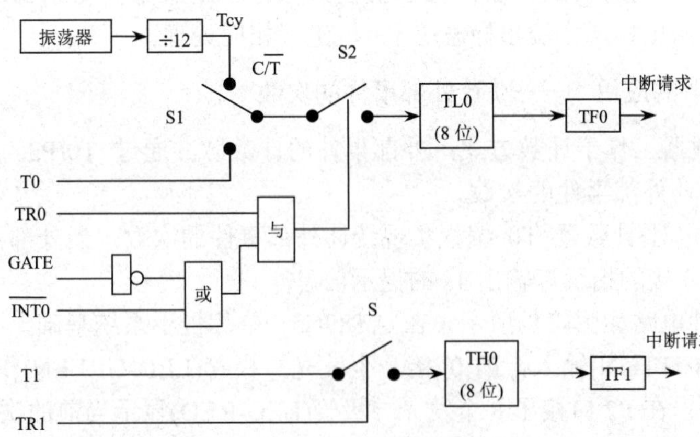

图 7.7　T0 方式 3 的结构

在方式 3 下，定时/计数器 T0 被分为两个部分 TL0 和 TH0，其中，TL0 可作为定时/计数器使用，占用 T0 的全部控制位：GATE、C/$\overline{T}$、TR0 和 TF0；而 TH0 固定只能做计数器使用，对外部信号进行计数。这时它占用定时/计数器 T1 的 TR1 位、TF1 位和 T1 的中

断资源。因此这时定时/计数器 T1 不能使用启动控制位和溢出标志位。通常将定时/计数器 T1 作为串行口的波特率发生器。只要赋初值，设置好工作方式，它便自动启动，溢出信号直接送串行口。如要停止工作，只需送入一个把定时/计数器 T1 设置为方式 3 的方式控制字即可。由于定时/计数器 T1 没有方式 3，如果强行把它设置为方式 3，就相当于使其停止工作。在方式 3 下，计数器的最大计数值、初值的计算与方式 2 完全相同。

定时/计数器使用时须选择具体的工作方式，一般根据计数值选择工作方式，具体情况如下：

如果计数值在 1～256 之间，选择方式 0、1、2 都可以；如果计数值大于 256，小于 8192，选择方式 0、1 都可以；如果计数值大于 8192，小于 65 536，只有选择方式 1；如果比 65 536 还要大，一个定时/计数器就不能直接处理，只有再通过其他方法实现，在后面我们将介绍；对于定时/计数器 0 的方式 3，一般只有在定时/计数器 1 用于串口的波特率发生器使用，而系统又必须需要两个定时/计数器的时候才用到。

7.2.5 定时/计数器的初始化编程及应用

1. 定时/计数器的编程

51 单片机的定时/计数器是可编程的，可以设定为对机器周期计数实现定时功能，也可以设定为对外部脉冲计数实现计数功能。有四种工作方式，使用时可根据情况选择其中的一种。51 单片机定时/计数器初始化过程如下：

(1) 根据要求确定是定时还是计数。

(2) 根据要求计算定时/计数器的计数值，确定方式控制字，写入方式控制寄存器。

(3) 根据所选方式和计数值求得初值，写入初值寄存器。

(4) 根据需要开放定时/计数器中断(后面需编写中断服务程序)。

(5) 设置定时/计数器控制寄存器 TCON 的值，启动定时/计数器开始工作。

(6) 等待定时/计数时间到，溢出标志置位，执行中断服务程序；如用查询处理则编写查询程序，判断溢出标志，溢出标志等于 1，进行相应处理。

2. 定时/计数器的应用 1——统计外部事件的次数

利用定时/计数器工作于计数方式，外部事件的计数脉冲通过 T0(P3.4)或 T1(P3.5) 引脚输入即可实现统计外部事件的次数。

【例 7-2】 用定时/计数器 T0 编程实现统计外部事件的次数，当外部事件的计数脉冲来 10 次后通过 P1.0 接的指示灯输出 1s 的提示信息。

Proteus 中硬件电路如图 7.8 所示，在 AT89C51 单片机小系统基础上 T0(P3.4)接外部事件的计数脉冲(BUTTON)输入，P1.0 接一个发光二极管(LED-GREEN)作指示灯输出 1s 的提示信息。另外，在 P2 口接了 8 个发光二极管(LED-RED)显示当前的次数。

处理时定时/计数器 T0 选择为计数，工作于方式 2，方式控制字设定为 00000110B(06H)。初值 X=256−10=246，TH0=TL0=0F6H。在主程序中对定时/计数器 T0 初始化，启动计数器，然后检查 TL0 的值，用 TL0 的值减去 0F6H 计算当前计数值，通过 P2 口输出显示。计数 10 次到后 P1.0 输出 1s 时间的高电平。

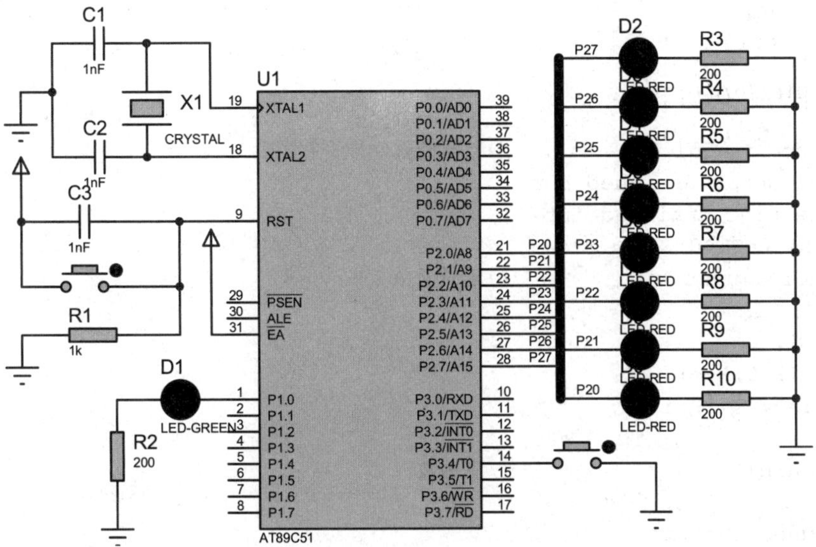

图 7.8　统计外部事件的次数电路图

(1) 采用中断处理方式的程序。

汇编语言程序代码如下：

```
        ORG 0000H               ;复位入口地址
        LJMP  MAIN

        ORG  000BH              ;定时/计数器 0 中断服务程序
        SETB P1.0
        LCALL DEL1S
        ClR  P1.0
        RETI

        ORG  0100H              ;主程序
MAIN:   MOV  TMOD,#06H
        MOV  TH0,#0F6H
        MOV  TL0,#0F6H
        ClR  P1.0
        SETB  EA
        SETB  ET0
        SETB  TR0
HERE:   MOV   A,TL0
        CLR  C
        SUBB  A,#0F6H
        MOV  P2,A
        SJMP  HERE
DEL1S:  MOV  R5,#100            ;延时 1s
DEL10ms:MOV  R6,#20             ;延时 10ms
DEL1:   MOV  R7,#249
        DJNZ  R7,$
        DJNZ  R6,DEL1
        DJNZ  R5,DEL10ms
```

```
        RET
        END
```

C语言程序代码如下：

```
#include  <reg51.h>            //包含特殊功能寄存器库
#define uchar unsigned char
#define uint unsigned int
sbit  P1_0=P1^0;
void delay(uint k)             //延时函数
{
  uint i;
  for (;k>0;k--)
  for(i=0;i<110;i++);
}
void  main()                   //主函数
{
  unsigned char i;
  TMOD=0x06;
  TH0=0xf6;TL0=0xf6;
  P1_0=0;
  EA=1;ET0=1;
  TR0=1;
  while(1){i=TL0;i=i-0xf6; P2=i;}
}
void  time0_int(void)  interrupt 1       //定时/计数器0中断服务程序
{
  P1_0=1;delay(1000);P1_0=0;
}
```

(2) 采用查询方式处理的程序。

汇编语言程序代码如下：

```
        ORG   0000H        ;复位入口地址
        LJMP  MAIN

        ORG  0100H         ;主程序
MAIN:   CLR  P1.0
        MOV  TMOD,#06H
        MOV  TH0,#0F6H
        MOV  TL0,#0F6H
        SETB  TR0
LOOP:   JBC  TF0,NEXT      ;查询计数溢出
        MOV  A,TL0
        CLR  C
        SUBB  A,#0F6H
        MOV  P2,A
        SJMP  LOOP
NEXT:   SETB  P1.0
        LCALL DEL1S
        CLR   P1.0
        SJMP  LOOP
```

```
        SJMP  $
DEL1S:  MOV  R5,#100          ;延时 1s
DEL10ms:MOV  R6,#20           ;延时 10ms
DEL1:   MOV  R7,#249
        DJNZ  R7,$
        DJNZ  R6,DEL1
        DJNZ  R5,DEL10ms
        RET
        END
```

C 语言程序代码如下：

```
#include  <reg51.h>          //包含特殊功能寄存器库
#define uchar unsigned char
#define uint unsigned int
sbit  P1_0=P1^0;
void delay(uint k)           //延时函数
{
    uint i;
    for (;k>0;k--)
    for(i=0;i<110;i++);
}
void  main()                  //主函数
{
    unsigned char i;
    P1_0=0;
    TMOD=0x06;
    TH0=0xf6;TL0=0xf6;
    TR0=1;
    for(;;)
    {
        if (TF0)  { TF0=0;P1_0=1;delay(1000);P1_0=0;}    //查询计数溢出
        i=TL0; i=i-0xf6; P2=i;
    }
}
```

在 Keil 51 中编译程序形成 HEX 文件，在 Proteus 中仿真运行，运行后，按 T0(P3.4)连接的按键，P2 口连接的发光二极管能看到按键脉冲的个数，按 10 次后，P1.0 连接的发光二极管会亮 1s。

3. 定时/计数器的应用 2——产生周期性的波形

利用定时/计数器产生周期性波形的基本思想是：利用定时/计数器产生周期性的定时，定时时间到则对输出端进行相应的处理。

【例 7-3】设系统时钟频率为 12MHz，用定时/计数器 T0 编程实现从 P1.0 输出周期为 500μs 的方波。

Proteus 中硬件电路如图 7.9 所示，在 AT89C51 单片机小系统基础上 P1.0 接示波器，示波器在配件(Gadgets)工具栏的 Virtual Instruments Mode 虚拟仪表中，名称为 OSCILLOSCOPE，另外连接了一个发光二极管(LED-RED)显示。

从 P1.0 输出周期为 500μs 的方波，只需用定时/计数器 T0 产生 250μs 周期性定时，定时时间到对 P1.0 取反即可。当系统时钟为 12MHz，定时/计数器 T0 定时，工作于方式 2 时，最大的定时时间为 256μs，满足 250μs 的定时要求，方式控制字应设定为 00000010B(02H)。系统时钟为 12MHz，定时 250μs，计数值 N 为 250，初值 X=256−250=6，则 TH0=TL0=06H。

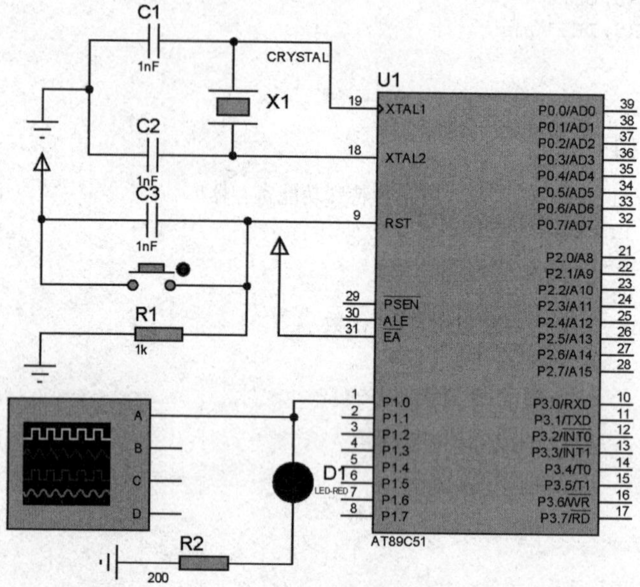

图 7.9　P1.0 输出周期 500μs 方波电路图

(1) 采用中断处理方式的程序。

汇编语言程序代码如下：

```
        ORG 0000H
        LJMP  MAIN

        ORG  000BH              ;中断处理程序
        CPL  P1.0
        RETI

        ORG  0100H              ;主程序
MAIN:   MOV  TMOD,#02H
        MOV  TH0,#06H
        MOV  TL0,#06H
        SETB  EA
        SETB  ET0
        SETB  TR0
        SJMP  $
        END
```

C 语言程序代码如下：

```
#include  <reg51.h>           //包含特殊功能寄存器库
sbit  P1_0=P1^0;
```

```
void main()
{
    TMOD=0x02;
    TH0=0x06;TL0=0x06;
    EA=1;ET0=1;
    TR0=1;
    while(1);
}
void time0_int(void) interrupt 1        //中断服务程序
{
    P1_0=!P1_0;
}
```

(2) 采用查询方式处理的程序。

汇编语言程序代码如下：

```
        ORG 0000H
        LJMP  MAIN

        ORG  0100H          ;主程序
MAIN:   MOV  TMOD,#02H
        MOV  TH0,#06H
        MOV  TL0,#06H
        SETB  TR0
LOOP:   JBC  TF0,NEXT       ;查询计数溢出
        SJMP  LOOP
NEXT:   CPL  P1.0
        SJMP  LOOP
        SJMP  $
        END
```

C 语言程序代码如下：

```
#include <reg51.h>                          //包含特殊功能寄存器库
sbit P1_0=P1^0;
void main()
{
    TMOD=0x02;
    TH0=0x06;TL0=0x06;
    TR0=1;
    for(;;)
    {
       if (TF0) { TF0=0;P1_0=! P1_0;}       //查询计数溢出
    }
}
```

在 Keil 51 中编译程序形成 HEX 文件，在 Proteus 中加载程序仿真运行，通过示波器显示波形结果如图 7.10 所示，波形周期为 500μs。

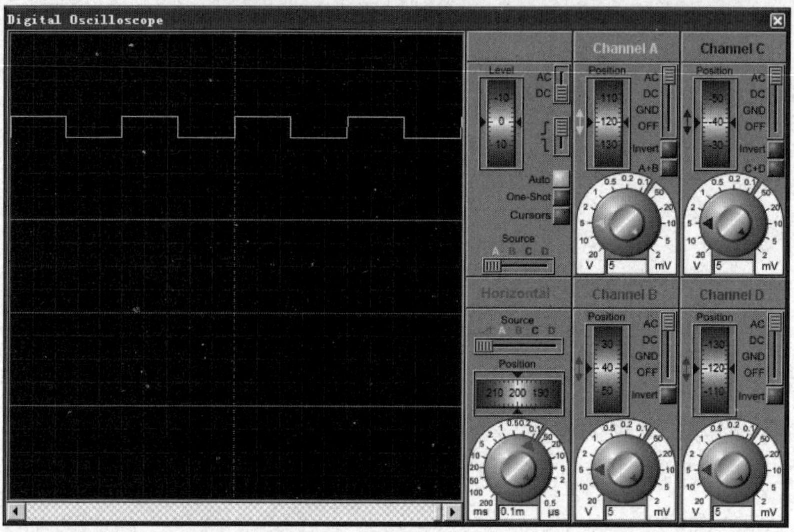

图 7.10　例 7-3 周期 500μs 仿真波形图

【例 7-4】 设系统时钟频率为 12MHz，编程实现从 P1.1 输出周期为 1s 的方波。

硬件电路与前面相同，只是用示波器测量 P1.1 引脚。根据例 7-3 的处理过程，这时应产生 500ms 的周期性的定时，定时到对 P1.1 取反就可实现。由于定时时间较长，一个定时/计数器不能直接实现，可用定时/计数器 T0 产生周期为 10ms 的定时，然后用一个寄存器 R2 对 10ms 计数 50 次或用定时/计数器 T1 对 10ms 计数 50 次实现。系统时钟为 12MHz，定时/计数器 T0 定时 10ms，计数值 N 为 10 000，只能选方式 1，方式控制字为 00000001B(01H)，初值 X：

$$X=65\,536-10\,000=55\,536=1101100011110000B$$

则 TH0=11011000B=D8H，TL0=11110000B=F0H。

(1) 用寄存器 R2 作计数器进行软件计数，溢出位采用中断处理方式。

汇编语言程序代码如下：

```
        ORG  0000H
        LJMP MAIN

        ORG  000BH
        LJMP INTT0

        ORG  0100H
MAIN:   MOV  TMOD,#01H
        MOV  TH0,#0D8H
        MOV  TL0,#0F0H
        MOV  R2,#00H
        SETB  EA
        SETB  ET0
        SETB  TR0
        SJMP  $

INTT0:  MOV  TH0,#0D8H          ;中断服务程序
```

```
        MOV  TL0,#0F0H
        INC  R2
        CJNE  R2,#32H,NEXT
        CPL  P1.1
        MOV  R2,#00H
NEXT:   RETI
        END
```

C 语言程序代码如下：

```
#include  <reg51.h>  //包含特殊功能寄存器库
sbit  P1_1=P1^1;
char  i;
void  main()
{
    TMOD=0x01;
    TH0=0xD8;TL0=0xf0;
    EA=1;ET0=1;
    i=0;
    TR0=1;
    while(1);
}
void  time0_int(void)  interrupt 1   //中断服务程序
{
    TH0=0xD8;TL0=0xf0;
    i++;
    if (i= =50)  {P1_1=! P1_1;i=0;}
}
```

(2) 用定时/计数器 T1 计数实现。定时/计数器 T1 工作于计数方式时，计数脉冲通过 T1(P3.5)输入。设定时/计数器 T0 定时时间到时对 T1(P3.5)取反一次，则 T1(P3.5)每 20ms 产生一个计数脉冲，那么定时 500ms 只需计数 25 次。设定时/计数器 T1 工作于方式 2，初值 X=256−25=231=11100111B=E7H，TH1=TL1=E7H。因为定时/计数器 T0 工作于方式 1，则这时方式控制字为 01100001B(61H)。定时/计数器 T0 和 T1 都采用中断方式工作。

汇编语言程序代码如下：

```
        ORG 0000H
        LJMP  MAIN

        ORG  000BH
        MOV  TH0,#0D8H
        MOV  TL0,#0F0H
        CPL  P3.5
        RETI

        ORG  001BH
        CPL  P1.1
        RETI

        ORG  0100H
```

```
MAIN:   MOV  TMOD,#61H
        MOV  TH0,#0D8H
        MOV  TL0,#0F0H
        MOV  TH1,#0E7H
        MOV  TL1,#0E7H
        SETB  EA
        SETB  ET0
        SETB  ET1
        SETB  TR0
        SETB  TR1
        SJMP  $
        END
```

C 语言程序代码如下：

```
#include  <reg51.h>  //包含特殊功能寄存器库
sbit  P1_1=P1^1;
sbit  P3_5=P3^5;
void  main()
{
   TMOD=0x61;
   TH0=0xD8;TL0=0xf0;
   TH1=0xE7; TL1=0xE7;
   EA=1;
   ET0=1;ET1=1;
   TR0=1;TR1=1;
   while(1);
}
void  time0_int(void)  interrupt 1   //T0 中断服务程序
{
   TH0=0xD8;TL0=0xf0;
   P3_5=!P3_5;
}
void  time1_int(void)  interrupt 3   //T1 中断服务程序
{  P1_1=! P1_1;  }
```

图 7.11 所示为仿真后示波器的显示情况，结果表明得到的波形周期为 1s。

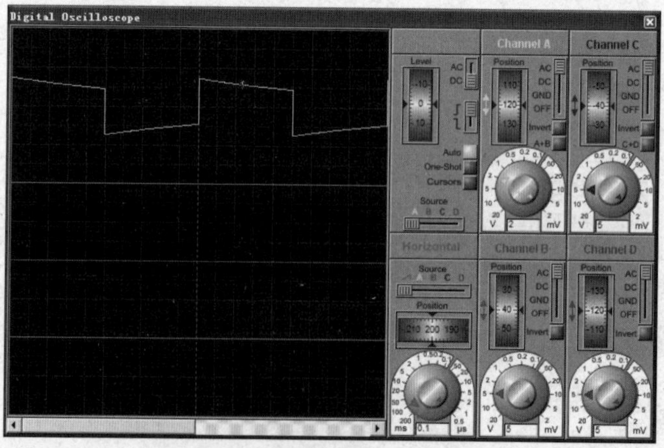

图 7.11　例 7-4 周期 1s 仿真波形图

4. 定时/计数器的应用 3——脉冲宽度的测量

利用定时/计数器的门控位(GATE)，可以测量正脉冲的宽度。测量原理如图 7.12 所示：设被测脉冲从 $\overline{\text{INT0}}$ (P3.2)引脚输入。程序开始对 T0 初始化，选择方式 1 定时，GATE 位设为 1，TH0、TL0 都设为 0，TR0 置 1。那么被测脉冲低电平的时候，定时/计数器不会对机器周期计数，当高电平到来时才对机器周期从 0 开始计数，高电平结束时停止计数，则 TH0、TL0 中的机器周期个数值就是被测脉冲高电平的宽度值，乘以机器周期就得到被测脉冲高电平的宽度。只需在被测脉冲的下一个低电平时读出即可。

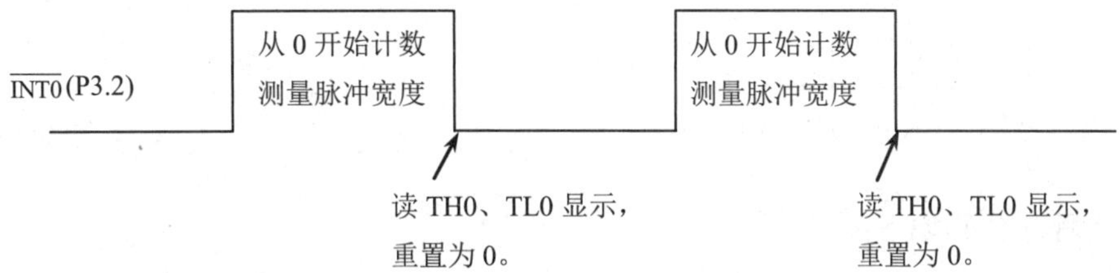

图 7.12　脉冲宽度测量原理图

【例 7-5】测量外部输入脉冲宽度。

Proteus 中硬件电路如图 7.13 所示，在 89C51 单片机小系统基础上，$\overline{\text{INT0}}$ (P3.2)引脚接函数信号发生器(SIGNAL GENERATOR)，输入方波作被测脉冲。P1 口和 P2 口接发光二极管(LED-RED)，显示测得的被测脉冲高电平宽度的机器周期数的高字节和低字节。51 单片机的时钟频率为 12MHz，机器周期为 1μs，程序如下。

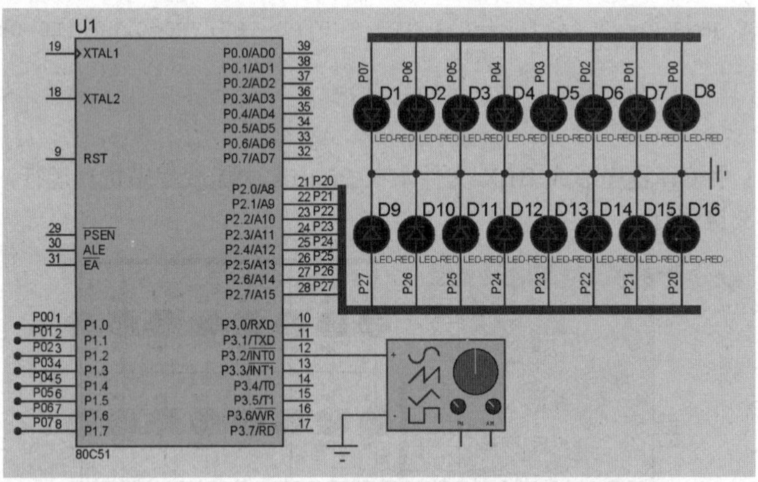

图 7.13　脉冲宽度测量电路图

汇编语言程序代码如下：

```
        ORG 0000H
        LJMP  MAIN
        ORG  0100H
MAIN:   MOV  TMOD,#09H
```

```
        MOV  TH0,#00H
        MOV  TL0,#00H
        SETB  TR0
L1:     JNB  P3.2,NEXT
        SJMP  L1
NEXT:   MOV  A,TH0
        CJNE A,#0,NEXT1
        MOV  A,TL0
        CJNE A,#0,NEXT1
        SJMP  L1
NEXT1:  MOV  P1,TH0
        MOV  P2,TL0
        MOV  TH0,#00H
        MOV  TL0,#00H
        SJMP  L1
        END
```

C 语言程序代码如下：

```
#include  <reg51.h>
sbit P3_2=P3^2;
void  main()
{
    TMOD=0x09;
    TH0=0x00;TL0=0x00;
    TR0=1;
    while(1)
    { if(P3_2==0)
      {
        if (!(TH0==0 && TL0==0)) {P1=TH0;P2=TL0;TH0=0x00;TL0=0x00;}
      }
    }
}
```

在 Keil 51 中编译程序形成 HEX 文件，在 Proteus 中加载程序仿真运行，通过示波器显示结果如图 7.14 所示。

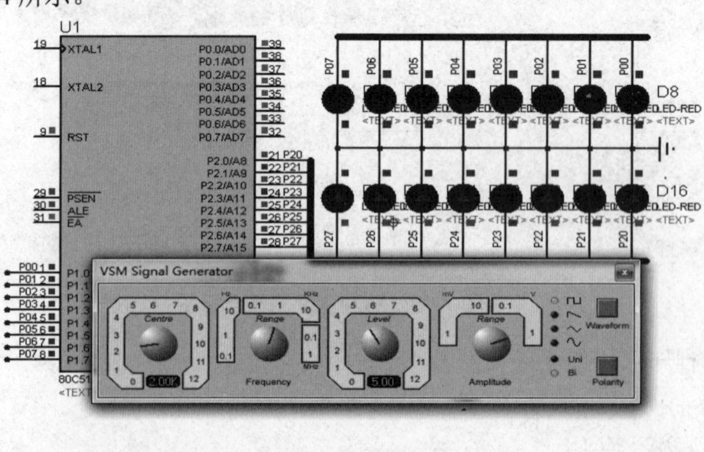

图 7.14　脉冲宽度测量仿真图

其中：波形发生器输入的方波幅度值为 5V，频率为 2kHz，周期为 500μs，高电平宽度为 250μs，测量出来值为 246μs(11110101B)，近似等于被测信号高电平宽度。注意：波形发生器表盘的 Frequency 用来选频率的量程，Centre 用来设定具体频率值，Amplitude 用来选幅度值的量程，Level 用来设定具体幅度值。

7.2.6　AT89S5X 单片机的看门狗 WDT 定时器

看门狗定时器是单片机的一个组成部分，在单片机程序的调试和运行中都有着重要的意义。单片机应用程序在运行过程中，由于受到外部电路或内部电路干扰可能使程序出现“跑飞”或“死循环”现象，使系统失控。如果操作人员在场，可按人工复位按钮强制复位。但操作人员不可能一直监视系统，即使监视系统，也往往在引起不良后果之后才进行人工复位。通过看门狗技术可成功避免这种现象，它能使系统在“跑飞”或“死循环”自动复位，回到原来的程序中运行。

看门狗电路实际是一个定时器，定时器的输出接单片机的 RST 端，当启动后就不断进行定时计数。在程序正常处理中，每隔一段时间就给看门狗定时器清零，称为“喂狗”，使得看门狗定时器不会溢出，如果系统“跑飞”或“死循环”，看门狗定时器定时时间就会到，产生溢出信号输出送 RST，使单片机复位，重新回到正常的运行程序中。

AT89S5X 单片机片内集成了一个看门狗部件，内部包含一个 14 位的看门狗定时器和一个看门狗复位寄存器(特殊功能寄存器名称为 WDTRST，地址 A6H)，看门狗开启后，14 位的看门狗定时器自动从零开始对系统时钟 12 分频的信号定时计数，即每 16 384(216)个机器周期溢出一次，产生一个高电平的复位信号，使单片机复位。如系统时钟频率为 12MHz，则 16 384μs 产生一个复位信号。看门狗复位寄存器实现对看门狗定时器复位清零，对于 AT89S5X 单片机，当用户向看门狗复位寄存器 WDTRST 先写入 1EH，接着写入 E1H，看门狗定时器就清零并重新启动。

AT89S5X 单片机看门狗定时器使用时，为了防止看门狗定时器启动后产生不必要的溢出，在程序执行过程中，应在 16 384μs(时钟频率 12MHz)内不断地向 WDTRST 写入 1EH 和 E1H，清零看门狗定时器。

如果汇编语言编程，则在程序的循环体中放入下面两条指令：

```
MOV  WDTRST，#1EH
MOV  WDTRST，#0E1H
```

如果 C51 编程，则在程序的开始处对看门狗复位寄存器进行定义，形式如下：

```
sfr  WDTRST=0xA6;    //reg51.h 头文件中没有它的定义
```

然后在主程序 main( )的 while(1)的循环体中加入下面的语句：

```
WDTRST=0x1E;
WDTRST=0xE1;
```

7.3　串 行 接 口

串行接口是计算机中一个重要的外部接口，计算机通过它与外部设备进行通信。

7.3.1 通信的基本概念

1. 并行通信和串行通信

计算机与外界的通信有两种基本方式：并行通信和串行通信，如图 7.15 所示。

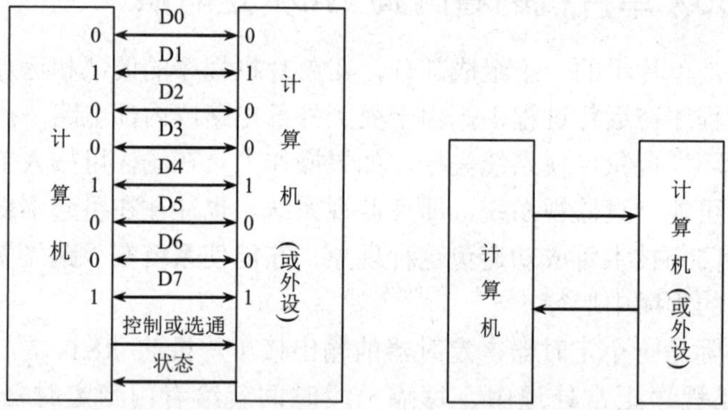

(a) 并行通信　　(b) 串行通信

图 7.15　计算机与外界通信的基本方式

一次同时传送多位数据的通信方式称为并行通信，例如，一次传送 8 位或 16 位数据。在 MCS-51 单片机中并行通信可通过并行输入/输出接口实现。并行通信的特点是通信速度快，但传输信号线多，传输距离较远时线路复杂，成本高，通常用于近距离传输。

按一位接一位顺序传送数据的通信方式称为串行通信。串行通信可以通过串行口来实现。它的特点是传输线少，通信线路简单，通信速度慢，成本低，适合长距离通信。

根据信息传送的方向，串行通信可以分为单工、半双工和全双工 3 种，如图 7.16 所示。单工方式只有一根数据线，信息只能单向传送；半双工方式也只有一根数据线，但信息可以分时双向传送；全双工方式有两根数据线，在同一个时刻能够实现数据双向传送。

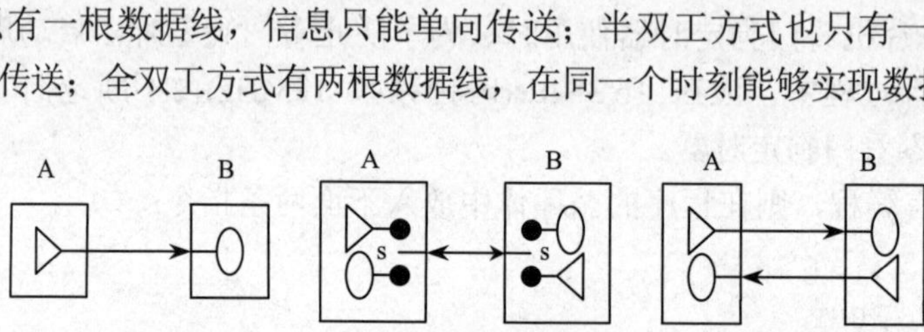

(a) 单工　　(b) 半双工　　(c) 全双工

图 7.16　串行通信的种类

2. 串行通信数据传送的基本过程

串行通信中，二进制数据以 1、0 数字信号的形式出现，在 TTL 标准表示的二进制数中，传输线上高电平表示二进制 1，低电平表示二进制 0，且每一位持续时间是固定的，通过时钟进行控制，发送端通过发送时钟控制，每一个时钟周期发送一位，接收端通过接收时钟控制，每个时钟周期检测一位。串行数据传送时发送端发送一位接收端就要接收一位，因而发送时钟和接收时钟要求一致。发送时钟和接收时钟的频率决定串行数据传送的速度快慢。

1)　发送过程

发送端发送数据时，先将要发送的数据送入移位寄存器，然后在发送时钟的控制下，将该并行数据逐位移位输出，送到发送数据线上，数据是 1，则发送数据线送高电平，数据是 0，则发送数据线送低电平。通常是在发送时钟的下降沿将移位寄存器中的数据串行输出，每个数据位的时间间隔由发送时钟的周期来划分，如图 7.17 所示。

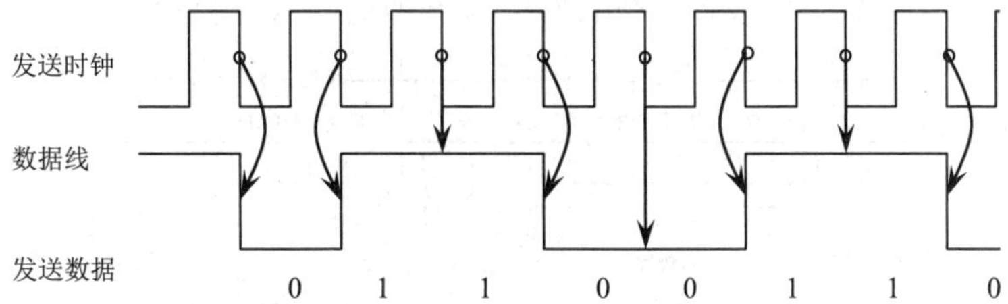

图 7.17　串行数据发送过程

2)　接收过程

接收端接收串行数据时，一般用接收时钟的上升沿对接收数据采样，进行数据位检测，如果检测到高电平，接收为 1，检测到低电平，接收为 0。接收的数据依次移入接收器的移位寄存器中，最后组成并行数据输出，如图 7.18 所示。

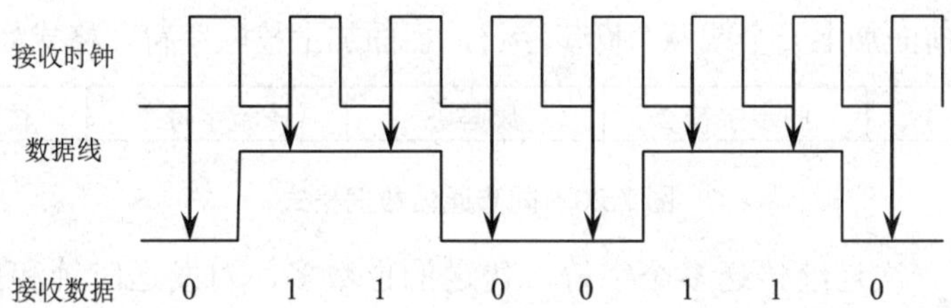

图 7.18　串行数据接收过程

串行通信传送的距离比较远，数据在线路上传送的时候容易受到外部环境干扰，为了避免外部环境干扰，接收端在接收信息的时候，通常把一个接收时钟通过用倍频技术 16 倍频，分成 16 个周期，用中间的 7、8、9 三个周期对数据线采样，如果两次或两次以上采样到高电平，接收为 1；如果两次或两次以上采样到低电平，接收为 0。这样就可以一定程度避免外部尖脉冲干扰。

通过数据的发送和接收过程可以看出，串行通信要能够正确地传送信息，发送端发送多少位，接收端也要接收多少位，因此，要求接收时钟和发送时钟要完全相同。但在实际的串行通信系统中，发送时钟一般在发送端产生，接收时钟在接收端产生，两者之间不完全一致，周期有一定的差异，这种差异会随着时间累加，当累加到一定程度就会使数据传送发生错误。怎样来解决这个问题呢？在串行通信中，在数据传送前，都要添加通信协议，对数据传送进行约定，规定数据传送的相关格式，并增加数据校验和差错检测，以保证数据传送的正确。

3. 异步通信和同步通信

串行通信按信息的格式又可分为异步通信和同步通信两种方式。

1) 串行异步通信方式

串行异步通信方式的特点是数据在线路上传送时是以一个字符(字节)为单位，未传送时线路处于空闲状态，空闲线路约定为高电平“1”。传送一个字符又称为一帧信息。传送时每一个字符前加一个低电平的起始位，然后是数据位，数据位可以是 5～8 位，低位在前，高位在后，数据位后可以带一个奇偶校验位，最后是停止位，停止位用高电平表示，它可以是 1 位、1 位半或 2 位。格式如图 7.19 所示。

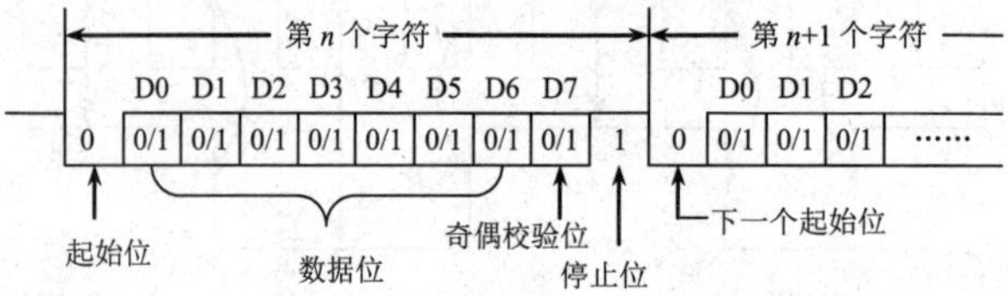

图 7.19 异步通信数据格式

异步传送时，字符间可以间隔，间隔的位数不固定。由于一次只传送一个字符，因而一次传送的位数比较少，对发送时钟和接收时钟的要求相对不高，线路简单，但传送速度较慢。

2) 串行同步通信方式

串行同步通信方式的特点是数据在线路上传送时以字符块为单位，一次传送多个字符，传送时须在前面加上一个或两个同步字符，后面加上校验字符，格式如图 7.20 所示。

同步字符 1	同步字符 2	数据块	校验字符 1	校验字符 2

图 7.20 同步通信数据格式

同步方式时一次连续传送多个字符，传送的位数多，对发送时钟和接收时钟要求较高，往往用同一个时钟源控制，控制线路复杂，传送速度快。

4. 波特率与比特率

波特率与比特率都是描述数字通信中信道传输速率的单位。波特率是指单位时间内信道传输的码元数，也叫调制速率，单位为波特(Baud)。比特率是指单位时间内信道传输的二进制代码有效位数，表示有效数据的传输速率，用比特/秒(bit/s)表示，通常简写为 bps。

比特率(bps)=波特率×一个码元传送的比特数

两相调制时，单个调制状态对应一个二进制位，即一个码元传送一个比特数据，比特率和波特率相同；四相调制时，单个调制状态对应两个二进制位，即一个码元传送两个比特数据，比特率等于波特率的两倍。平常所说的传输速率 600、1200 和 9600 等，指的是波特率，表示单位时间内传输的码元个数为 600、1200 和 9600。

7.3.2 51 单片机串行口的功能与结构

1. 功能

MCS-51 单片机具有一个全双工的串行异步通信接口，可以同时发送、接收数据。发送、接收数据可通过查询或中断方式来处理，使用十分灵活，能方便地与其他计算机或串行传送信息的外部设备(如串行打印机、CRT 终端)实现双机、多机通信。它有四种工作方式，分别是方式 0、方式 1、方式 2 和方式 3。其中：

方式 0，称为同步移位寄存器方式，一般用于外接移位寄存器芯片扩展 I/O 接口。

方式 1，称为 8 位的异步通信方式，通常用于双机通信。

方式 2 和方式 3，称为 9 位的异步通信方式，通常用于多机通信。

不同的工作方式，它的波特率也不一样，方式 0 和方式 2 的波特率直接由系统时钟产生，方式 1 和方式 3 的波特率由定时/计数器 T1 的溢出率决定。

2. 结构

MCS-51 单片机串行口主要由发送数据寄存器、发送控制器、输出控制门、接收数据寄存器、接收控制器、输入移位寄存器等组成，它的结构如图 7.21 所示。

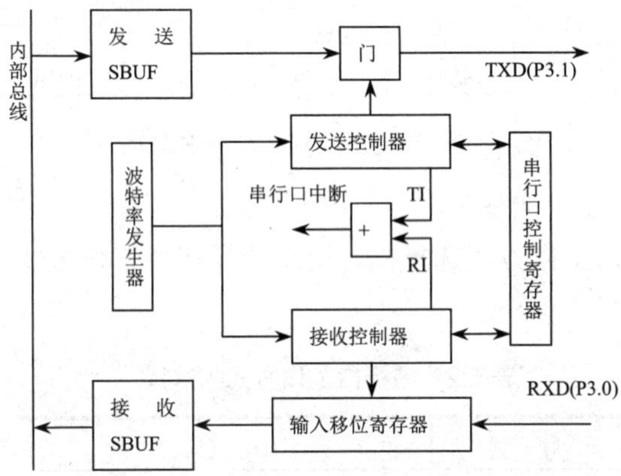

图 7.21　MCS-51 单片机串行口的结构框图

从用户使用的角度看，它由三个特殊功能寄存器组成：发送数据寄存器和接收数据寄存器合起用一个特殊功能寄存器 SBUF(串行口数据寄存器)，串行口控制寄存器 SCON 和电源控制寄存器 PCON。

串行口数据寄存器 SBUF，字节地址为 99H，实际对应两个寄存器：发送数据寄存器和接收数据寄存器。当 CPU 向 SBUF 写数据时对应的是发送数据寄存器，当 CPU 读 SBUF 时对应的是接收数据寄存器。

发送数据时，当执行一条向 SBUF 写入数据的指令，把数据写入串口发送数据寄存器，就启动发送过程。在发送时钟的控制下，先发送一个低电平的起始位，紧接着把发送数据寄存器中的内容按低位在前，高位在后的顺序一位一位地发送出去，最后发送一个高电平的停止位。一个字符发送完毕，串行口控制寄存器中的发送中断标志位 TI 位置位。对于方式 2 和方式 3，当发送完数据位后，要把串行口控制寄存器 SCON 中的 TB8 位发送出去后才发送停止位。

接收数据时，串行数据的接收受到串口控制寄存器 SCON 中的允许接收位 REN 的控制。当 REN 位置 1，接收控制器就开始工作，对接收数据线进行采样，当采集的样本中有从“1”到“0”的负跳变时，接收控制器开始接收数据。为了减少干扰的影响，接收控制器在接收数据时，将 1 位的传送时间分成 16 等份，用当中的 7、8、9 三个状态对接收数据线进行采样，三次采样中，当两次采样为低电平，就认为接收的是“0”；两次采样为高电平，就认为接收的是“1”。如果接收到的起始位的值不是“0”，则起始位无效，复位接收电路。如果起始位为“0”，则开始接收其他各位数据。接收的前 8 位数据依次移入输入移位寄存器，接收的第 9 位数据置入串口控制寄存器的 RB8 位中。如果接收有效，则输入移位寄存器中的数据置入接收数据寄存器中，同时控制寄存器中的接收中断位 RI 置 1，通知 CPU 来取数据。

3. 串行口控制寄存器 SCON

串行口控制寄存器是一个特殊功能寄存器。它的字节地址为 98H，可以进行位寻址，位地址为 98H～9FH。SCON 用于定义串行口的工作方式，进行接收和发送控制，以及监控串行口的工作过程。它的格式如图 7.22 所示。

SCON	D7	D6	D5	D4	D3	D2	D1	D0
98H	SM0	SM1	SM2	REN	TB8	RB8	TI	RI

图 7.22 串行口控制寄存器 SCON

其中各二进制位的含义说明如下。

SM0、SM1 为串行口工作方式选择位。用于选择四种工作方式，选择情况见表 7.2。表中 f_{osc} 为单片机的时钟频率。

表 7.2 串行口工作方式的选择

SM0	SM1	方 式	功 能	波特率
0	0	方式 0	移位寄存器方式	$f_{osc}/12$
0	1	方式 1	8 位异步通信方式	可变
1	0	方式 2	9 位异步通信方式	$f_{osc}/32$ 或 $f_{osc}/64$
1	1	方式 3	9 位异步通信方式	可变

SM2 为多机通信控制位。在方式 2 和方式 3 接收数据时，当 SM2=1，如果接收到的第 9 位数据(RB8)为“0”，则输入移位寄存器中接收的数据不能移入到接收数据寄存器 SBUF，接收中断标志位 RI 不置“1”，接收无效；如果接收到的第 9 位数据(RB8)为“1”，则输入移位寄存器中接收的数据将移入到接收数据寄存器 SBUF，接收中断标志位 RI 置“1”，接收才有效；当 SM2=0 时，无论接收到的数据的第 9 位(RB8)是“1”还是“0”，输入移位寄存器中接收的数据都将移入到接收数据寄存器 SBUF，同时接收中断标志位 RI 置“1”，接收都有效。

方式 1 时，若 SM2=1，则只有接收到有效的停止位，接收才有效。

方式 0 时，SM2 位必须为 0。

REN 为允许接收控制位。当 REN=1，则允许接收；当 REN=0，则禁止接收。

TB8 为发送数据的第 9 位。在方式 2 和方式 3 中，TB8 中为发送数据的第 9 位。它可以用来做奇偶校验位。在多机通信中，它往往用来表示主机发送的是地址还是数据：TB8=0 为数据，TB8=1 为地址。该位可以由软件置“1”或清“0”。

RB8 为接收数据的第 9 位。在方式 2 和方式 3 中，RB8 用于存放接收数据的第 9 位。在方式 1 时，若 SM2=0，则 RB8 为接收到的停止位。在方式 0 时，不使用 RB8。

TI 为发送中断标志位。在一组数据发送完后被硬件置位。在方式 0 时，当发送数据第 8 位结束后，由内部硬件使 TI 置位；在方式 1、2、3 时，在停止位开始发送时由硬件置位。TI 置位，标志着上一个数据发送完毕，告诉 CPU 可以通过串行口发送下一个数据了。在 CPU 响应中断后，TI 不能自动清零，必须用软件清零。此外，TI 可供查询使用。

RI 为接收中断标志位。当数据接收有效后由硬件置位。在方式 0 时，当接收数据的第 8 位结束后，由内部硬件使 RI 置位。在方式 1、2、3 时，当接收有效，由硬件使 RI 置位。RI 置位，标志着一个数据已经接收到，通知 CPU 可以从接收数据寄存器中来取接收的数据了。对于 RI 标志，在 CPU 响应中断后，也不能自动清零，必须用软件清零。此外，RI 也可供查询使用。

另外，对于串口发送中断 TI 和接收中断 RI，无论哪个响应，都触发串口中断。到底是发送中断还是接收中断，只有在中断服务程序中通过软件来识别。

在系统复位时，SCON 的所有位都被清零。

4. 电源控制寄存器 PCON

电源控制寄存器 PCON 是一个特殊功能寄存器。它主要用于电源控制方面。另外，PCON 中的最高位 SMOD 位，称为波特率加倍位。它用于对串行口的波特率进行控制，它的格式如图 7.23 所示。

PCON	D7	D6	D5	D4	D3	D2	D1	D0
87H	SMOD							

图 7.23　电源控制寄存器 PCON

当 SMOD 位为 1，则串行口方式 1、方式 2、方式 3 的波特率加倍。PCON 的字节地址为 87H，不能进行位寻址，只能按字节方式访问。

7.3.3　串行口的工作方式

MCS-51 单片机的串行口有四种工作方式，由串行口控制寄存器 SCON 中的 SM0 和 SM1 决定。

1. 方式 0

当 SM0 和 SM1 为 00 时，工作于方式 0。它通常用来外接移位寄存器，用作扩展 I/O 接口。方式 0 工作时波特率固定为 $f_{osc}/12$，串行数据通过 RXD 输入和输出，同步时钟通过 TXD 输出。发送和接收数据时低位在前，高位在后，长度为 8 位。

1)　发送过程

在 TI=0 时，当 CPU 执行一条向 SBUF 写数据的指令时，如 MOV SBUF，A，就启动发送过程。经过一个机器周期，写入发送数据寄存器中的数据按低位在前，高位在后的顺序从 RXD 依次发送出去，同步时钟从 TXD 送出。8 位数据(一帧)发送完毕后，由硬件使发送中断标志 TI 置位，向 CPU 申请中断。如要再次发送数据，必须用软件将 TI 清零，并再次执行写 SBUF 指令。

2)　接收过程

在 RI=0 的条件下，将 REN(SCON.4)置“1”就启动一次接收过程。串行数据通过

RXD 接收，同步移位脉冲通过 TXD 输出。在移位脉冲的控制下，RXD 上的串行数据依次移入移位寄存器。当 8 位数据(一帧)全部移入移位寄存器后，接收控制器发出“装载SBUF”的信号，将 8 位数据并行送入接收数据缓冲器 SBUF 中。同时，由硬件使接收中断标志 RI 置位，向 CPU 申请中断。CPU 响应中断后，从接收数据寄存器中取出数据，然后用软件使 RI 复位，使移位寄存器接收下一帧信息。

2. 方式 1

当 SM0 和 SM1 为 01 时工作于方式 1。方式 1 为 8 位异步通信方式。在方式 1 下，一帧信息为 10 位：1 位起始位(0)，8 位数据位(低位在前)和 1 位停止位(1)。TXD 为发送数据端，RXD 为接收数据端。波特率可变，由定时/计数器 T1 的溢出率和电源控制寄存器 PCON 中的 SMOD 位决定。即：

$$波特率=2^{SMOD}\times(T1 的溢出率)/32。$$

因此在方式 1 时，需对定时/计数器 T1 进行初始化。

1) 发送过程

在 TI=0 时，当 CPU 执行一条向 SBUF 写数据的指令时，如 MOV SBUF，A，就启动了发送过程。数据由 TXD 引脚送出，发送时钟由定时/计数器 T1 送来的溢出信号经过 16 分频或 32 分频后得到。在发送时钟的作用下，先通过 TXD 端送出一个低电平的起始位，然后是 8 位数据(低位在前)，其后是一个高电平的停止位。当一帧数据发送完毕后，由硬件使发送中断标志 TI 置位，向 CPU 申请中断，完成一次发送过程。

2) 接收过程

当允许接收控制位 REN 被置 1，接收器就开始工作，由接收器以所选波特率的 16 倍速率对 RXD 引脚上的电平进行采样。当采样到从“1”到“0”的负跳变时，启动接收控制器开始接收数据。在接收移位脉冲的控制下依次把所接收的数据移入移位寄存器。当 8 位数据及停止位全部移入后，根据以下状态，进行响应操作。

(1) 如果 RI=0、SM2=0，接收控制器发出“装载 SBUF”的信号，将输入移位寄存器中的 8 位数据装入接收数据寄存器 SBUF 中，停止位装入 RB8 中，并置 RI=1，向 CPU 申请中断。

(2) 如果 RI=0、SM2=1，那么只有停止位为“1”才发生上述操作。

(3) RI=0、SM2=1 且停止位为“0”，所接收的数据不装入 SBUF，数据将会丢失。

(4) 如果 RI=1，则所接收的数据在任何情况下都不装入 SBUF，即数据丢失。

无论出现哪种情况，接收控制器都将继续采样 RXD 引脚，以便接收下一帧信息。

3. 方式 2 和方式 3

方式 2 和方式 3 时都为 9 位异步通信接口。接收和发送一帧信息长度为 11 位，即 1 个低电平的起始位，9 位数据位，1 个高电平的停止位。发送的第 9 位数据放于 TB8 中，接收的第 9 位数据放于 RB8 中。TXD 为发送数据端，RXD 为接收数据端。方式 2 和方式 3 的区别在于波特率不一样，其中方式 2 的波特率只有两种：$f_{osc}/32$ 或 $f_{osc}/64$；方式 3 的波特率与方式 1 的波特率相同，由定时/计数器 T1 的溢出率和电源控制寄存器 PCON 中的 SMOD 位决定，即：

$$波特率=2^{SMOD}\times(T1 的溢出率)/32$$

在方式 3 时，也需要对定时/计数器 T1 进行初始化。

1)　发送过程

方式 2 和方式 3 发送的数据为 9 位，其中发送的第 9 位在 TB8 中。在启动发送之前，必须把要发送的第 9 位数据装入 SCON 寄存器中的 TB8 中。准备好 TB8 后，就可以通过向 SBUF 中写入发送的字符数据来启动发送过程，发送时前 8 位数据从发送数据寄存器中取得，发送的第 9 位从 TB8 中取得。一帧信息发送完毕，置 TI 为 1。

2)　接收过程

方式 2 和方式 3 的接收过程与方式 1 类似。当 REN 位置 1 时也启动接收过程，所不同的是接收的第 9 位数据是发送过来的 TB8 位，而不是停止位，接收到后存放到 SCON 中的 RB8 中。对接收是否有判断也是用接收的第 9 位，而不是用停止位。其余情况与方式 1 相同。

7.3.4　串行口的编程及应用

1. 串行口的初始化编程

MCS-51 串行口使用之前必须先对它进行初始化，设定串口的工作方式和波特率。初始化内容如下。

1)　串行口控制寄存器 SCON 位的确定

根据工作方式确定 SM0、SM1 位。对于方式 2 和方式 3 还要确定 SM2 位。如果是接收端，则置允许接收位 REN 为 1；如果方式 2 和方式 3 发送数据，则应将发送数据的第 9 位写入 TB8 中。

2)　设置波特率

对于方式 0，不需要对波特率进行设置。

对于方式 2，设置波特率仅需对 PCON 中的 SMOD 位进行设置。

对于方式 1 和方式 3，设置波特率不仅需对 PCON 中的 SMOD 位进行设置，还要对定时/计数器 T1 进行设置。这时定时/计数器 T1 一般工作于方式 2～8 位自动重置方式，初值可由下面公式求得。

由于：
$$\text{波特率}=2^{SMOD}\times(\text{T1 的溢出率})/32$$

则：
$$\text{T1 的溢出率}=\text{波特率}\times 32/2^{SMOD}$$

而 T1 工作于方式 2 的溢出率又可由下式表示：

$$\text{T1 的溢出率}=f_{osc}/[12\times(256-\text{初值})]$$

所以：

$$\text{T1 的初值}=256-f_{osc}\times 2^{SMOD}/(12\times\text{波特率}\times 32)$$

2. 串行口的应用

MCS-51 单片机的串行口在实际使用中通常用于三种情况：利用方式 0 扩展并行 I/O 接口；利用方式 1 实现点对点的双机通信；利用方式 2 或方式 3 实现多机通信。

1)　利用方式 0 扩展并行 I/O 接口

MCS-51 单片机的串行口在方式 0 时，当外接一个串入并出的移位寄存器，就可以扩展并行输出口；当外接一个并入串出的移位寄存器时，就可以扩展并行输入口。

【例 7-6】用 8051 单片机的串行口外接串入并出的芯片 74HC164 扩展并行输出口控制一组发光二极管，使发光二极管从右至左延时轮流显示。

74HC164 是一块 8 位的串入并出的芯片，共 14 个引脚，如图 7.24 所示。

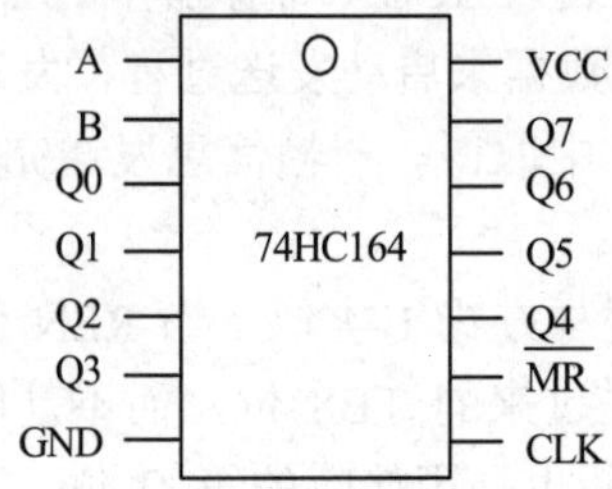

图 7.24 74HC164 引脚图

除了电源和地信号外，还有如下引脚。

A、B：串行数据输入端；

CLK：串行时钟信号输入端；

Q0～Q7：8 位数据并行输出端；

$\overline{MR}$：清 0 端，输入低电平时 74HC164 输出端清 0；在 CLK=0、$\overline{MR}$=1 时，74HC164 保持原来的数据。

74HC164 和 51 单片机在 Proteus 中连接如图 7.25 所示。其中：51 串行口工作于方式 0 输出，74HC164 串行数据输入端 AB 连在一起和 51 单片机方式 0 串行数据输出端 RXD 相接；串行时钟信号输入端 CLK 和 51 单片机的方式 0 同步时钟输出端 TXD 相连；74HC164 清 0 端 $\overline{MR}$ 连电源 V_{CC}，并通过电容接地 GND，系统上电时产生一个负脉冲使 74HC164 复位。CLK 每来一个时钟，74HC164 从串行数据输入端接收一位，接收的数据按 Q7 到 Q0 顺序依次移入，并通过 Q7~Q0 的 8 位并行输出端输出，输出端接 8 个发光二极管(LED-RED)，输出低电平亮。

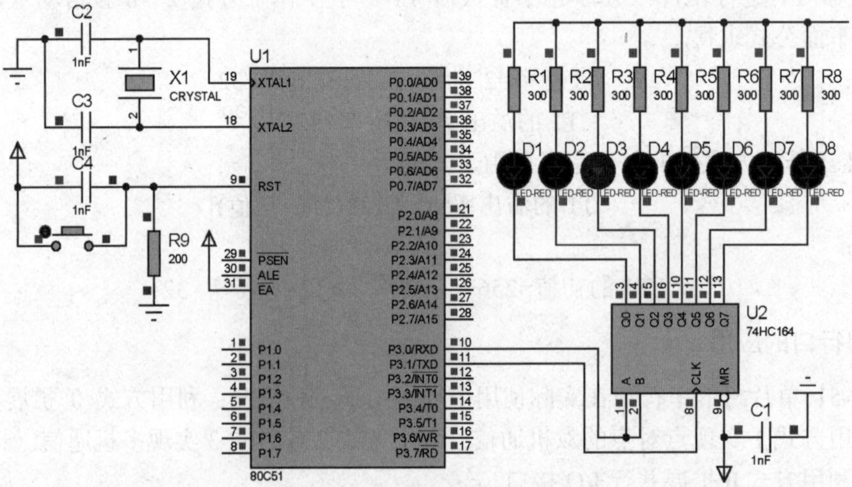

图 7.25 用 74HC164 扩展并行输出口

设串行口采用查询方式，显示的延时依靠调用延时子程序来实现，程序如下。

汇编语言程序代码如下：

```
        ORG  0000H
        LJMP MAIN
        ORG  0100H
MAIN: MOV  SCON,#00H         ;串口初始化方式 0
        MOV  A,#0FEH
START:MOV  SBUF,A            ;51 单片机串口发送
LOOP: JNB  TI,LOOP           ;等待发送
        ACALL DELAY              ;延时
        CLR  TI
        RL  A                ;循环移位改变显示内容
        SJMP START
DELAY:MOV  R7,#80H           ;延时子程序
LOOP2:MOV  R6,#0FFH
LOOP1:DJNZ R6,LOOP1
        DJNZ R7,LOOP2
        RET
        END
```

C 语言程序代码如下：

```
#include  <reg51.h>          //包含特殊功能寄存器库
#include  <intrins.h>         //包含内部函数
void  main()
{
      unsigned  char  i;
      unsigned  int  j;
      SCON=0x00;                          //串口初始化方式 0
      i=0xFE;
      for (; ;)
      {
        SBUF=i;                           //51 单片机串口发送
        while (!TI) { ;}                  //等待发送
        TI=0;
        for (j=0;j<=20000;j++) {_nop_();}        //延时
        i=_crol_(i,1);                    //改变显示内容
      }
}
```

在 Proteus 中，单片机添加程序，运行仿真后。从 74HC164 并行输出端可以看到流水灯的变化，实现了并行输出口扩展。

【例 7-7】用 8051 单片机的串行口外接并入串出的芯片 74HC165 扩展 8 位并行输入口，输入一组开关的状态，并通过二极管显示出来。

74HC165 是一块 8 位的并入串出的芯片，共 16 个引脚，如图 7.26 所示。

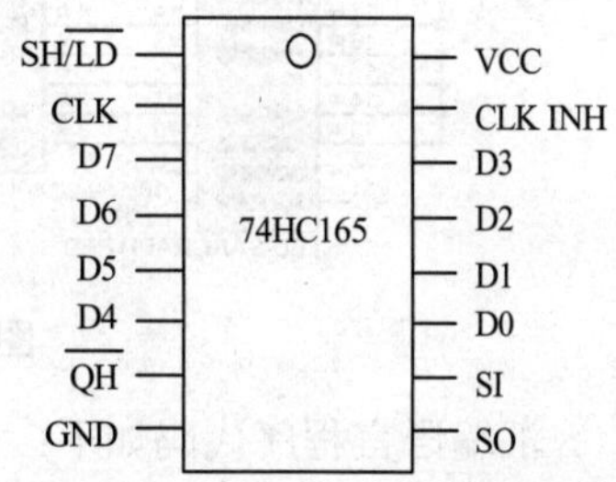

图 7.26　74HC165 引脚图

除了电源和地信号外，还有如下引脚。

D7～D0：8 位并行输入端；

SI：串行数据输入端；

SO、$\overline{QH}$：串行数据同相、反相输出端；

CLK：串行时钟信号输入端；

CLK INH：串行时钟允许输入端，当它为低电平时，允许 CLK 时钟输入；

SH/$\overline{LD}$：串出/并入方式控制输入端，SH/$\overline{LD}$=1，允许串行输出，SH/$\overline{LD}$=0 允许并行置入。

74HC165 的工作过程一般如下：①使控制端 SH/$\overline{LD}$=0，8 位并行数据置入到内部的寄存器；②使控制端 SH/$\overline{LD}$=1，在时钟信号 CLK 的控制下，内部寄存器的内容按从 D7～D0 的顺序从串行输出端依次输出。

74HC165 和 51 单片机在 Proteus 中连接如图 7.27 所示。其中：51 单片机串行口工作于方式 0 输入，74HC165 串行数据输出端 SO 和 51 单片机方式 0 串行数据输入端 RXD 相接；串行时钟信号输入端 CLK 和 51 单片机方式 0 同步时钟输出端 TXD 相连；74HC165 串行时钟允许输入端 CLK INH 接地；串出/并入方式控制输入端 SH/$\overline{LD}$ 接 8051 单片机 P2.0，P2.0 输出低电平 74HC165 并行置入，P2.0 输出高电平 74HC165 串行输出。8 位并行输入端 P7～P0 接 8 个开关(DIPSWC-8)并行输入。扩展并口输入的内容通过 51 单片机的 P1 口接的 8 个发光二极管(LED-BARGRAPH-RED)输出显示。

串行口方式 0 数据的接收，用 SCON 寄存器中的 REN 位来控制，采用查询 RI 的方式来判断数据是否输入，程序如下。

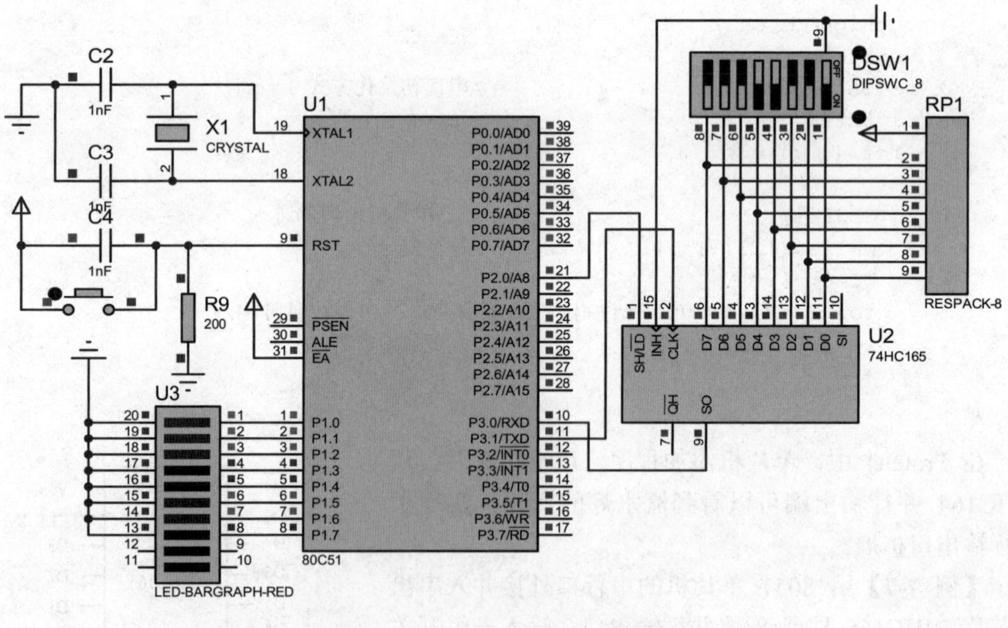

图 7.27　用 74HC165 扩展并行输入口

汇编语言程序代码如下：

```
ORG  0000H
```

```
    LJMP  MAIN

    ORG  0100H
MAIN:CLR  P2.0      ;74HC165 并入
    NOP
    NOP
    NOP
    SETB  P2.0      ;74HC165 串出
    NOP
    NOP
    NOP
    MOV  SCON,#10H ;串口初始化方式 0，允许接收
LOOP:JNB  RI,LOOP   ;接收
    CLR  RI
    MOV  A,SBUF
    MOV  P1,A       ;送 P1 口显示
    SJMP MAIN
    END
```

C 语言程序代码如下：

```
#include  <reg51.h>      //包含特殊功能寄存器库
#include  <intrins.h>    //包含内部函数库
sbit  P2_0=P2^0;
void  main()
{
  unsigned  char  i;
  while(1)
  {
     P2_0=0;   _nop_(); _nop_(); _nop_(); //74HC165 并入
     P2_0=1;  _nop_(); _nop_(); _nop_(); //74HC165 串出
     SCON=0x10;                      //串口初始化方式 0，允许接收
     while (!RI) {;}                 //接收
     RI=0;
     i=SBUF;
     P1=i;                           //送 P1 口显示
  }
}
```

在 Proteus 中，单片机添加程序，运行仿真后，拨动 74HC165 并行输入端的开关，单片机 P1 口连接的发光二极管会亮或灭，实现了并行输入口扩展。

2)　利用方式 1 实现点对点的双机通信

要实现甲与乙两台单片机点对点的双机通信，其线路只需将甲机的 TXD 与乙机的 RXD 相连，将甲机的 RXD 与乙机的 TXD 相连，地线与地线相连。软件方面选择相同的工作方式，设相同的波特率即可实现。

【例 7-8】设计双机通信系统。要求：甲机 P1 口开关的状态通过串行口发送到乙机，乙机接收到后通过 P2 口的发光二极管显示；乙机 P1 口开关的状态发送到甲机，甲机接收到后通过 P2 口的发光二极管显示。

Proteus 中的硬件电路如图 7.28 所示，连接 P1 口的开关组为 DIPSWC-8，连接 P2 口

的发光二极管组为LED-BARGRAPH-RED，共10个发光二极管，用了其中8个，其余元件与前面相同。

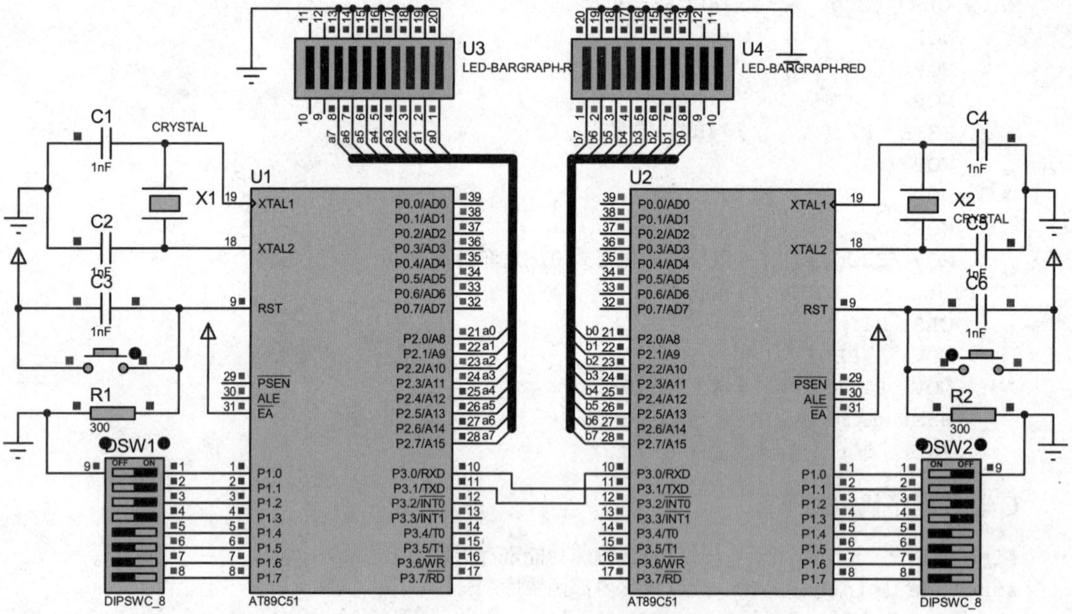

图7.28　方式1双机通信线路图

分析：甲、乙两机的处理过程一样，程序相同。方式选择方式1：8位异步通信方式，波特率为1200bps，既要发送，也要接收，所以串口控制字为50H。

由于选择的是方式1，波特率由定时/计数器T1的溢出率和电源控制寄存器PCON中的SMOD位决定，则需对定时/计数器T1初始化。

设振荡频率为12MHz，取SMOD=0，波特率为1200bps，定时/计数器T1选择为方式2，则初值如下。

$$初值=256-f_{osc}\times2^{SMOD}/(12\times波特率\times32)$$
$$=256-12\ 000\ 000/(12\times1200\times32)\approx230=E6H$$

根据要求，定时/计数器T1的方式控制字为20H。

发送过程采用查询方式，在主程序中读取P1口开关状态，通过串口发送；接收过程采用中断方式，接收的内容送P2口，通过P2口的发光二极管显示。

汇编语言程序代码如下：

```
          ORG  0000H
          LJMP MAIN
          ORG  0023H
          LJMP INS
          ORG  0030H
     MAIN:MOV  SP,#60H
          MOV  SCON,#50H          ;串行口初始化
          MOV  TMOD,#20H
```

```
      MOV  TL1,#0E6H
      MOV  TH1,#0E6H
      SETB TR1
      SETB EA
      SETB ES
LP0:  MOV  P1,#0FFH
      MOV  A,P1
      MOV  SBUF,A              ;发送
LP1:JNB  TI,LP1
      CLR  TI
      LJMP LP0
INS:  CLR  EA                  ;接收
      CLR  RI
      MOV  A,SBUF
      MOV  P2,A
      SETB EA
      RETI
      END
```

C 语言程序代码如下：

```
#include  <reg51.h>
void  main(void)
{
   unsigned  char  i;
   SP=0X60;
   SCON=0X50;                          //串行口初始化
   TMOD=0x20;
   TL1=0xe6;
   TH1=0xe6;
   TR1=1;
   EA=1;
   ES=1;
   while(1)                            //发送
   {
       P1=0XFF;
       i=P1;
       SBUF=i;
       while (TI==0);
       TI=0;
   }
}
void  funins(void)  interrupt 4        //接收
{
    EA=0;
    RI=0;
    P2=SBUF;
    EA=1;
}
```

3)　多机通信

通过 MCS-51 单片机串行口能够实现一台主机与多台从机进行通信，主机和从机之间能够相互发送和接收信息。但从机与从机之间不能相互通信。

MCS-51 单片机串行口的方式 2 和方式 3 是 9 位异步通信。发送信息时，发送数据的第 9 位由 TB8 取得，接收信息的第 9 位放于 RB8 中，而接收是否有效要受 SM2 位的影响。当 SM2=0 时，无论接收的 RB8 位是 0 还是 1，接收都有效，RI 都置 1；当 SM2=1 时，只有接收的 RB8 位等于 1 时，接收才有效，RI 才置 1。利用这个特性便可以实现多

机通信。

多机通信时，主机每一次都向从机传送两个字节信息，先传送从机的地址信息，再传送数据信息。处理时，地址信息的 TB8 位设为 1，数据信息的 TB8 位设为 0。

多机通信过程如下：

(1) 所有从机的 SM2 位开始都置为 1，都能够接收主机送来的地址。

(2) 主机发送一帧地址信息，包含 8 位的从机地址，TB8 置 1，表示发送的为地址帧。

(3) 由于所有从机的 SM2 位都为 1，从机都能接收主机发送来的地址，从机接收到主机送来的地址后与本机地址相比较，如接收的地址与本机地址相同，则使 SM2 位为 0，准备接收主机送来的数据，如果不同，则不作处理。

(4) 主机发送数据，发送数据时 TB8 置 0，表示为数据帧。

(5) 对于从机，由于主机发送的第 9 位 TB8 为 0，那么只有 SM2 位为 0 的从机可以接收主机送来的数据。这样就实现主机从多台从机中选择一台进行通信了。

【例 7-9】要求设计多机通信系统。要求：一台主机，16 台从机，从机地址 00H～0FH。对于主机，能够根据 P1 口的四位拨码开关的编码状态从 16 个从机中选择一个，读取 P2 开关的状态并从串口发送出去；对于从机，只有被选中的从机可以接收主机发送的开关状态，通过 P2 口的发光二极管显示。

Proteus 中的硬件电路如图 7.29 所示，这里只给了三个从机。U1 为主机，P1 口低 4 位接 4 位的拨码开关组(元件名称 DIPSW_4)，用于选择通信的从机，P2 口接 8 位拨码开关组(元件名称 DIPSWC_8)，产生发送的数据。U2、U4、U6 为从机，P1 口低 4 位接 4 位的拨码开关组，设定本机的地址，不同的从机地址不同，这 3 个从机地址依次设定为 00H～02H，P2 口接发光二极管组(元件名称 LED-BARGRAPH-RED)，显示接收的数据。

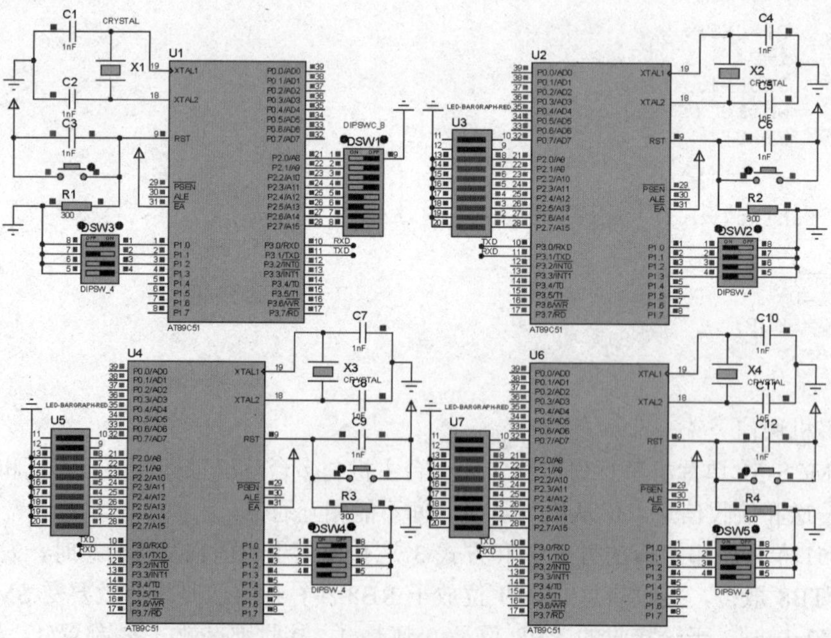

图 7.29　多机通信硬件线路图

主、从机选择方式 3：9 位异步通信方式，波特率为 2400bps，主机发送，从机接收，主机的多机通信位设定为 0，从机的多机通信位开始都设定为 1，主机的串口控制字为 C0H，从机的串口控制字为 F0H，

由于选择的是方式 3，波特率由定时/计数器 T1 的溢出率和电源控制寄存器 PCON 中的 SMOD 位决定，则需对定时/计数器 T1 初始化。

设振荡频率为 12MHz，取 SMOD=0，波特率为 2400bps，定时/计数器 T1 选择为方式 2，则初值如下：

$$初值=256-f_{osc}\times 2^{SMOD}/(12\times波特率\times 32)$$
$$=256-12\,000\,000/(12\times 2400\times 32)\approx 230=F3H$$

根据要求，定时/计数器 T1 的方式控制字为 20H。

主机与从机通信发送两个字节，第一个字节为地址，从 P1 口的低 4 位取得，发送时 TB8 置 1，表示发送的是地址，用于选择通信的从机；第二个字节为数据，从 P2 口取得，发送时 TB8 清 0，表示发送的是数据。

所有从机都先接收主机发来的地址，接收到后和 P1 设定的本机地址比较，如接收的地址和本机地址不同，说明主机要不与该本从机通信，则 SM2 不清 0，不允许接收数据；如接收的地址和本机地址相同，说明主机要与本从机通信，则 SM2 清 0，允许接收数据，接收的数据通过 P2 口的发光二极管显示。

主、从机串口发送和接收过程都采用查询方式处理。

汇编语言程序：

主机的程序代码如下：

```
     ORG    0000H
     LJMP   MAIN

     ORG    0100H
MAIN:MOV    SCON,#0C0H      ;串行口初始化
     MOV    TMOD,#20H
     MOV    TH1,#0F3H
     MOV    TL1,#0F3H
     SETB   TR1
LP0: MOV    P1,#0FH
     MOV    A,P1            ;读取地址
     ANL    A,#0FH
     SETB   TB8
     MOV    SBUF,A          ;发送地址
LP1: JNB    TI,LP1
     CLR    TI
     MOV    P2,#0FFH
     MOV    A,P2            ;读取数据
     CLR    TB8
     MOV    SBUF,A          ;发送数据
LP2: JNB    TI,LP2
     CLR    TI
     LJMP   LP0
     END
```

从机的程序代码如下：

```
      ORG   0000H
      LJMP  MAIN

      ORG   0100H
MAIN:MOV  SCON,#0F0H       ;串行口初始化
      MOV   TMOD,#20H
      MOV   TH1,#0F3H
      MOV   TL1,#0F3H
      SETB  TR1
LP0: MOV   P1,#0FH
      MOV   A,P1           ;读取本机地址
      ANL   A,#0FH
      MOV   B,A
LP1: JNB   RI,LP1              ;接收地址
      CLR   RI
      MOV   A,SBUF
      CJNE  A,B,NEXT       ;如果和本机地址相同，接收数据
      CLR   SM2
LP2: JNB   RI,LP2
      CLR   RI
      MOV   A,SBUF
      MOV   P2,A           ;送 P2 口显示
NEXT:LJMP  LP0
      END
```

C 语言程序：

主机的程序代码如下：

```
#include  <reg51.h>
void  main(void)
{
   unsigned  char  i;
   SCON=0XC0;                  //串行口初始化
   TMOD=0x20;
   TL1=0xF3;
   TH1=0xF3;
   TR1=1;
   while(1)
    {
       P1=0X0F;
       i=P1;                   //读取地址
       i=i&0X0F;
       TB8=1;
       SBUF=i;                 //发送地址
       while (TI==0);
       TI=0;
       P2=0XFF;
       i=P2;                   //读取数据
       TB8=0;
       SBUF=i;                 //发送数据
       while (TI==0);
       TI=0;
    }
}
```

从机的程序代码如下：

```
#include  <reg51.h>
void  main(void)
{
    unsigned  char  i,j,k;
    SCON=0XF0;                    //串行口初始化
    TMOD=0x20;
    TL1=0xF3;
    TH1=0xF3;
    TR1=1;
    while(1)
     {
         P1=0X0F;
         i=P1;                 //读取本机地址
         i=i&0X0F;
         while (RI==0);        //接收地址
         RI=0;
         j=SBUF;
         if  (j==i)            //如果和本机地址相同，接收数据
          {
              SM2=0;
              while (RI==0);
              RI=0;
              k=SBUF;
              P2=k;            //送 P2 口显示
          }
     }
}
```

在 Proteus 中，主机添加主机程序，从机添加从机程序，运行仿真后，拨动主机 P1 口的开关选择从机，被选中的从机可接收主机发送过来的 P2 口的状态，通过本机 P2 口连接的发光二极管显示。

7.4　中 断 系 统

7.4.1　中断的基本概念

中断是计算机中很重要的一个概念，中断系统是计算机的重要组成部分。实时控制、故障处理往往通过中断来实现，计算机与外部环境设备之间的信息传送常常采用中断处理方式。什么是中断？在计算机中，由于计算机内外部的原因或软硬件的原因，使 CPU 从当前正在执行的程序中暂停下来，而自动转去执行预先安排好的为处理该原因所对应的服务程序。执行完服务程序后，再返回被暂停的位置继续执行原来的程序，这个过程称为中断，实现中断的硬件系统和软件系统称为中断系统。

中断处理涉及以下几个方面的问题。

1. 中断源及中断请求

产生中断请求信号的事件、原因称为中断源。根据中断源产生的原因，中断可分为软件中断和硬件中断。当中断源请求 CPU 中断时，就通过软件或硬件的形式向 CPU 提出中断请求。对于一个中断源，中断请求信号产生一次，CPU 中断一次，不能出现中断请求

产生一次，CPU 响应多次的情况。这就要求中断请求信号及时撤除。

2. 中断优先权控制

能产生中断的原因很多，当系统有多个中断源时，有时会出现几个中断源同时请求中断的情况，但 CPU 在某个时刻只能对一个中断源进行响应，那应该响应哪一个呢？这就涉及中断优先权控制问题。在实际系统中，往往根据中断源的重要程度给不同的中断源设定优先等级。当多个中断源提出中断请求时，优先级高的先响应，优先级低的后响应。

3. 中断允许与中断屏蔽

当中断源提出中断请求，CPU 检测到后是否立即进行中断处理呢？结果不一定。CPU 要响应中断，还受到中断系统多个方面的控制，其中最主要的是中断允许和中断屏蔽的控制。如果某个中断源被系统设置为屏蔽状态，则无论中断请求是否提出，都不会响应；当中断源设置为允许状态，又提出了中断请求，则 CPU 才会响应。另外，当有高优先级中断正在响应时，也会屏蔽同级中断和低优先级中断。

4. 中断响应与中断返回

当 CPU 检测到中断源提出的中断请求，且中断又处于允许状态，CPU 就会响应中断，进入中断响应过程。首先对当前的断点地址进行入栈保护，然后把中断服务程序的入口地址送给程序指针 PC，转移到中断服务程序，在中断服务程序中进行相应的中断处理。最后，用中断返回指令 RETI 返回断点位置，结束中断。在中断服务程序中往往还涉及现场保护和恢复现场以及其他处理。

7.4.2 51 单片机的中断系统结构

51 单片机的中断系统结构如图 7.30 所示。包含 5 个(或 6 个)硬件中断源，两级中断允许控制，两级中断优先级控制。

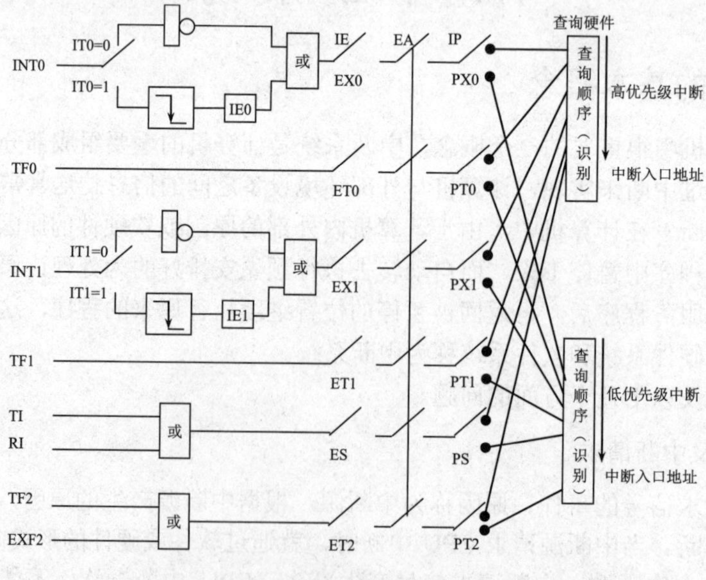

图 7.30　中断系统的逻辑结构图

7.4.3　51 单片机的中断源

51 单片机没有软件中断，只有硬件中断。51 子系列有 5 个(52 子系列提供 6 个)中断源：两个外部中断源 $\overline{\text{INT0}}$ (P3.2)和 $\overline{\text{INT1}}$ (P3.3)，两个定时/计数器 T0 和 T1 的溢出中断 TF0 和 TF1；1 个串行口中断(TI 和 RI)。

1. 外部中断 $\overline{\text{INT0}}$ 和 $\overline{\text{INT1}}$

外部中断源 $\overline{\text{INT0}}$ 和 $\overline{\text{INT1}}$ 的中断请求信号从外部引脚 P3.2 和 P3.3 输入，主要用于自动控制、实时处理、单片机掉电和设备故障的处理。

外部中断请求 $\overline{\text{INT0}}$ 和 $\overline{\text{INT1}}$ 有两种触发方式：电平触发及跳变(边沿)触发。这两种触发方式可以通过对特殊功能寄存器 TCON 编程来选择。特殊功能寄存器 TCON 在定时/计数器中使用过，其中高 4 位用于定时/计数器控制，前面已介绍。低 4 位用于外部中断控制，形式如图 7.31 所示。

TCON	D7	D6	D5	D4	D3	D2	D1	D0
(88H)	TF1	TR1	TF0	TR0	IE1	IT1	IE0	IT0

图 7.31　定时/计数器控制寄存器 TCON

IT0(IT1)：外部中断 0(或 1)触发方式控制位。IT0(或 IT1)被设置为 0，则选择外部中断为电平触发方式；IT0(或 IT1)被设置为 1，则选择外部中断为边沿触发方式。

IE0(IE1)：外部中断 0(或 1)的中断请求标志位。在电平触发方式时，CPU 在每个机器周期的 S5P2 采样 P3.2(或 P3.3)，若 P3.2(或 P3.3)引脚为高电平，则 IE0(IE1)清零，若 P3.2(或 P3.3)引脚为低电平，则 IE0(IE1)置 1，向 CPU 请求中断；在边沿触发方式时，若上一个机器周期采样到 P3.2(或 P3.3)引脚为高电平，下一个机器周期采样到 P3.2(或 P3.3)引脚为低电平时，则 IE0(IE1)置 1，向 CPU 请求中断。

在边沿触发方式时，CPU 在每个机器周期都采样 P3.2(或 P3.3)。为了保证检测到负跳变，输入到 P3.2(或 P3.3)引脚上的高电平与低电平至少应保持 1 个机器周期。CPU 响应后能够由硬件自动将 IE0(IE1)清零。

对于电平触发方式，只要 P3.2(或 P3.3)引脚为低电平，IE0(IE1)就置 1，请求中断，CPU 响应后不能够由硬件自动将 IE0(IE1)清零。如果在中断服务程序返回时，P3.2(或 P3.3)引脚还为低电平，则又会中断，这样就会出现发出一次请求，中断多次的情况。为避免这种情况，只有在中断服务程序返回前撤销 P3.2(或 P3.3)的中断请求信号，即使 P3.2(或 P3.3)引脚为高电平。通常通过外加如图 7.32 所示的外电路来实现，外部中断请求信号通过 D 触发器加到单片机 P3.2(或 P3.3)引脚上。当外部中断请求信号使 D 触发器的 CLK 端发生正跳变时，由于 D 端接地，Q 端输出 0，向单片机发出中断请求。CPU 响应中断后，利用一根 I/O 接口线 P1.0 作应答线。

在中断服务程序中加以下两条指令来撤除中断请求。

```
ANL  P1,#0FEH
ORL  P1,#01H
```

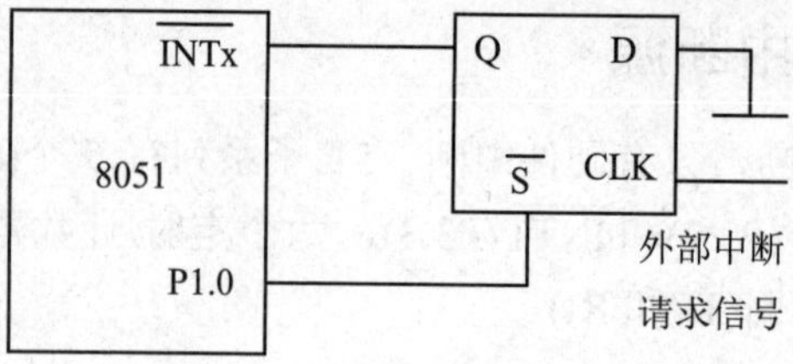

图7.32　撤销外部中断的外电路

第一条指令使P1.0为“0”，而P1口其他各位的状态不变。由于P1.0与D触发器直接置“1”端$\overline{\text{S}}$相连，故D触发器置“1”，撤除了中断请求信号。第二条指令将P1.0变成“1”，从而$\overline{\text{S}}$=1，使以后产生的新的外部中断请求信号又能向单片机申请中断。

2. 定时/计数器T0和T1中断

当定时/计数器T0(或T1)溢出时，由硬件置TF0(或TF1)为“1”，向CPU发送中断请求，当CPU响应中断后，将由硬件自动清除TF0(或TF1)。

3. 串行口中断

51单片机的串行口中断对应两个中断标志位：串行口发送中断标志位TI和串行口接收中断标志位RI。无论哪个标志位置“1”，都请求串行口中断。到底是发送中断TI还是接收中断RI，只有在中断服务程序中通过指令查询来判断。串行口中断响应后，标志位不能由硬件自动清零，必须由软件清零。

7.4.4　两级中断允许控制

51单片机有两级中断允许控制，第一级中断的总体允许控制，当总体不允许时，所有的中断都将关闭。当总体控制允许时第二级允许控制才有意义。两级中断允许控制是由中断允许寄存器IE的各位来控制的。中断允许寄存器IE的字节地址为A8H，可以进行位寻址，格式如图7.33所示。

IE	D7	D6	D5	D4	D3	D2	D1	D0
(A8H)	EA		ET2	ES	ET1	EX1	ET0	EX0

图7.33　中断允许寄存器IE

各项说明具体如下。

EA：中断总体允许控制位。

ET2：定时器/计数器T2的溢出中断允许控制位，只用于52子系列，51子系列无此位。

ES：串行口中断允许控制位。

ET1：定时器/计数器T1的溢出中断允许控制位。

EX1：外部中断$\overline{\text{INT1}}$的中断允许控制位。

ET0：定时器/计数器T0的溢出中断允许控制位。

EX0：外部中断$\overline{\text{INT0}}$的中断允许控制位。

如果置“1”，则允许相应的中断；如果清“0”，则禁止相应的中断。系统复位时，中断允许寄存器 IE 的内容为 00H，如果要开放某个中断源，则必须使 IE 中的总体允许控制位和对应的中断允许控制位置“1”。

7.4.5　两级优先级控制

51 单片机每个中断源的优先等级有两级：高优先级和低优先级。通过中断优先级寄存器 IP 来设置。中断优先级寄存器 IP 的字节地址为 B8H，可以进行位寻址，格式如图 7.34 所示。

IP	D7	D6	D5	D4	D3	D2	D1	D0
(B8H)			PT2	PS	PT1	PX1	PT0	PX0

图 7.34　中断优先级寄存器 IP

各项说明具体如下。

PT2：定时/计数器 T2 的中断优先级控制位，只用于 52 子系列。

PS：串行口的中断优先级控制位。

PT1：定时/计数器 T1 的中断优先级控制位。

PX1：外部中断 $\overline{\text{INT1}}$ 的中断优先级控制位。

PT0：定时/计数器 T0 的中断优先级控制位。

PX0：外部中断 $\overline{\text{INT0}}$ 的中断优先级控制位。

如果某位被置“1”，则对应的中断源被设为高优先级；如果某位被清零，则对应的中断源被设为低优先级。对于同级中断源，系统有默认的优先权顺序，默认的优先权顺序如表 7.3 所示。

表 7.3　同级中断源的优先权顺序

中断源	优先级顺序
外部中断 0	最高
定时/计数器 T0 中断	↓
外部中断 1	↓
定时/计数器 T1 中断	↓
串行口中断	最低
定时/计数器 T2 中断	

通过中断优先级寄存器 IP 改变中断源的优先等级，可以实现两个方面的功能：改变系统中断源默认的优先权顺序和实现二级中断嵌套。

通过设置中断优先级寄存器 IP 能够在一定程度上改变系统默认的优先权顺序。例如，要把外部中断 $\overline{\text{INT1}}$ 的中断优先级设为最高，其他的按系统默认的顺序，即：PX1 位设为 1，其余位设为 0，五个中断源的优先权顺序就设置为 $\overline{\text{INT1}}\rightarrow\overline{\text{INT0}}\rightarrow$T0→T1→ES。但不能把优先权顺序设置为：T1→T0→$\overline{\text{INT0}}\rightarrow\overline{\text{INT1}}\rightarrow$ES，因为如果定时/计数器 0 和定时/计数器 1 比外中断 0 优先权高，那么它们应设置为高优先级，这时它们的顺序又固定了，定时/计数器0比定时/计数器1优先权高。

通过用中断优先级寄存器组成的两级优先级，可以实现二级中断嵌套。对于中断优先级和中断嵌套，51单片机有以下3条规定：

(1) 正在进行的中断过程不能被新的同级或低优先级的中断请求所中断，直到该中断服务程序结束，返回了主程序且执行了主程序中的一条指令后，CPU 才响应新的中断请求。

(2) 正在进行的低优先级中断服务程序能被高优先级中断请求所中断，实现两级中断嵌套。

(3) CPU同时接收到几个中断请求时，首先响应优先级最高的中断请求。

实际上，51 单片机对于两级优先级控制的处理是通过中断系统中的两个用户不可寻址的优先级状态触发位来实现的。这两个优先级状态触发位用来记录本级中断源是否正在中断。如果正在中断，则硬件自动将其优先级状态触发位置“1”。若高优先级状态触发位置“1”，则屏蔽所有后来的中断请求；若低优先级状态触发位置“1”，则屏蔽所有后来的低优先级中断，允许高优先级中断形成二级嵌套。当中断响应结束返回时，对应的优先级状态触发位由硬件自动清零。

7.4.6 中断响应

1. 中断响应的条件

51 单片机响应中断的条件为：中断源有请求且中断允许。51 单片机工作时，在每个机器周期的 S5P2 期间，对所有中断源按用户设置的优先级和内部规定的优先级进行顺序检测，并在 S6 期间找到所有有效的中断请求。如有中断请求，且满足下列条件，则在下一个机器周期的S1期间响应中断，否则丢弃中断采样的结果。

(1) 无同级或高级中断正在处理。

(2) 现行指令执行到最后一个机器周期且已结束。

(3) 若现行指令为RETI或访问IE、IP的指令时，执行完该指令且紧随其后的另一条指令也已执行完毕。

2. 中断响应过程

51单片机响应中断后，由硬件自动执行如下的功能操作。

(1) 根据中断请求源的优先级高低，对相应的优先级状态触发器置“1”。

(2) 保护断点，即把程序计数器PC的内容压入堆栈保存。

(3) 清除内部硬件可清除的中断请求标志位(IE0、IE1、TF0、TF1)。

(4) 把被响应的中断服务程序入口地址送入 PC 中，从而转入相应的中断服务程序执行。各中断服务程序的入口地址如表7.4所示。

表7.4 中断服务程序的入口地址表

中 断 源	入口地址
外部中断0	0003H
定时/计数器0	000BH

续表

中 断 源	入口地址
外部中断 1	0013H
定时/计数器 1	001BH
串行口	0023H
定时/计数器 2(仅 52 子系列有)	002BH

3. 中断响应时间

所谓中断响应时间是指从 CPU 检测到中断请求信号到转入中断服务程序入口所需要的机器周期。了解中断响应时间对设计实时测控应用系统具有重要的指导意义。

51 单片机响应中断的最短时间为 3 个机器周期。若 CPU 检测到中断请求信号时间正好是一条指令的最后一个机器周期，则不需等待就可以立即响应。所以响应中断就是内部硬件执行一条长调用指令，需要两个机器周期，加上检测需要 1 个机器周期，共 3 个机器周期。

7.4.7　51 单片机中断系统的应用举例

在 51 单片机中，不同的中断源，所解决的问题不一样，在前面通过定时/计数器的例子和串行通信的例子已经介绍这两种中断的应用，这里仅就外部中断的使用举例进行介绍。

【例 7-10】利用外部中断统计外部事件的次数。

已知外部事件发生一次产生一次单拍负脉冲，单拍负脉冲通过 51 单片机的外中断 $\overline{\text{INT0}}$ 输入，外部事件发生一次中断一次，执行一次中断服务程序，在中断服务程序对统计的计数器加 1 一次，则计数器中的值就是外部事件的次数。通过 P2 口输出就可看到外部事件的次数。电路如图 7.35 所示。

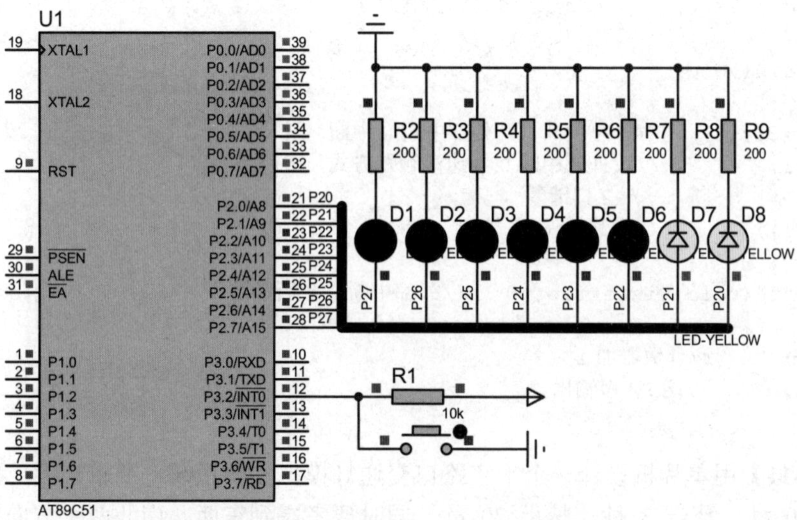

图 7.35　利用外部中断统计外部事件的次数

主程序中开放外中断 $\overline{INT0}$，设置为边沿触发方式。

汇编语言程序代码如下：

```
       ORG  0000H          ;复位地址
       LJMP MAIN           ;转主程序

       ORG  0003H          ;外部中断 0 入口
       LJMP INT_0          ;转中断服务功能程序

       ORG  0100H          ;主程序
 MAIN:SETB  EA             ;开总中断
       SETB EX0            ;开外部中断 0 中断
       SETB IT0            ;设外部中断 0 为边沿触发方式，下降沿触发
       MOV  R3,#0          ;计数器清 0
       MOV  P2,R3          ;送 P2 口输出
HERE: SJMP  HERE           ;无其他任务,等待
       ORG  0200H          ;中断服务功能程序
INT_0:CLR   EA             ;关中断
       PUSH PSW            ;保护现场
       PUSH ACC
       INC  R3             ;计数器加 1
       MOV  P2,R3          ;送 P2 口输出
       POP  ACC            ;恢复现场
       POP  PSW
       SETB EA             ;开中断
       RETI                ;中断返回
       END
```

C 语言程序代码如下：

```
#include<reg51.h>  //包含特殊功能寄存器库
#define uchar unsigned char
uchar a = 0x00;      //定义计数器,初值为 0

void main(void)
{
IE = 0x81;       //开总中断，开外部中断 0 中断
IT0 = 1;         //设外部中断 0 为边沿触发方式，下降沿触发
P2 =0;            //P2 口清零
while(1);        //无其他任务,等待
}
void int0(void) interrupt 0   //外部中断 0 中断函数
{
a += 1;      //计数器加 1
P2 = a;      //送 P2 口输出
}
```

【例 7-11】用单片机设计一个十字路口交通灯模拟控制系统，要求东西、南北两个方向都通行 20 秒，警告 3 秒，禁止 20 秒，同时要考虑到东西、南北两个方向出现异常情况，出现异常情况时该方向通行 60 秒。

Proteus 中硬件电路如图 7.36 所示。

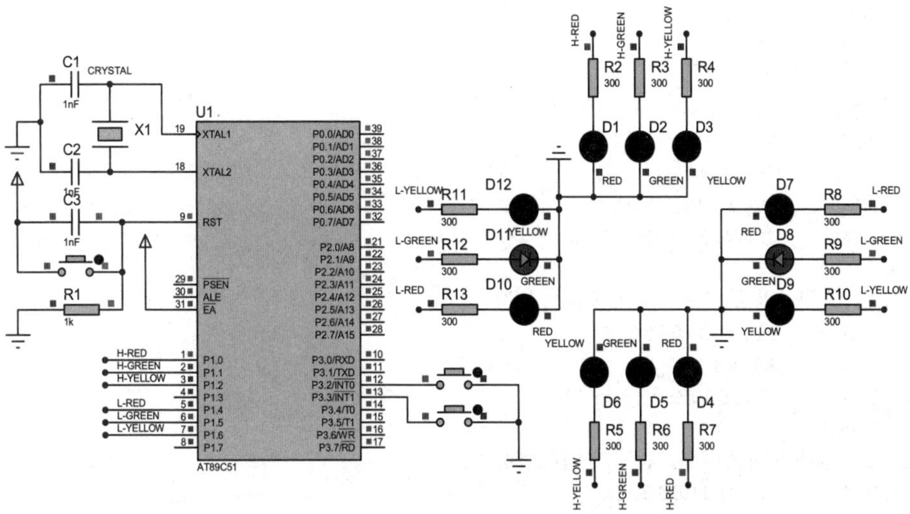

图 7.36　十字路口交通灯模拟控制电路图

图中用 12 只发光二极管模拟十字路口交通灯控制。每个路口设红(LED-RED)、绿(LED-GREEN)、黄(LED-YELLOW)三个发光二极管。南北方向的红、绿、黄发光二极管和 AT89C51 单片机的 P1.0、P1.1、P1.2 相连。东西方向的红、绿、黄发光二极管和 AT89C51 单片机的 P1.4、P1.5、P1.6 相连。因此，通过改变单片机 P1 口的输出编码就可控制交通灯的输出状态；外中断 0 和外中断 1 接开关(BUTTON)模拟异常发生。

交通灯正常运行时可分为 4 个状态：

状态 1，东西方向绿灯，南北方向红灯 20 秒，状态编码“00100001B”(21H)；

状态 2，东西方向黄灯，南北方向红灯 3 秒，状态编码“01000001B”(41H)；

状态 3，南北方向绿灯，东西方向红灯 20 秒，状态编码“00010010B”(12H)；

状态 4，南北方向黄灯，东西方向红灯 3 秒，状态编码“00010100B”(14H)。

异常情况分两种：

东西发生异常时，东西通行，南北禁止，东西方向绿灯闪，南北方向红灯闪 60 秒；

南北发生异常时，南北通行，东西禁止，南北方向绿灯闪，东西方向红灯闪 60 秒；

闪烁通过用亮一次灭一次实现。

主程序中实现交通灯正常运行过程，两种异常用外中断 0 和外中断 1 管理，外接开关模拟异常发生，在中断服务程序中实现异常处理，在主程序中开放外中断 0 和外中断 1，设置为边沿触发方式。时间单位采用 500ms 信号，由定时/计数器 0 定时 50ms，循环 10 次产生，定时/计数器 0 采用查询方式，主程序中设定定时/计数器 0 的工作方式：方式 1。

汇编语言程序代码如下：

```
ORG     0000H
LJMP    MAIN

ORG     0003H
```

```
     LJMP   INT_0

     ORG    0013H
     LJMP   INT_1

     ORG    0030H
MAIN:MOV    SP,#50H
     MOV    TMOD,#01H
     MOV    IE,#10000101B
     MOV    TCON,#00000101B
START:
;状态 1，东西方向绿灯亮，南北方向红灯亮 20s
     MOV    P1,#00100001B
     MOV    R3,#40
L1:  LCALL  DEL500MS
     DJNZ   R3,L1
;状态 2，东西方向黄灯亮，南北方向红灯亮 3s
     MOV    P1,#01000001B
     MOV    R3,#6
L2:  LCALL  DEL500MS
     DJNZ   R3,L2
;状态 3，南北方向绿灯亮，东西方向红灯亮 20s
     MOV    P1,#00010010B
     MOV    R3,#40
L3:  LCALL  DEL500MS
     DJNZ   R3,L3
;状态 4，南北方向黄灯亮，东西方向红灯亮 3s
     MOV    P1,#00010100B
     MOV    R3,#6
L4:  LCALL  DEL500MS
     DJNZ   R3,L4
     SJMP   START
;东西方向异常，东西方向绿灯闪，南北方向红灯闪 60s
INT_0:
     MOV    A,P1
     PUSH   ACC
     MOV    B,R4
     MOV    R2,#60
LINT0:MOV   P1,#00100001B
     LCALL  DEL500MS
     MOV    P1,#00000000B
     LCALL  DEL500MS
     DJNZ   R2,LINT0
     MOV    R4,B
     POP    ACC
     MOV    P1,ACC
     RETI
;南北方向异常，南北方向绿灯闪，东西方向红灯闪 60s
INT_1:
     MOV    A,P1
     PUSH   ACC
```

```
    MOV    B,R4
    MOV    R2,#60
LINT1:MOV  P1,#00010010B
    LCALL  DEL500MS
    MOV    P1,#00000000B
    LCALL  DEL500MS
    DJNZ   R2,LINT1
    MOV    R4,B
    POP    ACC
    MOV    P1,ACC
    RETI
;延时 500ms 子程序
DEL500MS:
    MOV    R4,#10
    MOV    TH0,#3CH
    MOV    TL0,#0B0H
    SETB   TR0
LP1: JBC   TF0,LP2
    SJMP   LP1
LP2: MOV   TH0,#3CH
    MOV    TL0,#0B0H
    DJNZ   R4,LP1
    RET
    END
```

C 语言程序代码如下：

```
#include  <reg51.h>
void delay500ms(unsigned  char  k);
void  main(void)
{
    SP=0X60;
    TMOD=0x01;                //初始化
    IE=0x85;
    TCON=0x05;
    while(1)
    {
       P1=0x21;               //状态 1，东西方向绿灯，南北方向红灯 20s
       delay500ms(40);
       P1=0x41;               //状态 2，东西方向黄灯，南北方向红灯 3s
       delay500ms(6);
       P1=0x12;               //状态 3，南北方向绿灯，东西方向红灯 20s
       delay500ms(40);
       P1=0x14;               //状态 4，南北方向黄灯，东西方向红灯 3s
       delay500ms(6);
    }
}
//东西方向异常，东西方向绿灯闪，南北方向红灯闪 60s
void  int_0(void)  interrupt  0
{
    unsigned  char  i1,i2;
    i1=P1;
    for(i2=0;i2<60;i2++)
    {
```

```
            P1=0x21;
            delay500ms(1);
            P1=0x00;
            delay500ms(1);
        }
        P1=i1;
    }
    //南北方向异常，南北方向绿灯闪，东西方向红灯闪 60s
    void  int_1(void)  interrupt  2
    {
        unsigned  char  j1,j2;
        j1=P1;
        for(j2=0;j2<60;j2++)
        {
            P1=0x12;
            delay500ms(1);
            P1=0x00;
            delay500ms(1);
        }
        P1=j1;
    }
    //延时 500ms 函数
    void delay500ms(unsigned  char  m)
    {
        unsigned  char k1,k2;
        TH0=0x3C;TL0=0xB0;
        TR0=1;
        for  (k1=0;k1<m;k1++)
        {
            for  (k2=0;k2<10;k2++)
            {
                while(!TF0);
                TF0=0;
                TH0=0x3C;TL0=0xB0;
            }
        }
    }
```

【例 7-12】某工业监控系统，要求能监控温度上下限、压力超限、pH 值超限等多种情况，当发生超限时能够给出相应的处理措施。

在单片机监控系统中，信号的监控用外部中断实现，51 单片机外部中断只有两个 $\overline{\text{INT0}}$ 和 $\overline{\text{INT1}}$，而监控信号通常有多个，这里就涉及多个中断源的处理，处理时往往通过中断加查询的方法来实现。连接时，一方面把多路监控信号中断源通过“线与”接于 51 单片机外部中断(如 $\overline{\text{INT0}}$)引脚上，另一方面每一个中断源再连接到一根并口线上，Proteus 中电路如图 7.37 所示。

这里用 4 个开关(BUTTON)模拟 4 路监控信号，通过 4 输入的与门(AND_4)连接到 $\overline{\text{INT0}}$ 引脚上，监控信号正常情况为高电平，发生超限变为低电平。4 路监控信号又分别和 P2 口的低 4 位并口线相连。

在该电路中，无论哪个中断源提出请求，系统都会响应 $\overline{\text{INT0}}$ 中断。响应后，进入中断服务程序，在中断服务程序中通过对并口线的逐一检测来确定是哪一个中断源提出了中断请求，进一步转到对应的中断服务程序入口位置执行对应的处理程序。在本例中，通过用发光二极管(LED-RED)显示相应监控信号异常，产生中断，显示时间为 1s，如 pH 值超限发生时，pH 值超限指示灯亮 1s。

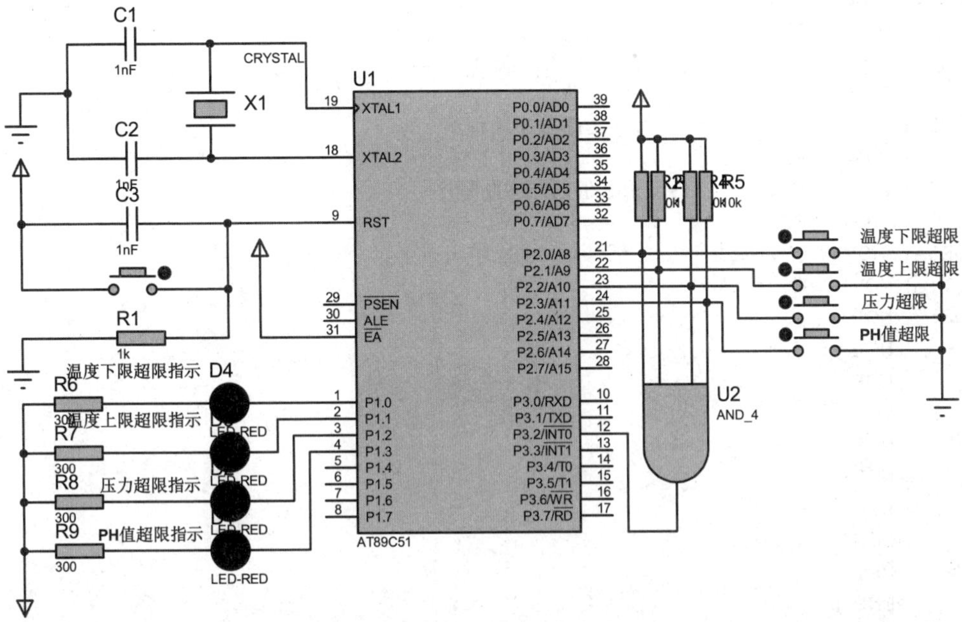

图 7.37　多路监控信号中断源的连接

汇编语言程序代码如下：

```
        ORG  0000H
        LJMP MAIN

        ORG  0003H              ;外部中断 0 中断服务程序入口
        LJMP INT_0

MAIN:
        SETB IT0                ;外部中断 0 初始化
        SETB EA
        SETB EX0
START:                          ;等待中断
        MOV  P1,#0FFH
        MOV  P2,#0FFH
        SJMP START
INT_0:                          ;外部中断 0 中断程序
        PUSH ACC                ;保护现场
        PUSH PSW
        JNB  P2.0,EXT0          ;查询中断源,转对应的中断服务子程序
        JNB  P2.1,EXT1
        JNB  P2.2,EXT2
        JNB  P2.3,EXT3
EXIT:
        LCALL DELAY             ;延时 1s
```

```
        LCALL  DELAY
        POP        PSW      ;恢复现场
        POP        ACC
        RETI
EXT0:   CLR    P1.0         ;温度上限超限中断程序
        SJMP   EXIT
EXT1:   CLR    P1.1         ;温度下限超限中断程序
        SJMP   EXIT
EXT2:   CLR    P1.2         ;压力超限中断程序
        SJMP   EXIT
EXT3:   CLR    P1.3         ;pH值超限中断程序
        SJMP   EXIT
DELAY:MOV    R7,#250        ;延时0.5s程序
D1:     MOV    R6,#250
D2:     NOP
        NOP
        NOP
        NOP
        NOP
        NOP
        DJNZ   R6,D2
        DJNZ   R7,D1
        RET
        END
```

C语言程序代码如下：

```
#include  <reg51.h>
#include  <intrins.h>
#define  uchar  unsigned char
sbit  P10=P1^0;         //特殊功能位定义
sbit  P11=P1^1;
sbit  P12=P1^2;
sbit  P13=P1^3;
sbit  P20=P2^0;
sbit  P21=P2^1;
sbit  P22=P2^2;
sbit  P23=P2^3;
//延时0.5s函数
void  delay()
{
   uchar i,j;
   for(i=0;i<250;i++)
   for(j=0;j<250;j++)
   {_nop_();_nop_();_nop_();_nop_();_nop_();_nop_();}
}
//外部中断0中断服务函数
void  int0()  interrupt  0
{
   if (P20==0) P10=0;         //查询中断源,进行相应的中断处理
   if (P21==0) P11=0;
   if (P22==0) P12=0;
```

```
    if (P23==0) P13=0;
    delay();
    delay();
}
void  main(void)
{
    IT0=1;                    //外部中断 0 初始化
    EA=1;
    EX0=1;
    while(1)                  //等待中断
    {
        P1=0xff;P2=0xff;
    }
}
```

习　　题

1. 何为“准双向 I/O 接口”？在 MCS-51 单片机的四个并口中，哪些是“准双向 I/O 接口”？

2. 80C51 单片机内部有几个定时/计数器？它们由哪些功能寄存器组成？怎样实现定时功能和计数功能？

3. 定时/计数器 T0 有几种工作方式？各自的特点是什么？

4. 定时/计数器的四种工作方式各自的计数范围是多少？如果要计 100 个单位，不同的方式初值应为多少？

5. 设振荡频率为 6MHz，如果用定时/计数器 T0 产生周期为 10ms 的方波，可以选择哪几种方式，其初值分别设为多少？

6. 何为同步通信？何为异步通信？各自的特点是什么？

7. 单工、半双工和全双工有什么区别？

8. 串行口数据寄存器 SBUF 有什么特点？

9. MCS-51 单片机串行口有几种工作方式？各自特点是什么？

10. 说明 SM2 在方式 2 和方式 3 对数据接收有何影响。

11. 怎样来实现利用串行口扩展并行输入/输出口？

12. 什么是中断、中断允许和中断屏蔽？

13. 8051 系统中有几个中断源？中断请求如何提出？

14. 8051 的中断源中，哪些中断请求信号在中断响应时可以自动清除？哪些不能自动清除？应如何处理？

15. 8051 的中断优先级有几级？在形成中断嵌套时各级有何规定？

16. 8051 系统中，已知振荡频率为 12MHz，用定时/计数器 T0，实现从 P1.0 产生周期为 2ms 的方波。要求分别用汇编语言和 C 语言进行编程。

17. 8051 系统中，已知振荡频率为 12MHz，用定时/计数器编程实现产生时钟。要求分别用汇编语言和 C 语言进行编程。

18. 8051 系统中，已知振荡频率为 12MHz，用定时/计数器 T1，实现从 P1.1 产生高电平宽度为 10ms，低电平宽度为 20ms 的矩形波。要求分别用汇编语言和 C 语言进行编程。

19. 用 8051 单片机的串行口扩展并行 I/O 接口，控制 16 个发光二极管依次发光，画出电路图，用汇编语言和 C 语言分别编写相应的程序。

第 8 章　51 单片机输入输出接口及应用

51 单片机内部集成了计算机的大部分功能部件，外接电源、时钟电路等就可组成可用的 51 单片机最小系统。另外，外接输出显示设备和键盘输入设备就可以组成完整的 51 单片机应用系统。

8.1　51 单片机的最小系统

所谓最小系统，是指一个真正可用的微型计算机的最小配置系统。对于 51 单片机，其内部集成了微型计算机的大部分功能部件，只需外部连接一些简单电路就可组成最小系统。

51 单片机内部集成了 CPU、程序存储器、数据存储器、并行接口、串行接口、定时/计数器、中断系统等功能部件，除了电源和地外，外部只需连接时钟电路和复位电路就可组成最小系统。另外，对于片内没有程序存储器的芯片，组成最小系统时必须外部扩展程序存储器，因此，51 单片机的最小系统可分为以下两种情况。

8.1.1　8051/8751 的最小系统

8051/8751 片内有 4KB 的 ROM/EPROM，因此，只需要外接晶体振荡器和复位电路就可以构成最小系统，如图 8.1 所示。该最小系统的特点如下：

(1) 由于片外没有扩展存储器和外设，P0、P1、P2、P3 都可以作为用户 I/O 接口使用。

(2) 片内数据存储器有 128B，地址空间为 00H～7FH，没有片外数据存储器。

(3) 内部有 4KB 的程序存储器，地址空间为 0000H～0FFFH，没有片外程序存储器，$\overline{EA}$ 应接高电平。

(4) 可以使用两个定时/计数器 T0 和 T1，一个全双工的串行通信接口，5 个中断源。

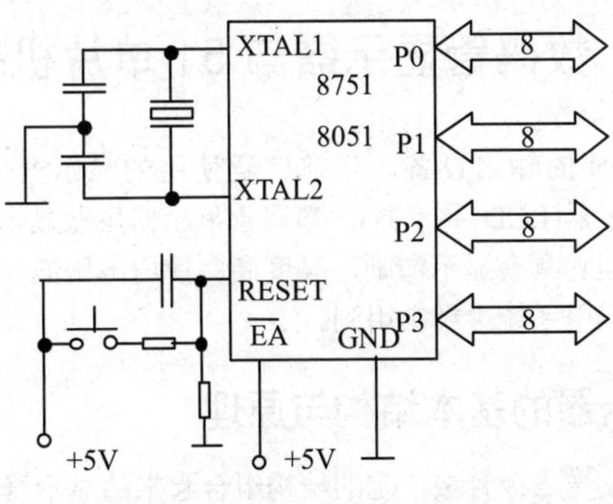

图 8.1　8051/8751 的最小应用系统

8.1.2 8031 的最小系统

8031 片内无程序存储器，因此，在构成最小系统时，不仅要外接晶体振荡器和复位电路，还应在外扩展程序存储器。图 8.2 就是 8031 外接程序存储器芯片 2764 构成的最小系统。该最小系统的特点如下：

(1) 由于 P0、P2 在扩展程序存储器时作为地址线和数据线，不能作为 I/O 线，因此，只有 P1、P3 作为用户 I/O 接口使用。

(2) 片内数据存储器同样有 128B，地址空间为 00H～7FH，没有片外数据存储器。

(3) 内部无程序存储器，片外扩展了程序存储器，其地址空间随芯片容量不同而不一样。图 8.2 中使用的是 2764 芯片，容量为 8KB，地址空间为 0000H～1FFFH。由于片内没有程序存储器，只能使用片外程序存储器，$\overline{EA}$ 只能接低电平。

(4) 同样可以使用两个定时/计数器 T0 和 T1，一个全双工的串行通信接口，5 个中断源。

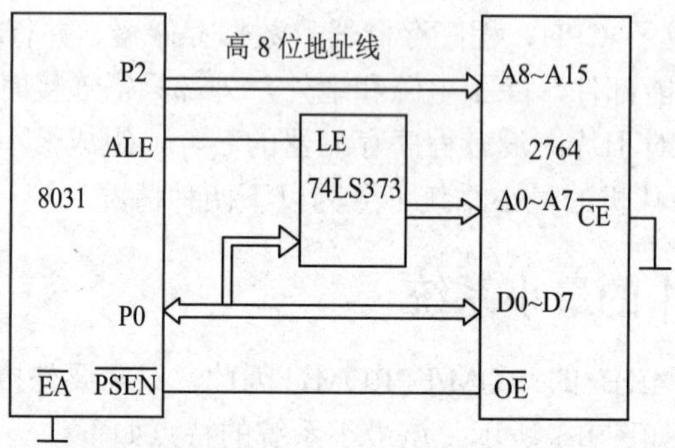

图 8.2 8031 外接 2764 构成的最小系统

由于 8051/8751 内部带程序存储器，外部只需接晶体振荡器和复位电路就可以构成最小系统，硬件电路非常简单，在实际中经常使用。如果内部集成的 4KB 程序存储器不够，可以选内部集成 8KB 的 8052/8752，如果 8KB 也不够用，现在很多单片机厂家也生产了集成更大容量程序存储器空间的 51 单片机供大家选择。

8.2 数码管显示器与 51 单片机接口

显示设备是非常重要的输出设备。目前广泛使用的显示器件主要有数码管显示器(LED 显示器)和液晶显示器(LCD 显示器)，数码管显示器虽然显示信息简单，只能显示十六进制数和少数字符，但它具有显示清晰、亮度高、使用电压低、寿命长、与单片机接口方便等特点，在单片机应用系统中经常用到。

8.2.1 数码管显示器的基本结构与原理

数码管显示器是由发光二极管按一定的结构组合起来的显示器件。在单片机应用系统中通常使用的是 7 段或 8 段式数码管显示器，8 段式比 7 段式多一个小数点。这里以 8

段式来介绍，单个 8 段式 LED 数码管显示器的外观与引脚如图 8.3(a)所示，其中 a、b、c、d、e、f、g 和小数点 dp 为 8 段发光二极管，位置如图中所示，组成一个“8.”形状。

8 段发光二极管的内部连接有两种结构：共阴极和共阳极，如图 8.3(b)和(c)所示。其中，图(b)为共阴极结构，8 段发光二极管的阴极端连接在一起，阳极端分开控制，使用时公共端接地，要使哪根发光二极管亮，则对应的阳极端接高电平；图(c)为共阳极结构，8 段发光二极管的阳极端连接在一起，阴极端分开控制，使用时公共端接电源，要使哪根发光二极管亮，则对应的阴极端接低电平。

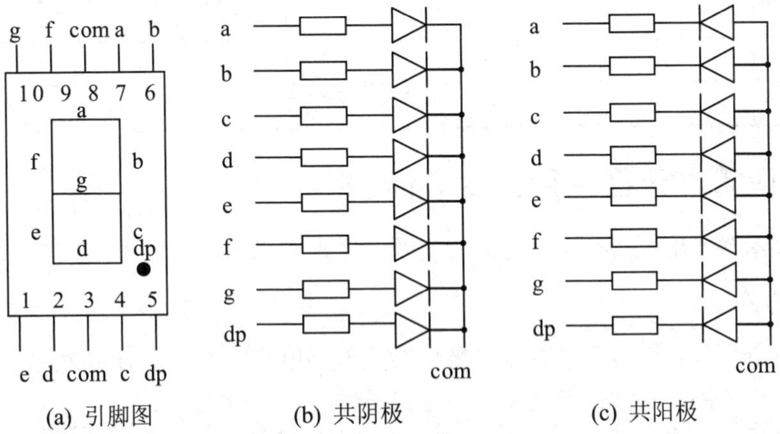

图 8.3　8 段式数码管引脚与结构(1)

数码管显示器显示时，公共端首先要保证有效，即共阴极结构公共端接低电平，共阳极结构公共端接高电平，这个过程我们称为选通数码管。再在另外一端送要显示数字的编码，这个编码称为字段码(或显示码)，8 位数码管字段码为 8 位，从高位到低位的顺序依次为 dp、g、f、e、d、c、b、a，如图 8.4 所示。

7	6	5	4	3	2	1	0
dp	g	f	e	d	c	b	a

图 8.4　8 段式数码管引脚与结构(2)

例如：共阴极数码管数字“0”的字段码为 00111111B(3FH)，共阳极数码管数字“1”的字段码为 11111001B(F9H)，不同数字或字符其字段码不一样，对于同一个数字或字符，共阴极结构和共阳极结构的字段码也不一样，共阴极和共阳极的字段码互为反码。常见的数字和字符的共阴极和共阳极的字段码如表 8.1 所示。

表 8.1　常见的数字和字符的共阴极数码管和共阳极数码管的字段码

显示字符	共阴极字段码	共阳极字段码	显示字符	共阴极字段码	共阳极字段码
0	3FH	C0H	4	66H	99H
1	06H	F9H	5	6DH	92H
2	5BH	A4H	6	7DH	82H
3	4FH	B0H	7	07H	F8H

续表

显示字符	共阴极字段码	共阳极字段码	显示字符	共阴极字段码	共阳极字段码
8	7FH	80H	P	73H	8CH
9	6FH	90H	U	3EH	C1H
A	77H	88H	T	31H	CEH
B	7CH	83H	Y	6EH	91H
C	39H	C6H	L	38H	C7H
D	5EH	A1H	8.	FFH	00H
E	79H	86H	“灭”	00	FFH
F	71H	8EH	…	…	…

8.2.2 数码管显示器使用的主要问题

数码管显示器使用主要有两个方面的问题：译码方式和显示方式。

1. 译码方式

所谓译码方式是指由显示字符转换得到对应的字段码的方式。对于数码管显示器，通常的译码方式有硬件译码方式和软件译码方式两种。

1) 硬件译码方式

硬件译码方式是指利用专门的硬件电路来实现显示字符到字段码的转换，这样的硬件电路有很多，比如 CD4511 就是一种常见的十进制 BCD——共阴极 7 段数码管字段码转换芯片，它具有 BCD 转换、消隐和锁存控制功能，能提供较大的拉电流，可直接驱动共阴极 LED 数码管。输入为一位十进制数的 4 位 BCD 码，输出为 7 段式的共阴极字段码，它的引脚如图 8.5 所示。

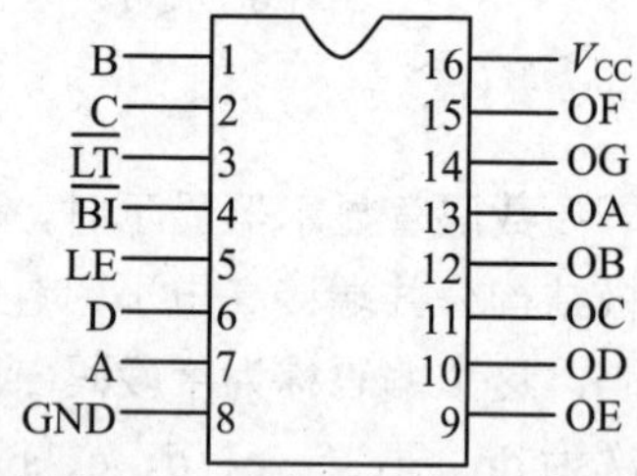

图 8.5 CD4511 的引脚图

其中各个引脚说明如下。

A、B、C、D：BCD 码输入端，A 为最低位。

OA～OG：7 段式的共阴极字段码输出端。

$\overline{\text{LT}}$：灯测试端，加高电平时，显示器正常显示；加低电平时，显示器一直显示数码“8”。

$\overline{\text{BI}}$：消隐功能端，低电平时所有字段均消隐，正常显示时，$\overline{\text{BI}}$ 端加高电平。

LE：锁存控制端，低电平时传输数据，高电平时锁存。

另外，CD4511 有拒绝伪码的特点，当输入数据超过十进制数 9(1001)时，显示字形也自行消隐。

硬件译码时，要显示一个数字，只需送出这个数字的 4 位二进制编码即可，软件开销较小，但需要增加硬件译码芯片，造价相对较高。

2) 软件译码方式

软件译码方式就是编写软件译码程序，通过译码程序来得到要显示的字符的字段码。译码程序通常为查表程序，软件开销较大，但硬件线路简单，因而在实际系统中经常用到。

2. 数码管的显示方式

数码管在显示时，通常有静态显示方式和动态显示方式两种。

1) 静态显示方式

静态显示时，其公共端直接接地(共阴极)或接电源(共阳极)，各段选线分别与 I/O 接口线相连。要显示字符，直接在 I/O 线发送相应的字段码，如图 8.6 所示。

两个数码管的共阴极端直接接地，如果要在第一个数码管上显示数字 1，只要在 I/O(1)发送 1 的共阴极字段码；如果要在第二数码管上显示 2，只要在 I/O(2)发送 2 的字段码。静态显示结构简单，显示方便，要显示某个字符，直接在 I/O 线上发送相应的字段码，但一个数码管需要 8 根 I/O 线，如果数码管个数少，用起来方便，但如果数码管数目较多，就要占用很多的 I/O 线，所以当数码管数目较多时，往往采用动态显示方式。

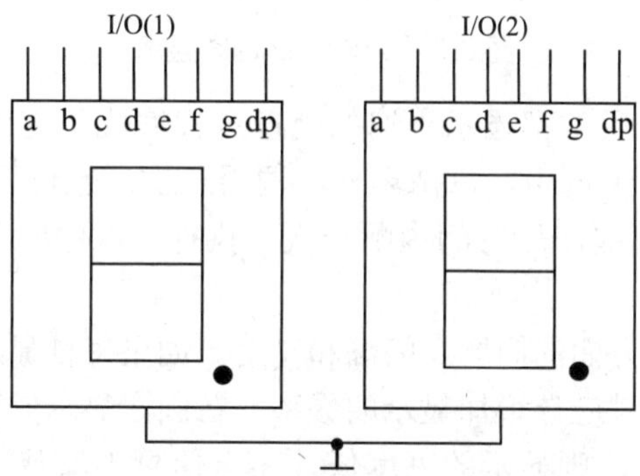

图 8.6 两位数码管静态显示

2) 动态显示方式

动态显示是将所有的数码管的段选线并接在一起，用一个 I/O 接口控制，公共端不是直接接地(共阴极)或电源(共阳极)，而是通过相应的 I/O 接口线控制。

图 8.7 是 4 位数码管动态显示图，4 个数码管的段选线并接在一起通过 I/O(1)控制，每个数码管的公共端与一根 I/O 线相连，通过 I/O(2)控制。

工作过程如下(设数码管为共阳极)：

第一步，使右边第一个数码管的公共端 D0 为 1，其余的数码管的公共端为 0，同时在 I/O(1)上发送右边第一个数码管的字段码，这时，只有右边第一个数码管显示，其余不显示。

第二步，使右边第二个数码管的公共端 D1 为 1，其余的数码管的公共端为 0，同时在 I/O(1)上发送右边第二个数码管的字段码，这时，只有右边第二个数码管显示，其余不显示。

依此类推，直到最后一个，这样 4 个数码管轮流显示相应的信息，一遍显示完毕，隔一段时间，又这样循环显示。

从计算机的角度看，每个数码管隔一段时间才显示一次，但由于人的视觉暂留效应，只要间隔的时间足够短，循环的周期足够快，每秒达到 24 次以上，看起来数码管就一直稳定显示了，这就是动态显示的原理。而这个周期对于计算机来说很容易实现，所以在单片机中经常用到动态显示。

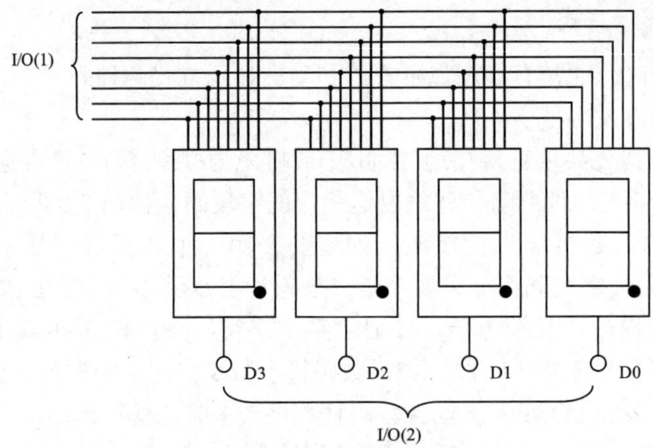

图 8.7 4 位 LED 动态显示

对于动态显示，我们通常把显示一遍的处理过程编成子程序，每隔一段时间调用一次。可以在主程序的循环中调用，每循环一次调用一次；也可以放在定时/计数器中断服务程序中，定时/计数器每隔一段时间中断一次，执行一次中断服务程序，相应地也执行一次显示子程序。

动态显示要注意两个方面的问题：闪烁和亮度。如果每秒显示的次数少，频率低，则显示的信息是闪烁的，这时应该增加显示的频率。在固定显示频率下，如果每个数码管在每秒钟显示的总时间太短，则显示的亮度低，显示信息不清楚，这时应该增加显示的时间，一般通过在每一位显示时加延时，每一位显示时加延时会使显示一遍的时间变长，可能会影响显示的频率，所以一般都要经过调试，适当地增加延时时间，使显示的亮度足够而又不会造成闪烁。

动态显示所用的 I/O 接口信号线少，线路简单，但软件开销大，需要 CPU 周期性地对它刷新，因此会占用 CPU 大量的时间。注意我们在市场上买的 4 个或 8 个连接在一起的数码管，都是按动态方式连接的。

8.2.3 数码管显示器与 51 单片机的接口

数码管显示器从译码方式上分可分为硬件译码方式和软件译码方式。从显示方式上分可分为静态显示方式和动态显示方式。在使用时可以把它们组合起来。在实际应用时，如果数码管个数较少，通常用硬件译码静态显示；在数码管个数较多时，则通常用软件译码动态显示。

1. 硬件译码静态显示

图 8.8 是 Proteus 中一种两位共阴极数码管硬件译码静态显示的接口电路图。用到两个共阴极数码管 U4 和 U5(7SEG-COM-CAT-BLUE)，采用静态显示方式连接，公共端直接接地。字段码输入端接 CD4511 的输出端，它们的字段码分别由字段码译码芯片 CD4511 译码产生，两片 CD4511 的 BCD 输入端并联在一起接 51 单片机 P2 口的低 4 位，灯测试端 $\overline{LT}$ 和消隐功能端 $\overline{BI}$ 都直接接地，第一片 CD4511 的 LE 接 P2.4，第二片 CD4511 的 LE

接 P2.5，分别用来对两片 CD4511 选通锁存。操作时，如果使 P2.4 为低电平，通过 P2 口的低 4 位输出一个数字，则在第一个数码管显示相应的数字。如果使 P2.5 为低电平，通过 P2 口的低 4 位输出一个数字，则在第二个数码管显示相应的数字。

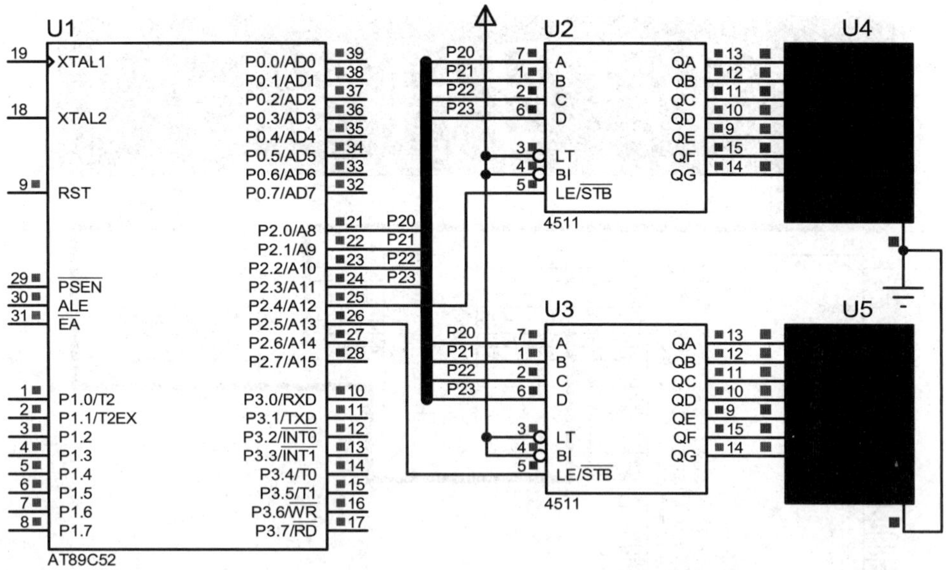

图 8.8　硬件译码静态显示电路

硬件译码静态显示汇编语言程序代码如下(设在第一个数码管显示 2, 设在第二个数码管显示 3)：

```
       ORG  0000H
       LJMP MAIN
       ORG  0100H
MAIN:MOV  P2,#00100010B ;P2.4 为 0，P2.5 为 1，P2 口低 4 位为显示的数字“2”
       MOV  P2,#00010011B ;P2.4 为 1，P2.5 为 0，P2 口低 4 位为显示的数字“3”
       SJMP  $
       END
```

C 语言程序代码如下：

```
#include  <reg51.h>
main( )
{
    P2=0x22;          //P2.4 为 0，P2.5 为 1，P2 口低 4 位为显示的数字“2”
    P2=0x13;          //P2.4 为 1，P2.5 为 0，P2 口低 4 位为显示的数字“3”
    while(1);
}
```

2. 软件译码动态显示

图 8.9 是 Proteus 中的 8 位软件译码动态显示电路图，图中 8 位共阴极数码管(7SEG-MPX8-CC-BLUE)采用动态显示连接方式，51 单片机 P0 口通 74LS373 输出字段码，P2 口输出位选码。

数码管显示程序在处理时，如果数码管数目比较多，一般在存储器中指定显示缓冲区，一个数码管对应一个单元，用于存放显示的信息，显示程序显示缓冲区的内容，如果我们要改变显示的内容，只需要改变显示缓冲区的内容即可。

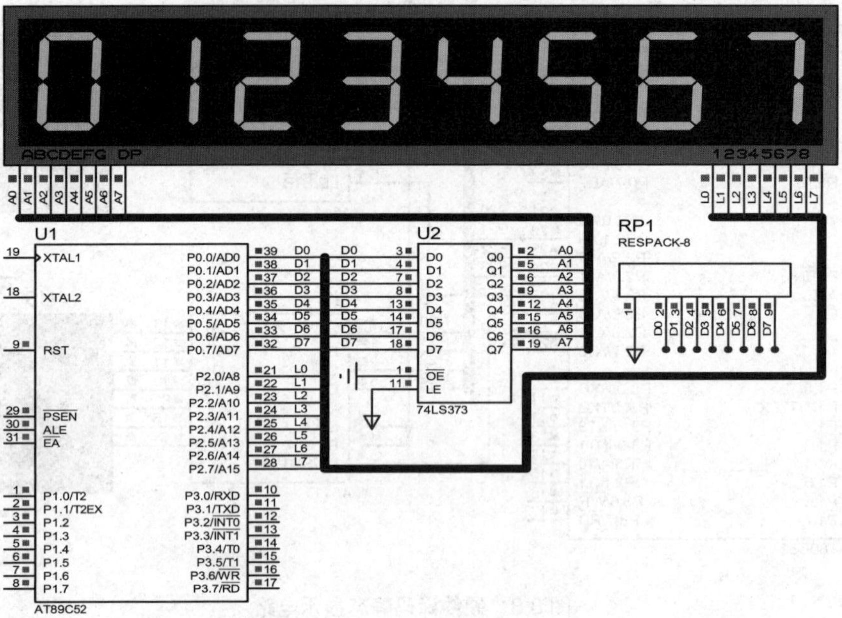

图 8.9　软件译码动态显示电路

软件译码动态显示汇编语言程序代码如下：

```
;设 8 个数码管的从左到右显示缓冲区为片内 RAM 的 50H～57H 单元
        ORG  0000H
        LJMP  MAIN

        ORG  0100H
MAIN:   MOV A,#0                    ;显示缓冲区 50H～57H 单元初始化为 0～7
        MOV  R2,#8
        MOV  R0,#50H
LOOP:   MOV  @R0,A
        INC R0
        INC A
        DJNZ  R2,LOOP
LOOP1:LCALL DISPLAY                 ;调用显示子程序
        SJMP  LOOP1
        SJMP  $
;显示子程序
DISPLAY:MOV  R0,#57H                ;动态显示初始化,使 R0 指向缓冲区首地址
         MOV  R3,#7FH               ;首位位选字送 R3
         MOV  A,R3
LD0:     MOV  P2,A                  ;从 P2 口送出位选字
         MOV  A,@R0                 ;读要显示数
         ADD  A,#0EH                ;调整距离字段码表首的偏移量
```

```
        MOVC  A,@A+PC          ;查表取得字段码
        MOV   P0,A             ;字段码从 P0 口输出
        ACALL  DL1             ;调用 1ms 延时子程序
        DEC   R0               ;指向缓冲区下一单元
        MOV   A,R3             ;位选码送累加器 A
        JNB   ACC.0,LD1        ;判断 8 位是否显示完毕,显示完返回
        RR  A                  ;未显示完,把位选字变为下一位选字
        MOV   R3,A             ;修改后的位选字送 R3
        AJMP  LD0              ;循环实现按位序依次显示
LD1:    RET
TAB:    DB  3FH,06H,5BH,4FH,66H,6DH,7DH,07H ;字段码表
        DB  7FH,6FH,77H,7CH,39H,5EH,79H,71H
DL1:    MOV  R7,#02H           ;延时子程序
DL:     MOV  R6,#0FFH
DL0:     DJNZ  R6,DL0
         DJNZ  R7,DL
         RET
         END
```

软件译码动态显示 C 语言程序代码如下：

```
#include  <reg51.h>
#include  <absacc.h>                     //定义绝对地址访问
#define  uchar  unsigned  char
#define  uint  unsigned  int
void  delay(uint);                       //声明延时函数
void  display(void);                     //声明显示函数
uchar  disbuffer[8]={0,1,2,3,4,5,6,7}; //定义显示缓冲区
void  main(void)
{
   while(1)
   {
     display();                   //设显示函数
   }
}
//************延时函数************
void  delay(uint  i)              //延时函数
{
  uint  j;
  for  (j=0;j<i;j++){}
}
//***********显示函数***********
void  display(void)              //定义显示函数
{
   uchar  codevalue[16]={0x3f,0x06,0x5b,0x4f,0x66,0x6d,0x7d,0x07,
   0x7f,0x6f,0x77,0x7c,0x39,0x5e,0x79,0x71};   //0～F 的字段码表
   uchar  chocode[8]={0xfe,0xfd,0xfb,0xf7,0xef,0xdf,0xbf,0x7f};//位选码表
   uchar  i,p,temp;
   for  (i=0;i<8;i++)
   {
     temp=chocode[i];        //取当前的位选码
```

```
        P2=temp;                //送出位选码
        p=disbuffer[i];         //取当前显示的字符
        temp=codevalue[p];      //查得显示字符的字段码
        P0=temp;                //送出字段码
        delay(20);              //延时 1ms
    }
}
```

3. 串口扩展并行输出口连接数码管静态显示

数码管硬件译码静态显示时软件程序简单，但当数码管个数较多时，需要单片机的并口线多；软件译码动态显示时需要的单片机并口线少，但需要经常刷新，软件开销大，而且容易出现亮度和闪烁问题。因此，在很多单片机应用系统中，如果不涉及通信，通常可用串口外接串入并出移位寄存器扩展并行输出口，连接数码管显示器，通过级联可以连接多个数码管显示器，用串口输出实现数码管显示。采用这种方式处理时，用到的并口线少，又不需要动态刷新，使用方便。

图 8.10 是 Proteus 中 51 单片机串口扩展并行输出口连接数码管的电路图。51 单片机通过串口方式 0 连接串入并出移位寄存器 74HC164，4 片 74HC164 级联扩展了 4 个 8 位的并行口，连接了 4 个共阳极数码管(7SEG-COM-AN-BLUE)，7SEG-COM-AN-BLUE 是单个 7 段式共阳极数码管，采用静态方式连接，公共端直接接电源，字段码输入端 a～g 连接 74HC164 的 8 位并行输出端的 Q7～Q1。

51 单片机的串口设置为方式 0，要在 4 个数码管上显示信息(从右至左)，只需通过 51 单片机串口依次发送 4 个信息的字段码。在下面程序中，编程实现在 4 个数码管上滚动显示 16 个十六进制符号 0～F。

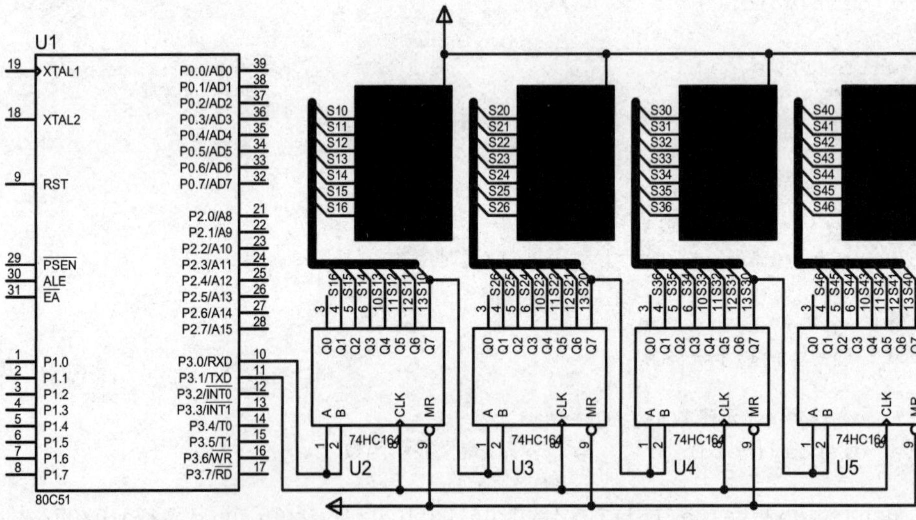

图 8.10　串口扩展并行输出口连接数码管

汇编语言程序代码如下：

```
;显示缓冲区为 50H～53H 单元
        ORG  0000H
```

```
        LJMP  MAIN

        ORG  0100H
MAIN:   MOV  SCON,#00H        ;串口初始化方式 0
START:  MOV  R3,#0
K1:     MOV  R4,#4            ;改变显示缓冲区值
        MOV  R1,#50H
        MOV  A,R3
K0:     MOV  @R1,A
        INC  R1
        DJNZ R4,K0
        ACALL DISPLAY         ;调用串口发送显示程序
        ACALL DELAY           ;延时
        INC  R3
        CJNE R3,#16,K1
        SJMP  START
DELAY:  MOV  R7,#05H          ;延时子程序
L2:     MOV  R6,#0FFH
L1:     MOV  R5,#0FFH
L0:     DJNZ  R5,L0
        DJNZ  R6,L1
        DJNZ  R7,L2
        RET
DISPLAY:MOV  R0,#50H          ;51 单片机串口发送显示程序
        MOV  R2,#4
L3:     MOV  A,@R0
        INC  R0
        ADD  A,#0AH           ;调整距离字段码表首的偏移量
        MOVC A,@A+PC          ;查表取得字段码
        MOV  SBUF,A           ;51 单片机串口发送
L4:     JNB  TI,L4            ;等待发送
        CLR  TI
        DJNZ  R2,L3
        RET
TAB:    DB  0C0H,0F9H,0A4H,0B0H,99H,92H,82H,0F8H  ; 0～F 共阳极数码管字段码
        DB  80H,90H,88H,83H,0C6H,0A1H,86H,8EH
        END
```

C 语言程序代码如下：

```
#include  <reg51.h>           //包含特殊功能寄存器
#include  <intrins.h>         //包含内部函数库
#define  uchar  unsigned  char
#define  uint  unsigned  int
uchar  disbuffer[]={2,2,2,9};    //定义显示缓冲区
void  display(void)              //51 单片机串口发送显示程序
{
    uchar i;
    uchar  codevalue[16]={0xC0,0xF9,0xA4,0xB0,0x99,0x92,0x82,0xF8,
       0x80,0x90,0x88,0x83,0xC6,0xA1,0x86,0x8E};    //0～F 共阳极数码管显示码
    for (i=0;i<4;i++)
    {
```

```
            SBUF=codevalue[disbuffer[i]];
            while (!TI) {;}            //等待发送
            TI=0;
        }
    }
    //************延时函数************
    void  delay(uint  i)
    {
        uint  j;
        for  (j=0;j<i;j++){}
    }
    void  main()
    {
        unsigned  char  k,m;
        SCON=0x00;                 //串口初始化为方式0
        while(1)
        {
           for (k=0;k<16;k++)
           {
               for (m=0;m<4;m++){disbuffer[m]=k;}    //改变显示缓冲区值
               display();              //调显示函数
               delay(50000);
           }
        }
    }
```

8.3 液晶显示器LCD1602与51单片机的接口

液晶显示器简称LCD显示器，它是利用液晶经过处理后能改变光线的传输方向的特性来实现显示信息的。液晶显示器具有体积小、重量轻、功耗低、显示内容丰富等特点，在单片微型计算机应用系统中得到广泛应用。液晶显示器按其功能可分为三类：笔段式液晶显示器、字符点阵式液晶显示器和图形点阵式液晶显示器。前两种可显示数字、字符和符号等，而图形点阵式液晶显示器还可以显示汉字和任意图形，达到图文并茂的效果。下面将通过应用广泛、使用简单的字符点阵式液晶显示器LCD1602来介绍液晶显示器的结构和原理，以及其与51单片机的硬件接口及软件编程。

8.3.1 LCD1602概述

LCD1602是2×16字符型液晶显示模块，可以显示两行，每行16个字符，采用5×7点阵显示，工作电压4.5～5.5V，工作电流2.0mA(5.0V)，其控制器采用HD44780液晶芯片(市面上字符液晶显示器的控制器绝大多数都是基于HD44780液晶芯片，它们的控制原理是完全相同的)。LCD1602可采用标准的14引脚接口或16引脚接口，多出来的2条引脚是背光源正极BLA(15脚)和背光源负极BLK(16脚)，其外观形状如图8.11所示。

图8.11(a)是LCD1602的正面，图8.11(b)是LCD1602的背面。标准的16引脚接口如下。

第1脚：V_{SS}，电源地。

第2脚：V_{DD}，+5V电源。

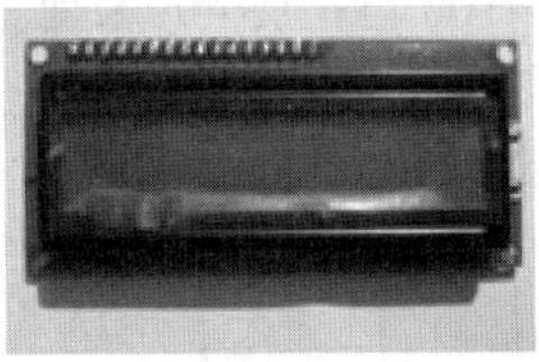

(a) 正面

(b) 背面

图 8.11　RT-1602C 的外观

第 3 脚：V_{EE}，液晶显示对比度调整输入端。接正电源时对比度最弱，接地时对比度最高。使用时通常通过一个 10kΩ的电位器来调整对比度。

第 4 脚：RS，数据/命令选择端，高电平时选择数据寄存器，低电平时选择指令寄存器。

第 5 脚：R/$\overline{W}$，读/写选择端，高电平时进行读操作，低电平时进行写操作。当 RS 和 R/$\overline{W}$共同为低电平时，可以写入指令或者显示地址；当 RS 为低电平、R/$\overline{W}$为高电平时，可以读忙信号；当 RS 为高电平、R/$\overline{W}$为低电平时，可以写入数据。

第 6 脚：E，使能端，当 E 端由低电平跳变成高电平时读取液晶模块的信息，当 E 端由高电平跳变成低电平时，液晶模块执行写操作，操作时序见表 8.2。

表 8.2　LCD1602 操作时序表

功　能	输入信号	输出信号
读状态	RS=L，R/W=H，E=H	D0～D7：状态字
写指令	RS=L，R/W=L，D0—D7=指令码，E=高脉冲	无
读数据	RS=H，R/W=H，E=H	D0～D7：数据
写数据	RS=H，R/W=L，D0—D7=数据，E=高脉冲	无

第 7～14 脚：D0～D7，为 8 位双向数据线。

第 15 脚：BLA，背光源正极。

第 16 脚：BLK，背光源负极。

8.3.2　LCD1602 的内部结构

液晶显示模块 LCD1602 的内部结构可以分成三部分：一为 LCD 控制器，二为 LCD 驱动器，三为 LCD 显示装备，如图 8.12 所示。

控制器采用 HD44780，驱动器采用 HD44100。HD44780 是集控制器、驱动器于一体，专用于字符显示控制驱动的集成电路。HD44100 是作扩展显示字符位的。HD44780 是字符型液晶显示控制器的代表电路。

HD44780 集成电路的特点如下。

(1)　可选择 5×7 或 5×10 点阵字符。

(2)　HD44780 不仅可作为控制器，而且还具有驱动 16×40 点阵液晶像素的能力，并且 HD44780 的驱动能力可通过外接驱动器扩展 360 列驱动。

HD44780 可控制的字符高达每行 80 个字，也就是 5×80=400 点，HD44780 内藏有 16 路行驱动器和 40 路列驱动器，所以 HD44780 本身就具有驱动 16×40 点阵 LCD 的能力(即单行 16 个字符或两行 8 个字符)。如果在外部加一 HD44100 再扩展 40 路/列驱动，则可驱动 16×2LCD。

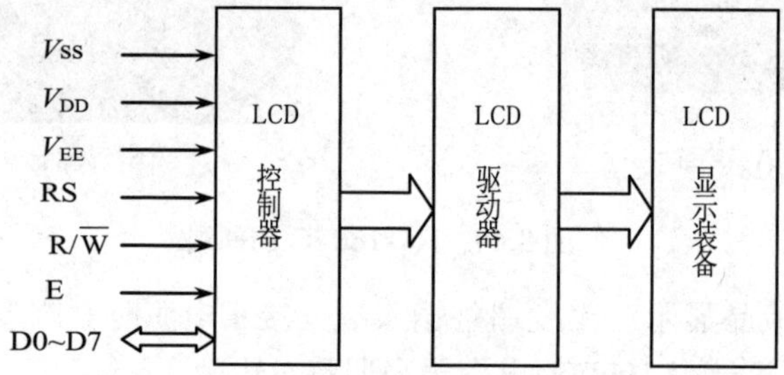

图 8.12　RT-1602C 的内部结构

(3) HD44780 的显示缓冲区 DDRAM、字符发生存储器 ROM 及用户自定义的字符发生器 CGRAM 全部内藏在芯片内。

HD44780 有 80 个字节的显示缓冲区，分两行，地址分别为 00H～27H，40H～67H，它们实际显示位置的排列顺序跟 LCD 的型号有关，LCD1602 的显示地址与实际显示位置的关系如图 8.13 所示。

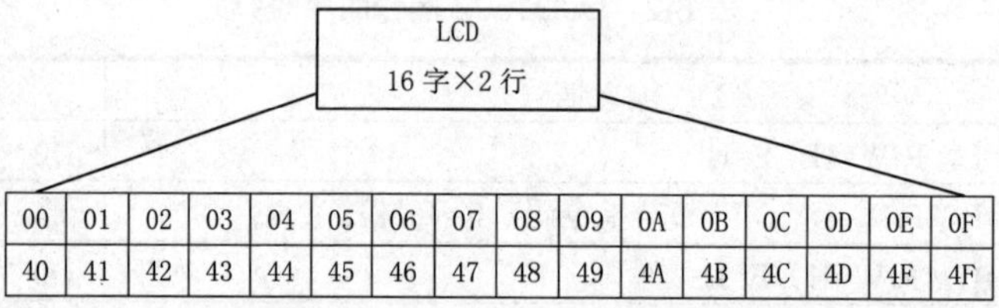

图 8.13　RT-1602C 的显示地址与实际显示位置的关系图

HD44780 内藏的字符发生存储器(ROM)已经存储了 160 个不同的点阵字符图形，如图 8.14 所示。

图 8.14　点阵字符图形

这些字符有阿拉伯数字、英文字母的大小写、常用的符号和日文假名等，每一个字符都有一个固定的代码。如数字“1”的代码是 00110001B(31H)，又如大写的英文字母“A”的代码是 01000001B(41H)，可以看出英文字母的代码与 ASCII 编码相同。要在 LCD 的某个位置显示符号，只需将显示的符号的 ASCII 码存入 DDRAM 的对应位置。如在 LCD1602 的第一行第二列显示“1”，只需将“1”的 ASCII 码 31H 存入 DDRAM 的 01 单元；在 LCD1602 的第二行第三列显示“A”，只需将“A”的 ASCII 码 41H 存入 DDRAM 的 42H 单元即可。

(4) HD44780 具有 8 位数据和 4 位数据传输两种方式，可与 4/8 位 CPU 相连。

(5) HD44780 具有简单而功能较强的指令集，可实现字符移动、闪烁等显示功能。

8.3.3 LCD1602 的指令格式与功能

LCD1602 采用 HD44780 为控制器，共有 11 条指令，它们的格式和功能如下。

1) 清屏命令

格式：

RS	$R/\overline{W}$	D7	D6	D5	D4	D3	D2	D1	D0
0	0	0	0	0	0	0	0	0	1

功能：清除屏幕，将显示缓冲区 DDRAM 的内容全部写入空格(ASCII20H)。

光标复位，回到显示器的左上角。

地址计数器 AC 清零。

2) 光标复位命令

格式：

RS	$R/\overline{W}$	D7	D6	D5	D4	D3	D2	D1	D0
0	0	0	0	0	0	0	0	1	0

功能：光标复位，回到显示器的左上角。

地址计数器 AC 清零。

显示缓冲区 DDRAM 的内容不变。

3) 输入方式设置命令

格式：

RS	$R/\overline{W}$	D7	D6	D5	D4	D3	D2	D1	D0
0	0	0	0	0	0	0	1	I/D	S

功能：设定当写入一个字节后，光标的移动方向以及后面的内容是否移动。

当 I/D=1 时，光标从左向右移动；I/D=0 时，光标从右向左移动。

当 S=1 时，内容移动；S=0 时，内容不移动。

4) 显示开关控制命令

格式：

RS	$R/\overline{W}$	D7	D6	D5	D4	D3	D2	D1	D0
0	0	0	0	0	0	1	D	C	B

功能：控制显示的开关，当D=1时显示，D=0时不显示。
控制光标开关，当C=1时光标显示，C=0时光标不显示。
控制字符是否闪烁，当B=1时字符闪烁，B=0时字符不闪烁。

5)　光标移位命令

格式：

RS	R/$\overline{W}$	D7	D6	D5	D4	D3	D2	D1	D0
0	0	0	0	0	1	S/C	R/L	*	*

功能：移动光标或整个显示字幕移位。
当S/C=1时整个显示字幕移位，当S/C=0时只光标移位。
当R/L=1时光标右移，R/L=0时光标左移。

6)　功能设置命令

格式：

RS	R/$\overline{W}$	D7	D6	D5	D4	D3	D2	D1	D0
0	0	0	0	1	DL	N	F	*	*

功能：设置数据位数，当DL=1时数据位为8位，DL=0时数据位为4位。
设置显示行数，当N=1时双行显示，N=0时单行显示。
设置字形大小，当F=1时为5×10点阵，F=0时为5×7点阵。

7)　设置字库CGRAM地址命令

格式：

RS	R/$\overline{W}$	D7	D6	D5	D4	D3	D2	D1	D0
0	0	0	1	CGRAM的地址					

功能：设置用户自定义CGRAM的地址，对用户自定义CGRAM访问时，要先设定CGRAM的地址，地址范畴为0～63。

8)　显示缓冲区DDRAM地址设置命令

格式：

RS	R/$\overline{W}$	D7	D6	D5	D4	D3	D2	D1	D0
0	0	1	DDRAM的地址						

功能：设置当前显示缓冲区DDRAM的地址，对DDRAM访问时，要先设定DDRAM的地址，地址范畴为0～127。

9)　读忙标志及地址计数器AC命令

格式：

RS	R/$\overline{W}$	D7	D6	D5	D4	D3	D2	D1	D0
0	1	BF	AC的值						

功能：读忙标志及地址计数器AC命令。

当 BF=1 时表示忙，这时不能接收命令和数据；当 BF=0 时表示不忙。

低 7 位为读出的 AC 的地址，值为 0～127。

10)　写 DDRAM 或 CGRAM 命令

格式：

RS	R/$\overline{W}$	D7	D6	D5	D4	D3	D2	D1	D0
1	0	写入的数据							

功能：向 DDRAM 或 CGRAM 当前位置中写入数据，写入后地址指针自动移动到下一个位置。对 DDRAM 或 CGRAM 写入数据之前须设定 DDRAM 或 CGRAM 的地址。

11)　读 DDRAM 或 CGRAM 命令

格式：

RS	R/$\overline{W}$	D7	D6	D5	D4	D3	D2	D1	D0
1	1	读出的数据							

功能：从 DDRAM 或 CGRAM 当前位置中读出数据。当 DDRAM 或 CGRAM 读出数据时，须先设定 DDRAM 或 CGRAM 的地址。

8.3.4　LCD1602 的接口与编程

LCD 显示器在使用之前须根据具体配置情况初始化，初始化可在复位后完成，LCD1602 初始化过程一般如下：

(1) 功能设置。设置数据位数，根据 LCD1602 与处理器的连接选择(LCD1602 与 51 单片机连接时一般选择 8 位)，设置显示行数(LCD1602 为双行显示)。设置字形大小(LCD1602 为 5×7 点阵)。

(2) 开/关显示设置。控制光标显示、字符是否闪烁等。

(3) 输入方式设置。设定光标的移动方向以及后面的内容是否移动。

(4) 清屏。清除屏幕，将显示缓冲区 DDRAM 的内容全部写入空格(ASCII20H)。光标复位，回到显示器的左上角。地址计数器 AC 清零。

初始化后就可用 LCD 进行显示，显示时应根据显示的位置先定位，即设置当前显示缓冲区 DDRAM 的地址，再向当前显示缓冲区写入要显示的内容，如果连续显示，则可连续写入显示的内容。由于 LCD 是外部设备，处理速度比 CPU 的速度慢，向 LCD 写入命令到完成功能需要一定的时间，在这个过程中，LCD 处于忙状态，不能向 LCD 写入新的内容。LCD 是否处于忙状态可通过读忙标志命令来了解。另外，由于 LCD 执行命令的时间基本固定，而且比较短，因此也可以通过延时等待命令完成后再写入下一个命令。

图 8.15 是在 Proteus 中 LCD1602 与 8051 单片机的接口图，图中 LCD1602(LM016L)的数据线与 8051 的 P2 口相连，RS 与 8051 的 P1.7 相连，R/$\overline{W}$ 与 8051 的 P1.6 相连，E 端与 8051 的 P1.5 相连。编程在 LCD 显示器的第一行、第一列开始显示“HOW”，第二行、第五列开始显示“ARE YOU!”。

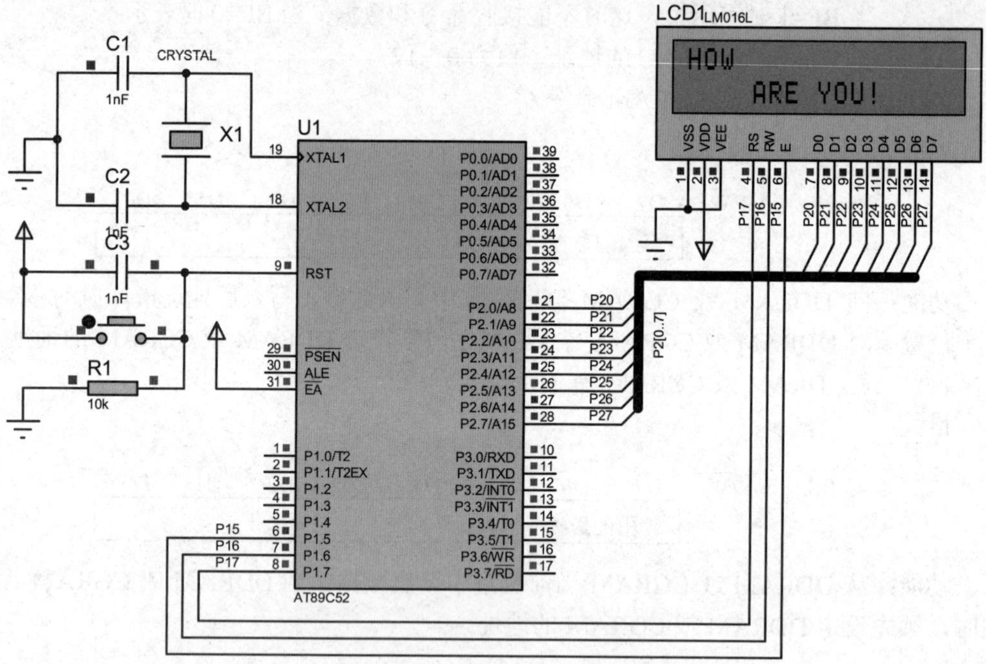

图 8.15　LCD1602 与 8051 单片机的接口图

汇编语言程序代码如下：

```
        RS   BIT   P1.7
        RW   BIT   P1.6
        E    BIT   P1.5

        ORG    00H
        AJMP   START

        ORG    50H
        ;主程序
START:  MOV    SP,#50H
        ACALL  INIT
        LCALL LCD1602W0STR
        LCALL LCD1602W1STR
LOOP:   AJMP  LOOP
        ;初始化子程序
INIT:   MOV    A,#00111000B          ;使用8位数据,显示两行,使用5×7的字型
        LCALL  WC51R
        MOV    A,#00001100B          ;显示器开,光标关,字符不闪烁
        LCALL  WC51R
        MOV    A,#00000110B          ;字符不动,光标自动右移一格
        LCALL  WC51R
        MOV  A,#00000001H            ;清屏
        ACALL  WC51R
        RET
        ;检查忙子程序
```

```
F_BUSY: PUSH  ACC              ;保护现场
        MOV   P2,#0FFH
        CLR  RS
        SETB  RW
WAIT:   CLR   E
        SETB  E
        JB   P2.7,WAIT         ;忙,等待
        POP   ACC              ;不忙,恢复现场
        RET
        ;写入命令子程序
WC51R:  ACALL  F_BUSY
        CLR   E
        CLR  RS
        CLR  RW
        SETB  E
        MOV  P2,ACC
        CLR  E
        RET
        ;写入数据子程序
WC51DDR:ACALL  F_BUSY
        CLR   E
        SETB  RS
        CLR  RW
        SETB  E
        MOV  P2,ACC
        CLR  E
        RET
        ;第一行字符串显示函数
LCD1602W0STR: MOV   A,#80H
        LCALL  WC51R
        MOV R0,#00
        MOV DPTR,#STR0
    W0: MOV A,R0
        MOVC A,@A+DPTR
        LCALL  WC51DDR
        INC  R0
        CJNE  A,#00,W0
        RET
        ;第二行字符串显示函数
LCD1602W1STR: MOV   A,#0C0H
        LCALL  WC51R
        MOV R0,#00
        MOV DPTR,#STR1
    W1: MOV A,R0
        MOVC A,@A+DPTR
        LCALL  WC51DDR
        INC  R0
        CJNE  A,#00,W1
        RET
STR0:   DB "HOW",00H
STR1:   DB " ARE  YOU!",00H
        END
```

C语言程序代码如下：

```
#include  <reg51.h>
#include <string.h>
#define  uchar  unsigned  char
sbit  RS=P1^7;
sbit  RW=P1^6;
sbit  E=P1^5;
uchar str0[]={"HOW"};            //第1行显示内容
uchar str1[]={"ARE YOU!"};       //第2行显示内容
void  init(void);
void  wc51r(uchar  i);
void  wc51ddr(uchar  i);
void  lcd1602wstr(uchar  hang,uchar lie,uchar length,uchar *str);
void  fbusy(void);

//主函数
void  main()
{
   SP=0x50;
   init();
   lcd1602wstr(0,1,strlen(str0),str0);     //第1行第2列开始显示HOW
   lcd1602wstr(1,3,strlen(str1),str1);     //第2行第3列开始显示ARE  YOU
   while(1);
}
//初始化函数
void  init()
{
   wc51r(0x38);          //使用8位数据,显示两行,使用5×7的字型
   wc51r(0x0c);          //显示器开,光标关,字符不闪烁
   wc51r(0x06);          //字符不动,光标自动右移一格
   wc51r(0x01);          //清屏
}
//检查忙函数
void  fbusy()
{
   P2=0Xff;RS=0;RW=1;
   E=0; E=1;
   while (P2&0x80){E=0;E=1;}       //忙,等待
}
//写命令函数
void  wc51r(uchar  j)
{
   fbusy();
   E=0;RS=0;RW=0;
   E=1;
   P2=j;
   E=0;
}
//写数据函数
void  wc51ddr(uchar  j)
```

```
{
    fbusy();
    E=0;RS=1;RW=0;
    E=1;
    P2=j;
    E=0;
}
/*字符串显示函数
入口参数:
hang: 行号;  lie: 列号; length: 字符串长度;  *str: 字符串*/
void lcd1602wstr(uchar hang,uchar lie,uchar length,uchar *str)
{
    uchar i;
    wc51r(0x80+0x40*hang+lie);
    for (i=0;i<length;i++)
    {wc51ddr(*str);str++;}
}
```

8.4　键盘与 51 单片机的接口

键盘是单片机应用系统中最常用的输入设备，在单片机应用系统中，操作人员一般都是通过键盘向单片机系统输入指令、地址和数据，实现简单的人机通信。

8.4.1　键盘概述

1. 键盘的基本原理

键盘实际上是一组按键开关的集合，平时按键开关总是处于断开状态，当按下键时它才闭合，按下后可向计算机产生一个脉冲波。按键开关的结构和产生的波形如图 8.16 所示。

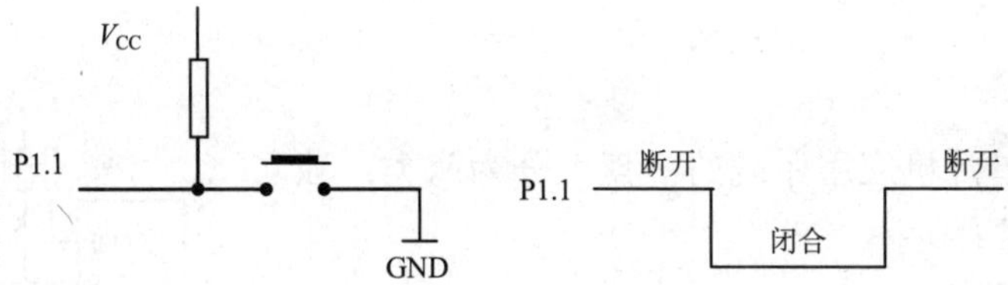

(a) 按键开关的结构　　(b) 键盘产生的波形

图 8.16　按键开关及波形示意图

在图 8.16 中，当按键开关未按下时，开关处于断开状态，向 P1.1 输入高电平；当按键开关按下时，开关处于闭合状态，向 P1.1 输入低电平。因此可通过读入 P1.1 的高低电平状态来判断按键开关是否按下。

2. 抖动的消除

在单片机应用系统中，通常按键开关为机械式开关，由于机械触点的弹性作用，一个按键开关在闭合时往往不会马上稳定地接通，断开时也不会马上断开，因而在闭合和断开的瞬间都会伴随着一串的抖动，如波形图 8.17 所示。按下键位时产生的抖动称为前沿抖动，松开键位时产生的抖动称为后沿抖动。如果对抖动不作处理，会出现按一次键而输入多次，为确保按一次键只确认一次，必须消除按键抖动。消除按键抖动通常有硬件消抖和软件消抖两种方法。

硬件消抖是通过在按键输出电路上添加一定的硬件线路来消除抖动，一般采用 R-S 触发器或单稳态电路。图 8.18 是由两个与非门组成的 R-S 触发器消抖电路。平时，没有按键时，开关倒向下方，上面的与非门输入高电平，下面的与非门输入低电平，输出端输出高电平。当按下按键时，开关倒向上方，上面的与非门输入低电平，下面的与非门输入高电平，由于 R-S 触发器的反馈作用，使输出端迅速地变为低电平，而不会产生抖动波形，而当按键松开时，开头回到下方时也一样，输出端迅速地回到高电平而不会产生抖动波形。经过图中的 R-S 触发器消抖后，输出端的信号就变为标准的矩形波。

软件消抖是利用延时程序消除抖动。由于抖动时间都比较短，因此可以这样处理：当检测到有键按下时，执行一段延时程序跳过抖动，再去检测，通过两次检测来识别一次按键，这样就可以消除前沿抖动的影响。对于后沿抖动，由于在接收一个键位后，一般都要经过一定时间再去检测有无按键，这样就自然跳过后沿抖动时间而消除后沿抖动了。当然在第二次检测时有可能发现又没有键按下，这是怎么回事呢？这种情况一般是线路受到外部电路干扰使输入端产生干扰脉冲，这时就认为没有键输入。

在单片机应用系统中，一般都采用软件消抖。

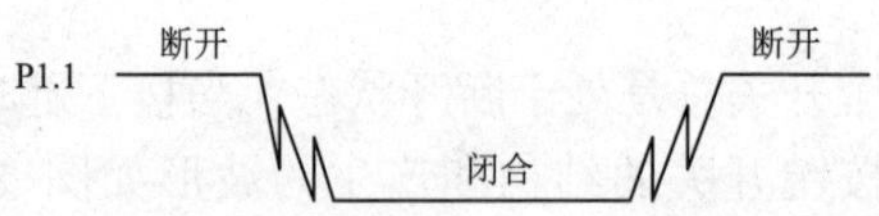

图 8.17　抖动波形示意图

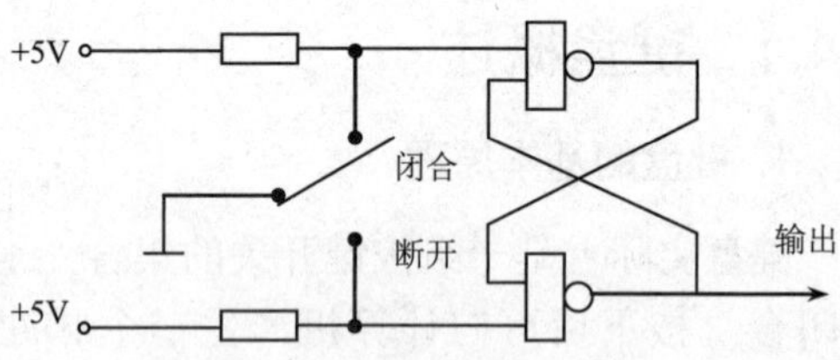

图 8.18　硬件消抖电路

3. 键盘的分类

一般来说，单片机应用系统的键盘可分为两类：独立式键盘和行列键盘。

1)　独立式键盘

独立式键盘就是各按键相互独立，每个按键各接一根 I/O 接口线，每根 I/O 接口线上的按键都不会影响其他的 I/O 接口线。因此，通过检测各 I/O 接口线的电平状态就可以很容易地判断出哪个按键被按下了。独立式键盘如图 8.19 所示。独立式键盘的电路配置灵活，软件简单。但每个按键要占用一根 I/O 接口线，在按键数量较多时，I/O 接口线浪费很大。故在按键数量不多时，经常采用这种形式。

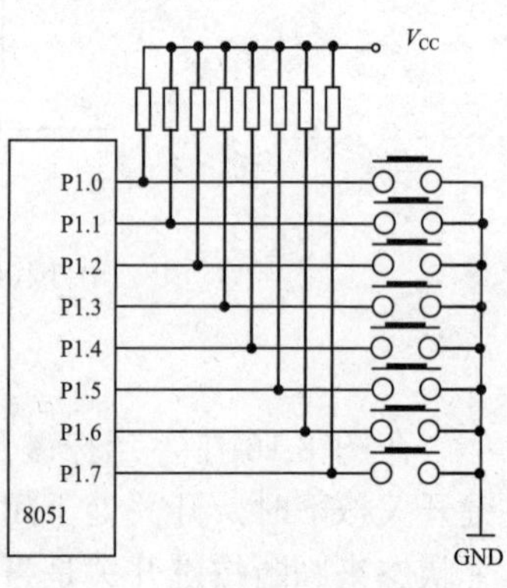

图 8.19　独立式键盘结构图

2)　行列键盘

行列键盘往往又叫矩阵键盘。用两组 I/O 接口线排列成行、列结构，一组设定为输入，一组设定为输出，输入线要带上拉电阻，键位设置在行、列线的交点上，按键的一端接行线，一端接列线。例如，图 8.20 是由 4 根行线和 4 根列线组成的 4×4 矩阵键盘，行线为输入，列线为输出，可管理 4×4=16 个键。矩阵键盘占用的 I/O 接口线数目少，图 8.20 中 4×4 矩阵键盘总共只用了 8 根 I/O 接口线，比独立式键盘少了一半的 I/O 接口线，而且键位越多，情况越明显。因此，在按键数量较多时，往往采用矩阵式键盘。矩阵键盘的处理一般注意两个方面：键位的编码和键位的识别。

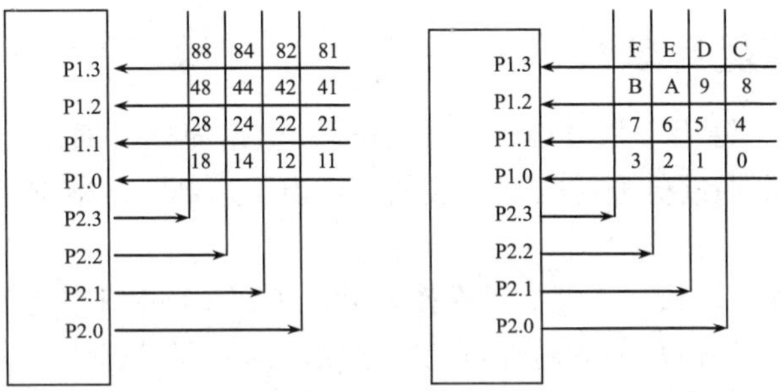

(a) 二进制组合编码　　(b) 顺序排列编码

图 8.20　矩阵键盘的结构图

(1)　键位的编码。

矩阵键盘的编码通常有两种：二进制组合编码和顺序排列编码。

二进制组合编码如图 8.20(a)，每一根行线有一个编码，每一根列线也有一个编码，行线的编码从下到上分别为 1、2、4、8，列线的编码从右到左分别为 1、2、4、8，每个键位的编码直接用该键位的行线编码和列线编码组合一起得到。图 8.20(a)中 4×4 键盘从右到左、从下到上的键位编码分别是十六进制数：11、12、14、18、21、22、24、28、41、42、44、48、81、82、84、88。这种编码过程简单，但得到的编码复杂，不连续，处理起来不方便。

顺序排列编码如图 8.20(b)，每一行有一个行首码，每一列有一个列号，4 行的行首码从下到上分别为 0、4、8、12，4 列的列号从右到左分别是 0、1、2、3。每个键位的编码用行首码加列号得到，即：编码=行首码+列号。图 8.20(b)中 4×4 键盘从右到左、从下到上的键位编码分别是十六进制数：0、1、2、3、4、5、6、7、8、9、A、B、C、D、E、F。这种编码虽然编码过程复杂，但得到的编码简单、连续，处理起来方便，现在矩阵键盘一般都采用顺序编码的方法。

(2)　键位的识别。

矩阵式键盘键位的识别可分为两步：第一步是首先检测键盘上是否有键按下；第二步是识别哪一个键按下。

第一步，检测键盘上是否有键按下的处理方法：将列线送入全扫描字，读入行线的状态来判别。以图 8.20(b)为例，其具体过程如下：P2 口低四位输出都为低电平，然后读连接行线的 P1 口低四位(P1 内部自带上拉电阻)，如果读入的内容都是高电平，说明没有键按下，则不用做下一步；如果读入的内容不全为 1，则说明有键按下，再做第二步，识别是哪一个键按下。

第二步，识别键盘中哪一个键按下的处理方法：将列线逐列置成低电平，检查行输入状态，称为逐列扫描。其具体过程如下：从 P2.0 开始，依次输出“0”，置对应的列线为低电平，其他列为高电平，然后从 P1 低四位读入行线状态。在扫描某列时，如果读入的行线全为“1”，则说明按下的键不在此列；如果读入的行线不全为“1”，则按下的键必在此列，而且是该列与“0”电平行线相交的交点上的那个键。

为求取编码，在逐列扫描时，可用计数器记录下当前扫描列的列号，检测到第几行有键按下，就用该行的行首码加列号得到当前按键的编码。

8.4.2 独立式键盘与单片机的接口

独立式键盘每一个键用一根 I/O 接口线管理，电路简单，通常用于键位较少的情况下。对某个键位的识别通过检测对应 I/O 线的高低电平来判断，根据判断结果直接进行相应的处理。

在 51 单片机系统中，独立式键盘可直接用 P0～P3 四个并口中的 I/O 线来连接，连接时，如果用的是 P1～P3 口，因为内部带上拉电阻，则外部可省略上拉电阻，如果用的是 P0 口，则须外部带上接电阻。图 8.21 是 Proteus 中通过 P1 口低 4 位接 4 个独立式按键(BUTTON)的电路图，直接判断 P1 口低 4 位是否为低电平即可判断相应键是否按下。为了便于测试，在 P2 口低 4 位增加了发光二极管(LED-RED)，当按键按下时相应的发光二极管亮。

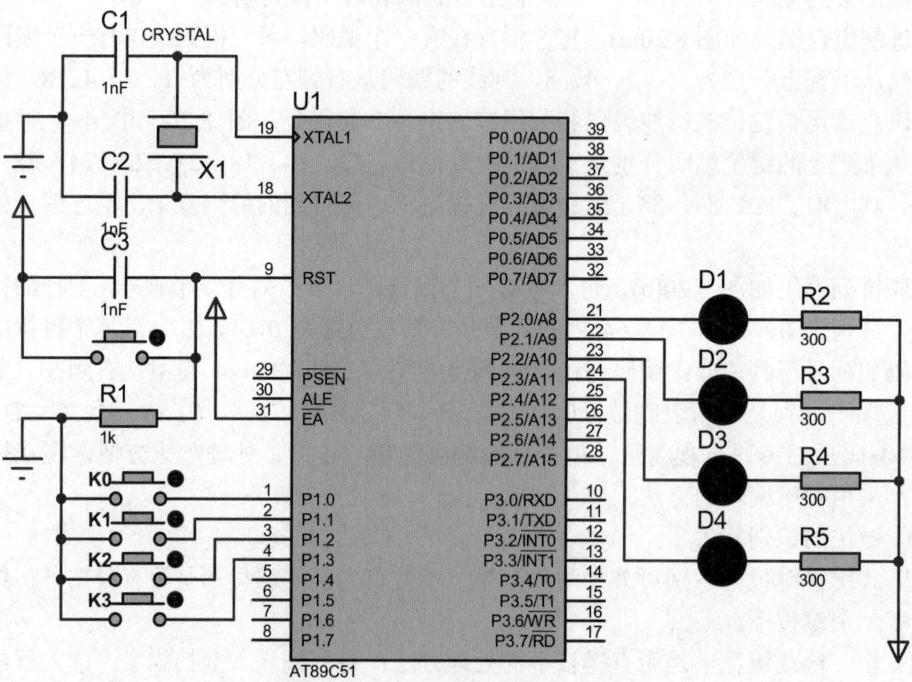

图 8.21　P1 口接 4 个独立式按键图

下面是相应的键盘处理程序。

汇编语言程序代码如下：

```
        ORG 0000H
        LJMP KEY

        ORG 0100H
KEY:    MOV P1,#0FFH
KEY0:   JB  P1.0,KEY1           ;如果 K0 没有按下检测 K1
        LCALL DEL10MS           ;延时消抖
        JB  P1.0,KEY1           ;再检测，判断是否为干扰
        CLR P2.0                ;K0 按下，实现 K0 的相应程序
KEY1:   JB  P1.1,KEY2           ;如果 K1 没有按下检测 K2
        LCALL DEL10MS           ;延时消抖
        JB  P1.1,KEY2           ;再检测，判断是否为干扰
        CLR P2.1                ;K1 按下，实现 K1 的相应程序
KEY2:   JB  P1.2,KEY3           ;如果 K2 没有按下检测 K3
        LCALL DEL10MS           ;延时消抖
        JB  P1.2,KEY3           ;再检测，判断是否为干扰
        CLR P2.2                ;K2 按下，实现 K2 的相应程序
KEY3:   JB  P1.3,KEYEND         ;如果 K3 没有按下结束，返回主程序
        LCALL DEL10MS           ;延时消抖
        JB  P1.3,KEYEND         ;再检测，判断是否为干扰
        CLR P2.3                ;K3 按下，实现 K3 的相应程序
KEYEND: LJMP    KEY
DEL10MS:MOV R7,#20              ;延时 10ms 程序
DEL500U:MOV R6,#250
        DJNZ    R6,$
        DJNZ    R7,DEL500U
        RET
        END
```

C 语言程序代码如下：

```
#include  <reg51.h>
#define  uchar  unsigned char
sbit  K0=P1^0;                //定义位变量
sbit  K1=P1^1;
sbit  K2=P1^2;
sbit  K3=P1^3;
sbit  D0=P2^0;
sbit  D1=P2^1;
sbit  D2=P2^2;
sbit  D3=P2^3;
void  delay(uchar k)         //定义延时函数
{
   uchar  i,j;
   for  (i=0;i<k;i++)
   for(j=0;j<250;j++);
}
void  main(void)
```

```
{
    if (K0==0) { delay(10); if (K0==0)  D0=0;} //K0 按下，D0 发光二极管亮
    if (K1==0) { delay(10); if (K1==0)  D1=0;} //K1 按下，D1 发光二极管亮
    if (K2==0) { delay(10); if (K2==0)  D2=0;} //K2 按下，D2 发光二极管亮
    if (K3==0) { delay(10); if (K3==0)  D3=0;} //K3 按下，D3 发光二极管亮
}
```

8.4.3　矩阵式键盘与单片机的接口

矩阵式键盘的连接方法有多种，可直接连接于单片机的 I/O 接口线；可利用扩展的并行 I/O 接口连接；也可利用可编程的键盘、显示接口专用芯片进行连接等。51 单片机通常可直接用本身的 I/O 口连接矩阵键盘。

图 8.22 是 Proteus 中通过 51 单片机 P3 口接 4×4 的矩阵式键盘的电路图。P3 口的高 4 位作列线输出，低 4 位作行线输入。

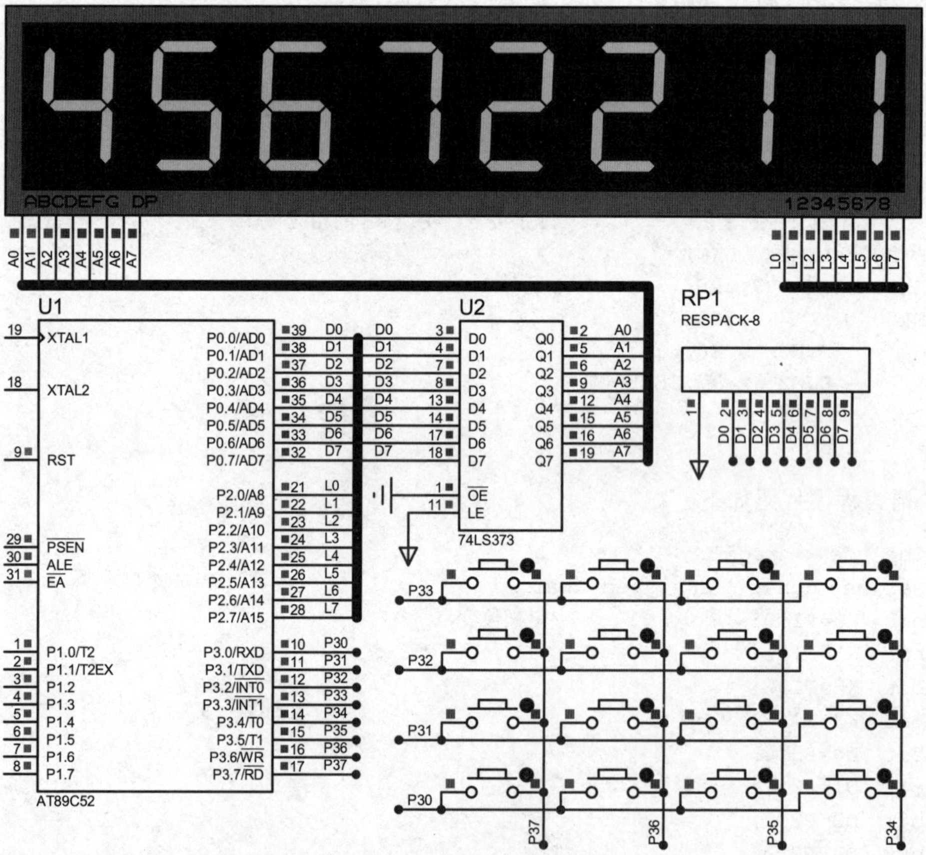

图 8.22　51 单片机 P3 口连接 4×4 的矩阵式键盘图

根据前面介绍的内容，该矩阵键盘的处理过程如下：首先，通 P3 的高 4 位送全扫描字 0FH，使所有的列为低电平，读入 P3 的低 4 位，判断是否有键按下。其次，如果有键按下，再通过 P3 口高 4 位依次送列扫描字，将列线逐列置成低电平，读入 P3 的低 4 位行

线状态，判断按下的键是在哪一列的哪一行上面，然后通过行首码加列号得到按键的编码。该矩阵式键盘的扫描子程序流程图如图 8.23 所示。

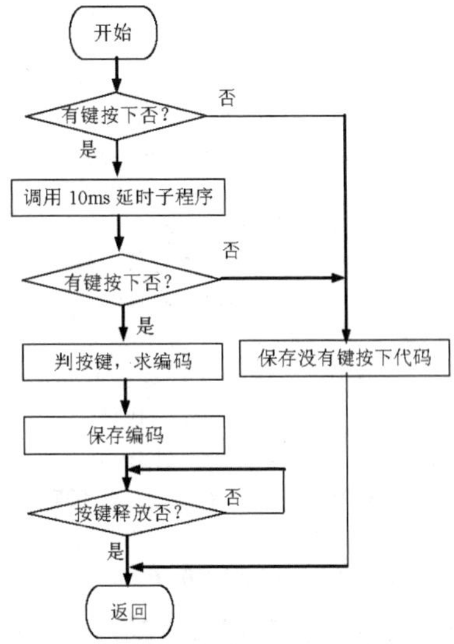

图 8.23　键盘扫描子程序流程图

在图 8.22 中，为了便于测试键盘是否正确，还添加了 8 个共阴极数码管，它们的硬件连接与软件程序在前面已经介绍，这里不再重复。通过数码管显示按下的键，按下的键在 8 个数码管的最右边显示，而原来的内容依次左移。

汇编语言程序代码如下：

```
ORG  0000H
LJMP  MAIN

ORG  0100H
MAIN:MOV A,#0  ;显示缓冲区 57H～50H 单元初始
化为 7～0
       MOV  R2,#8
       MOV  R0,#50H
 LOOP:MOV  @R0,A
      INC R0
      INC A
      DJNZ  R2,LOOP
LOOP1:ACALL KEYSUB;调用键盘子程序
       CJNE  R2,#0FFH,NEXT
       SJMP  NEXT1
NEXT: MOV   50H,51H ;显示缓冲区左移
       MOV   51H,52H
       MOV   52H,53H
       MOV   53H,54H
       MOV   54H,55H
       MOV   55H,56H
       MOV   56H,57H
       MOV   57H,R2
NEXT1:LCALL DISPLAY;调用显示子程序
       SJMP  LOOP1
       SJMP  $
;无键按下,R2 返回 FFH，有键按下,R2 返回键码
KEYSUB:ACALL  KS1  ;调用判断有无键按下子程序
       JNZ LK1                 ;有键按下时,(A)≠0 转消抖延时
       AJMP  NOKEY             ;无键按下返回
LK1:   ACALL  TM12ms           ;调用 10ms 延时子程序
       ACALL  KS1              ;查有无键按下,若真有键按下
       JNZ  LK2                ;键(A)≠ 0 逐列扫描
NOKEY:MOV R2,#0FFH             ;不是真有键按下,R2 中放无键代码 FFH
       AJMP  KEYOUT            ;返回
LK2:   MOV  R3,#0EFH           ;初始列扫描字(0 列)送入 R3
       MOV  R4,#00H            ;初始列(0 列)号送入 R4
LK3:   MOV  A,R3
```

```
        MOV  P3,A              ;列扫描字送至 P3 口
        NOP
        NOP
        MOV  A,P3              ;从 P3 口读入行状态
        JB   ACC.0,LONE        ;查第 0 行无键按下,转查第 1 行
        MOV  A,#00H            ;第 0 行有键按下,行首键码#00H→A
        AJMP LKP               ;转求键码
LONE:   JB   ACC.1, LTWO       ;查第 1 行无键按下,转查第 2 行
        MOV  A,#04H            ;第 1 行有键按下,行首键码#04H→A
        AJMP LKP               ;转求键码
LTWO:   JB   ACC.2, LTHREE     ;查第 2 行无键按下,转查第 3 行
        MOV  A,#08H            ;第 2 行有键按下,行首键码#08H→A
        AJMP LKP               ;转求键码
LTHREE:JB   ACC.3,KNEXT        ;查第 3 行无键按下,转查下一列
        MOV  A,#0CH            ;第 3 行有键按下,行首键码#0CH→A
LKP:    ADD  A,R4              ;求键码,键码=行首键码+列号
        MOV  R2,A              ;键码放入 R2 中
LK4:    ACALL KS1              ;等待键释放
        JNZ  LK4               ;键未释放,等待
KEYOUT:RET                     ;键扫描结束,出口状态 R2:无键按下为 FFH,有键按下为键码
KNEXT: INC  R4                 ;准备扫描下一列,列号加 1
        MOV  A,R3              ;取列扫描字送累加器 A
        JNB  ACC.7,NOKEY       ;判断 4 列扫描完否?
        RL   A                 ;扫描字左移一位,变为下一列扫描字
        MOV  R3,A              ;扫描字送入 R3 中保存
        AJMP LK3               ;转下一列扫描
KS1:    MOV  A,#0FH            ;全扫描字→A
        MOV  P3,A              ;全扫描字送往 P3 口
        NOP
        NOP
        MOV  A,P3              ;读入 P3 口行状态
        ORL  A,#11110000B      ;高 4 位置 1
        CPL  A                 ;变正逻辑,以高电平表示有键按下
        RET                    ;出口状态:(A)=0 时无键按下, (A)≠0 时有键按下
TM12ms:MOV  R7,#20             ;延时 10ms 子程序
TM:     MOV  R6,#250
TM6:    DJNZ R6,TM6
        DJNZ R7,TM
        RET
;显示子程序,显示缓冲区 57H～50H 的内容在 8 个数码管上显示一次
DISPLAY:MOV  R0,#57H
        MOV  R3,#7FH
        MOV  A,R3
LD0:    MOV  P2,A
        MOV  A,@R0
        ADD  A,#0EH
        MOVC A,@A+PC
        MOV  P0,A
        ACALL DL1
        DEC  R0
        MOV  A,R3
```

```
        JNB  ACC.0,LD1
        RR  A
        MOV  R3,A
        AJMP  LD0
LD1:    RET
TAB:    DB  3FH,06H,5BH,4FH,66H,6DH,7DH,07H
        DB  7FH,6FH,77H,7CH,39H,5EH,79H,71H
DL1:    MOV  R7,#02H              ;动态显示延时子程序
DL:     MOV  R6,#0FFH
DL0:    DJNZ  R6,DL0
        DJNZ  R7,DL
        RET
        END
```

C 语言键盘扫描子程序的代码如下：

```
#include  <reg51.h>
#include  <absacc.h>      //定义绝对地址访问
#define  uchar  unsigned  char
#define  uint  unsigned  int
void  delay(uint);         //声明延时函数
void  display(void);       //声明显示函数
uchar  checkkey();
uchar  keyscan(void);
uchar  disbuffer[8]={0,1,2,3,4,5,6,7};      //定义显示缓冲区

void  main(void)
{
    uchar  key;
    while(1)
    {
        key=keyscan();
        if( key!=0xff)
        {
            disbuffer[0]=disbuffer[1];
            disbuffer[1]=disbuffer[2];
            disbuffer[2]=disbuffer[3];
            disbuffer[3]=disbuffer[4];
            disbuffer[4]=disbuffer[5];
            disbuffer[5]=disbuffer[6];
            disbuffer[6]=disbuffer[7];
            disbuffer[7]=key;
        }
        display();                  //设显示函数
    }
}

//************延时函数************
void  delay(uint  i)              //延时函数
{
    uint  j;
```

```
    for  (j=0;j<i;j++){}
}
//***********显示函数***********
void  display(void)                //定义显示函数
{
    uchar  codevalue[16]={0x3f,0x06,0x5b,0x4f,0x66,0x6d,0x7d,0x07,
    0x7f,0x6f,0x77,0x7c,0x39,0x5e,0x79,0x71};   //0～F 的字段码表
    uchar  chocode[8]={0xfe,0xfd,0xfb,0xf7,0xef,0xdf,0xbf,0x7f};//位选码表
    uchar  i,p,temp;
    for  (i=0;i<8;i++)
     {
        temp=chocode[i];         //取当前的位选码
        P2=temp;                 //送出位选码
        p=disbuffer[i];          //取当前显示的字符
        temp=codevalue[p];       //查得显示字符的字段码
        P0=temp;                 //送出字段码
        delay(20);               //延时 1ms
      }
}

//************检测有无键按下函数************
uchar  checkkey()     //检测有无键按下函数，有返回 0，无返回 0xff
{
    uchar  i;
    P3=0x0F;
    i=P3;
    i=i|0xF0;
    if  (i==0xff)  return(0xff);
     else  return(0);
}
//************键盘扫描函数************
uchar  keyscan()
//键盘扫描函数，如果有键按下，则返回该键的编码；如果无键按下，则返回 0xff
{
    uchar  scancode;       //定义列扫描码变量
    uchar  codevalue;      //定义返回的编码变量
    uchar  m;              //定义行首编码变量
    uchar  k;              //定义行检测码
    uchar  i,j;
    if  (checkkey()==0xff)  return(0xff);       //检测有无键按下，无返回 0xff
    else
    {
        delay(20);                      //延时
        if(checkkey()==0xff)  return(0xff);    //检测有无键按下，无返回 0xff
         else
         {
             scancode=0xef;           //列扫描码，行首码赋初值
             for  (i=0;i<4;i++)
             {
                 k=0x01;
                 P3=scancode;        //送列扫描码
```

```
                m=0x00;
                for  (j=0;j<4;j++)
                {
                    if ((P3&k)==0)      //检测当前行是否有键按下
                    {
                        codevalue=m+i;            //按下，求编码
                        while (checkkey()!=0xff);  //等待键位释放
                    }
                    else
                    {k=k<<1;m=m+4;} //行检测码左移一位,计算下一行的行首编码
                }
                scancode=scancode<<1;
                scancode++;//列扫描码左移一位，扫描下一列
            }
        }
        return(codevalue); //返回编码
    }
}
```

8.5 行程开关、晶闸管、继电器与 51 单片机的接口

行程开关、晶闸管、继电器是单片机工控系统中使用较多的器件。行程开关和继电器的触点常用于单片机的输入端，继电器线圈和晶闸管元件常用于单片机的输出端。这些器件一般都连接在高电压、大电流、大功率的工控系统中。为了屏蔽干扰，它们常通过光电耦合器件与单片机相连。采用光电耦合器件后，单片机用的是一组电源，外围器件用的是另一组电源，两者之间完全隔断了电气联系，而通过光的联系来传递信息。

8.5.1 行程开关、继电器与 51 单片机的接口

行程开关和继电器常开触点与单片机的接口如图 8.24 所示。当触点闭合时，光电耦合器件的发光二极管有电流通过而发光，使右端的光敏三极管导通，向单片机 I/O 引脚送高电平(即数字“1”)。而当触点未闭合时，光电耦合器件不导通，送向单片机 I/O 引脚的是低电平。图 8.24 中用按钮开关代替行程开关或继电器常开触点，其原理是相同的。

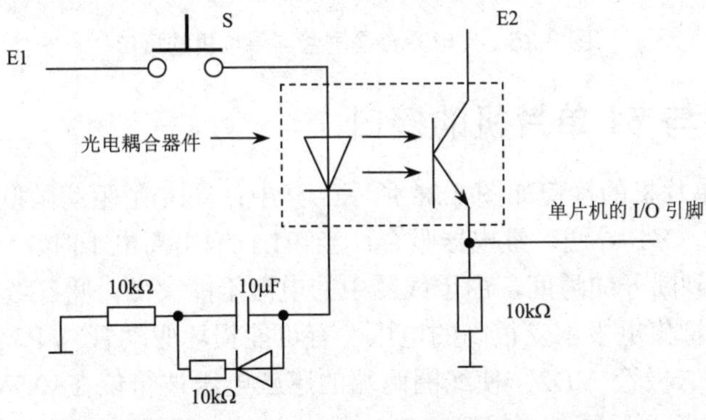

图 8.24　行程开关、继电器常开触点与单片机的接口

8.5.2 晶闸管与 51 单片机的接口

光电耦合晶闸管的输出端是光敏晶闸管或光敏双向晶闸管。当光电耦合晶闸管的输入端有一定的电流流入时，光敏晶闸管或光敏双向晶闸管即导通。有的光电耦合晶闸管的输出端还带有过零检测电路，用于控制晶闸管过零触发，以减少电器在接通电源时对电网的影响。

光电耦合晶闸管与 51 单片机的接口如图 8.25 所示。其中 4N40 是常用的单向型光电耦合晶闸管。当输入端有 15～30mA 时，输出端的光敏晶闸管导通。输出端的额定电压为 400V，额定电流有效值为 300mA。输入输出端隔离电压为 1500～7500V。4N40 的 6 脚是输出晶闸管的控制端，不使用时可通过一个电阻接阴极。图中 Rs 和 Cs 组成无功负载补偿电路。

MOC3041 是常用的双向光电耦合晶闸管，带过零检测电路，输入输出端的控制电流为 15mA，输出端额定电压为 400V，最大重复浪涌电流为 1A，输入输出隔离电压为 7500V。MOC3041 的 5 脚是器件的衬底引出端，使用时不需要接线。

4N40 常用于小电流电器的接口，如指示灯等，也可以用于触发大功率的晶闸管。MOC3041 一般不直接用于控制负载，而用于中间控制电路或用于触发大功率的晶闸管。

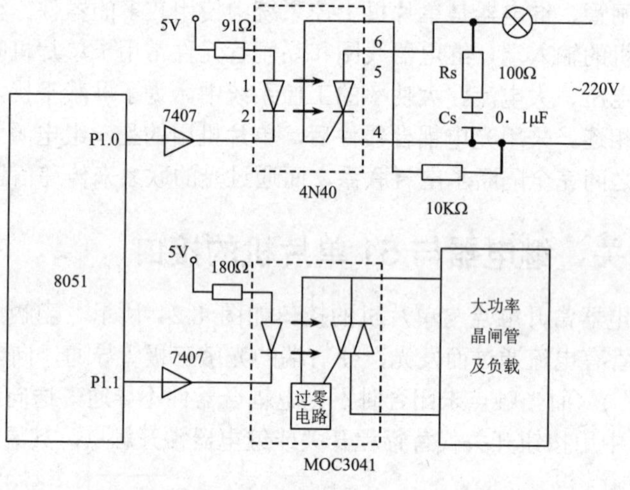

图 8.25 光电耦合晶闸管与单片机的接口

8.5.3 继电器与 51 单片机的接口

继电器与 51 单片机的接口如图 8.26 所示。其中：图(a)是驱动微型继电器的接口，当 P1.1 输出低电平时，V1 导通，继电器吸合；当 P1.1 输出高电平时，V1 截止，继电器断开。在继电器吸合到断开的瞬间，由于线圈中的电流不能突变，将在线圈产生下正上负的感应电压，使晶体管集电极承受很高的电压，有可能损坏驱动管 V1，为此在继电器线圈两端并接一个续流二极管 VD2，使线圈两端的感应电压被箝位在 0.7V 左右。正常工作时，线圈上的电压上正下负，二极管 VD2 截止，对电路没有影响。当继电器驱动电压

V_{CC}大于 5V 时，V_{CC}电压可能通过三极管 V1 串入低压回路，为此在 7406 和 V1 之间加二极管 VD1。图(b)为驱动较大功率继电器，由于继电器吸合时电流比较大，因此在单片机与继电器之间增加了光电耦合器件作为隔离电路。图中 R1 是光电耦合输出管限流电阻；R2 是驱动管 V1 基极泄放电阻。

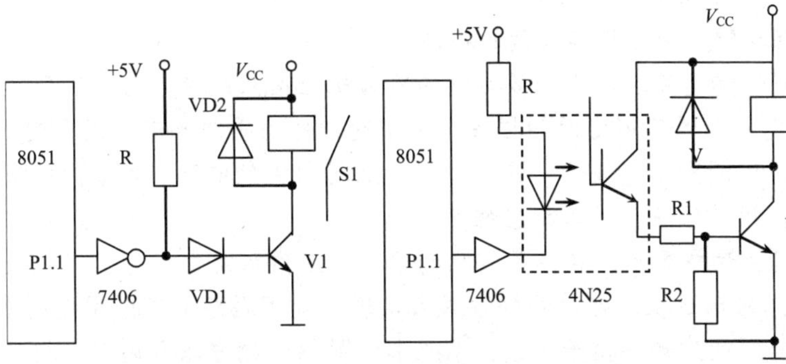

(a) 驱动微型继电器　　(b) 驱动较大功率继电器

图 8.26　继电器与单片机接口

8.5.4　蜂鸣器与 51 单片机的接口

蜂鸣器通常使用压电式蜂鸣器，它与 51 单片机的接口通常如图 8.27 所示。图(a)是使用 7406 驱动管的蜂鸣器接口，当 P1.0 输出高电平“1”，7406 输出为低电平，蜂鸣器鸣叫；当 P1.0 输出低电平“0”，7406 输出为高电平，蜂鸣器停止。图(b)是使用三极管驱动的蜂鸣器接口，处理过程与图(a)相同。

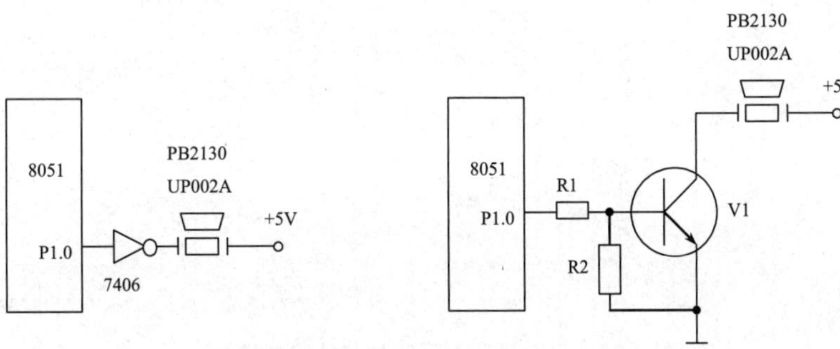

(a) 使用 7406 驱动管的蜂鸣器接口　　(b) 使用三极管驱动的蜂鸣器接口

图 8.27　蜂鸣器与单片机的接口

习　题

1. 什么是 51 单片机的最小系统？
2. 共阴极数码管与共阳极数码管有何区别？
3. LED 数码管显示器的译码方式有几种？各有什么特点？

4. LED 数码管显示器的显示方式有几种？各有什么特点？

5. LCD1602 的显示缓冲区有什么作用？与显示位置有什么关系？

6. LCD1602 显示是静态方式还是动态方式？

7. 何为键抖动？键抖动对键位识别有什么影响？怎样消除键抖动？

8. 矩阵键盘有几种编码方式？怎样编码？

9. 用 4×4 矩阵键盘简述矩阵键盘的扫描过程。

10. 对于数码管动态显示，在很多实际的单片机应用系统中，为了实现较好的显示效果，通常是把动态显示过程用定时扫描方式来实现，处理思想如下：用定时器实现 20ms 周期性定时，定时时间到动态显示一遍。参照书上图 8.9 的电路和内容，把数码管显示改成定时扫描方式，用汇编语言编写相应程序。

11. 对于数码管动态显示，在很多实际的单片机应用系统中，为了实现较好的显示效果，通常是把动态显示过程用定时扫描方式来实现，处理思想如下：用定时器实现 20ms 周期性定时，定时时间到动态显示一遍。参照书上图 8.9 的电路和内容，把数码管显示改成定时扫描方式，用 C 语言编写相应程序。

12. 在 LCD1602 的第一行显示“2018 年 10 月 21 日 星期六”，第二行显示“13:30:30”。在 Proteus 中完成设计与仿真。

第 9 章　51 单片机与 D/A、A/D 转换器的接口

当单片机用于实时控制和智能仪表等应用系统中时，经常会遇到连续变化的模拟量，如温度、压力、速度等物理量，这些模拟量必须先转换成数字量才能送给单片机处理，当单片机处理后，也常常需要把数字量转换成模拟量后再送给外部设备。若输入的是非电信号，还需要经过传感器转换成模拟电信号。实现数字量转换成模拟量的器件称为数模转换器(DAC)，模拟量转换成数字量的器件称为 A/D 转换器(ADC)。本章将介绍 D/A 转换器和 A/D 转换器与 51 单片机的接口。

9.1　D/A 转换器与 51 单片机的接口

9.1.1　D/A 转换器概述

1. D/A 转换器的基本原理

D/A 转换器是把输入的数字量转换为与之成正比的模拟量的器件，其输入的是数字量，输出的是模拟量。数字量是由一位一位的二进制数组成的，不同的位所代表的大小不一样。D/A 转换过程就是把每一位数字量转换成相应模拟量，然后把所有的模拟量叠加起来，得到的总模拟量就是输入的数字量所对应的模拟量。

如输入的数字量为 D，输出的模拟量为 V_{OUT}，则有：

$$V_{OUT}=D\times V_{REF}$$

其中：V_{REF} 为基准电压。若 $D=d_{n-1}2^{n-1}+d_{n-2}2^{n-2}+\cdots+d_1 2^1+d_0 2^0$

则：$V_{OUT}=(d_{n-1}2^{n-1}+d_{n-2}2^{n-2}+\cdots+d_1 2^1+d_0 2^0)\times V_{REF}=\sum_{i=0}^{n-1} d_i 2^i\ V_{REF}$

D/A 转换一般由电阻解码网络、模拟电子开关、基准电压、运算放大器等组成。按电阻解码网络的组成形式，将 D/A 转换器分成有权电阻解码网络 D/A 转换器、T 形电阻解码网络 D/A 转换器和开关树形电阻解码网络 D/A 转换器等。其中，T 形电阻解码网络 D/A 转换器只用到两种电阻，精度较高，容易集成化，在实际中使用最频繁。下面以 T 形电阻解码网络 D/A 转换器为例介绍 D/A 转换器的工作原理。

T 形电阻解码网络 D/A 转换器的基本原理如图 9.1 所示。电阻解码网络由两种电阻 R 和 $2R$ 组成，有多少位数字量就有多少个支路，每个支路由一个 R 电阻和 $2R$ 电阻组成，形状如 T 形，通过一个受二进制代码 d_i 控制的电子开关控制。当代码 d_i=0 时，支路接地；当代码 d_i =1 时，支路接到运算放大器的反相输入端。由于各支路电流方向相同，因此支路电流在运算放大器的反相输入端会叠加。对于该电阻解码网络，从右往左看，节点 $n-1$、$n-2$、…、1、0 相对于地的等效电阻都为 R，两边支路的等效电阻都是 $2R$，所以从右边开始，基准电压 V_{REF} 流出的电流每经过一个节点，电流就减少一半，因此各支路的

电流为：

$$I_{n-1}=-\frac{V_{REF}}{2R}，I_{n-2}=\frac{V_{REF}}{2^2R}，\ldots，I_1=\frac{V_{REF}}{2^{n-1}R}，I_0=\frac{V_{REF}}{2^nR}(n\text{ 为总位数})$$

流向运算放大器的反向端的总电流 I 为各支路电流之和，即：

$$I=I_0+I_1+I_2+\cdots+I_{n-2}+I_{n-1}=\sum_{i=0}^{n-1}d_iI_i=\sum_{i=0}^{n-1}d_i\frac{V_{REF}}{2^{n-i}R}=D\frac{V_{REF}}{2^nR}$$

经运算放大器转换成输出电压 V_{OUT}，即

$$V_{OUT}=-I\times R_F=-D\frac{V_RR_F}{2^nR}$$

从上式可以看出，输出电压与输入数字量成正比。调整 R_F 和 V_{REF} 可调整 D/A 转换器的输出电压范围和满刻度值。

另外，如取 $R_F=R$(电阻解码网络的等效电阻)，则

$$V_{OUT}=-\frac{D}{2^n}V_{REF}$$

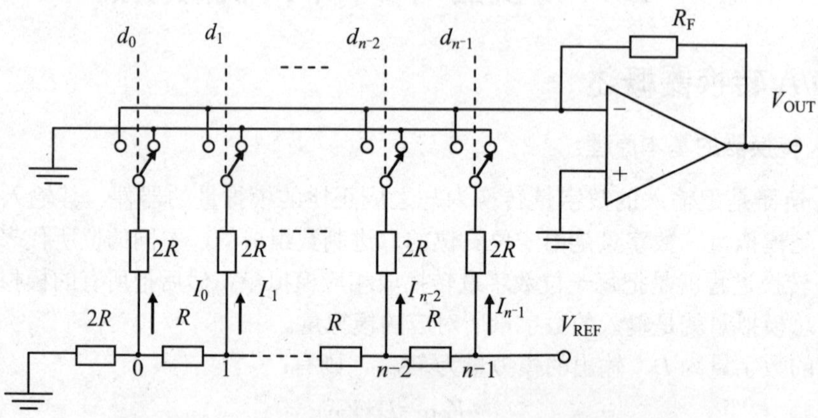

图 9.1　T 形电阻解码网络 D/A 转换器的基本原理

例：设 T 形电阻网络 D/A 转换器为 8 位，基准电压 $V_{REF}=-10V$，令 $R_F=R$，则输入数字量为全 0 时，$V_{OUT}=0V$。

当输入数字量为 00000001 时，$V_{OUT}=(1\times2^0)\times10/2^8\approx0.039V$。

当输入数字量为全 1 时，$V_{OUT}=(255\times2^0)\times10/2^8=9.96V\approx10V$。

由 D/A 转换器工作原理可知，把一个数字量转换成模拟量一般通过两步来实现。第一步，先把数字量转换为对应的模拟电流(I)，这一步由电阻解码网络结构中的 D/A 转换器完成；第二步，将模拟电流(I)转变为模拟电压(V_{OUT})，这一步由运算放大器完成。所以，D/A 转换器通常有两种类型，一种是 D/A 转换器内只有电阻解码网络，没有运算放大器，转换器输出的是电流，这种 D/A 转换器称为电流型 D/A 转换器，若要输出模拟电压，还必须外接运算放大器。另一种内部既有电阻解码网络，又有运算放大器，转换器输出的直接是模拟电压，这种 D/A 转换称为电压型 D/A 转换器，它使用时无须外接放大器。目前大多数 D/A 转换器都属于电流型 D/A 转换器。

2. D/A 转换器的性能指标

D/A 转换器的性能指标主要有以下几个。

1)　分辨率

分辨率是指 D/A 转换器所能产生的最小模拟量的增量，是数字量最低有效位(LSB)所对应的模拟值。这个参数反映 D/A 转换器对模拟量的分辨能力。分辨率的表示方法有多种，一般用最小模拟值变化量与满量程信号值之比来表示。例如，8 位的 D/A 转换器的分辨率为满量程信号值的 1/256，12 位的 D/A 转换器的分辨率为满量程信号值的 1/4096。

2)　精度

精度用于衡量 D/A 转换器在将数字量转换成模拟量时，所得模拟量的精确程度。它表明了模拟输出实际值与理论值之间的偏差。精度可分为绝对精度和相对精度。绝对精度是指在输入端加入给定数字量时，在输出端实测的模拟量与理论值之间的偏差。相对精度是指当满量程信号值校准后，任何输入数字量的模拟输出值与理论值的误差，实际上是 D/A 转换器的线性度。

3)　线性度

线性度是指 D/A 转换器的实际转换特性与理想转换特性之间的误差。一般来说，D/A 转换器的线性误差应小于±1/2LSB。

4)　温度灵敏度

这个参数表明 D/A 转换器具有受温度变化影响的特性。

5)　建立时间

建立时间是指从数字量输入端发生变化开始，到模拟输出稳定在额定值的±1/2LSB 时所需要的时间。它是描述 D/A 转换器转换速率快慢的一个参数。

3. D/A 转换器的分类

D/A 转换器品种繁多、性能各异。按输入数字量的位数可以分为 8 位、10 位、12 位和 16 位等；按输入的数码可以分为二进制方式和 BCD 码方式；按传送数字量的方式可以分为并行方式和串行方式；按输出形式可以分为电流输出型和电压输出型，电压输出型又有单极性和双极性之分；按与单片机的接口可以分为带输入锁存的和不带输入锁存的。下面介绍几种常用的 D/A 转换芯片。

1)　DAC0830 系列

DAC0830 系列是美国 National Semiconductor 公司生产的具有两个数据寄存器的 8 位 D/A 转换芯片。该系列产品包括 DAC0830、DAC0831、DAC0832，管脚完全兼容，20 脚，采用双列直插式封装。

2)　DAC82 系列

DAC82 是 B-B 公司生产的 8 位能完全与微处理器兼容的 D/A 转换器芯片，片内带有基准电压和调节电阻。无须外接器件及微调即可与单片机 8 位数据线相连。芯片工作电压为±15V，可以直接输出单极性或双极性的电压(0～+10V，±10V)和电流(0～1.6mA，±0.8mA)。

3)　DAC1020/AD7520 系列

DAC1020/AD7520 为 10 位分辨率的 D/A 转换集成系列芯片。DAC1020 系列是美国

National Semiconductor 公司的产品，包括 DAC1020、DAC1021、DAC1022 产品，与美国 Analog Devices 公司的 AD7520 及其后继产品 AD7530、AD7533 完全兼容。单电源工作，电源电压为+5V～+15V，电流建立时间为 500ns，为 16 线双列直插式封装。

4) DAC1220/AD7521 系列

DAC1220/AD7521 系列为 12 位分辨率的 D/A 转换集成芯片。DAC1220 系列包括 DAC1220、DAC1221、DAC1222 产品，与 AD7521 及其后继产品 AD7531 管脚完全兼容，为 18 线双列直插式封装。

5) DAC1208 和 DAC1230 系列

DAC1208 和 DAC1230 系列均为美国 National Semiconductor 公司的 12 位分辨率产品。两者不同之处是 DAC1230 数据输入引脚线只有 8 根，而 DAC1208 有 12 根。DAC1208 系列为 24 线双列直插式封装，而 DAC1230 系列为 20 线双列直插式封装。DAC1208 系列包括 DAC1208、DAC1209、DAC1210 等产品，DAC1230 系列包括 DAC1230、DAC1231、DAC1232 等产品。

6) DAC708/709 系列

DAC708/709 是 B-B 公司生产的 16 位微机完全兼容的 D/A 转换器芯片，具有双缓冲输入寄存器，片内具有基准电源及电压输出放大器。数字量可以并行或串行输入，模拟量可以以电压或电流形式输出。

9.1.2 典型的 D/A 转换器芯片 DAC0832

1. DAC0832 芯片概述

DAC0832 是采用 CMOS 工艺制成的电流型 8 位 T 形电阻解码网络 D/A 转换器芯片，是 DAC0830 系列的一种，分辨率 8 位，满刻度误差±1LSB，线性误差±0.1%，建立时间为 1μs，功耗 20mW。其数字输入端具有双重缓冲功能，可以双缓冲、单缓冲或直通方式输入。DAC0832 与单片机接口方便，转换控制容易，价格便宜，在实际工作中广泛使用。

2. DAC0832 的内部结构

DAC0832 的内部结构如图 9.2 所示，主要由 8 位输入寄存器、8 位 DAC 寄存器、8 位 D/A 转换器和控制逻辑电路组成。

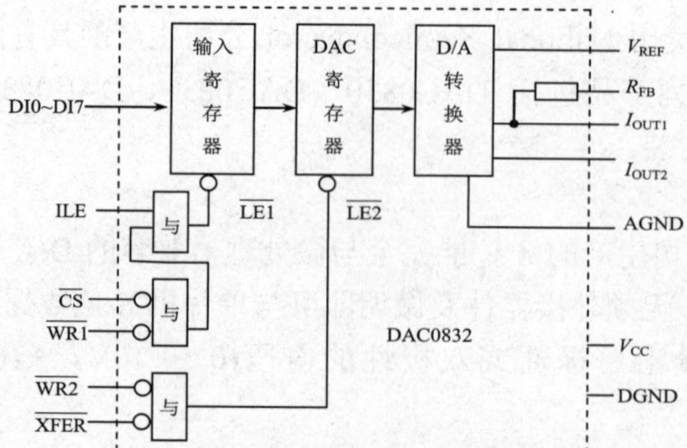

图 9.2 DAC0832 的内部结构

其中：8 位输入寄存器接收从外部发送来的 8 位数字量，锁存于内部的锁存器中，8 位 DAC 寄存器从 8 位输入寄存器中接收数据，并能把接收的数据锁存于它内部的锁存器，8 位 D/A 转换器对 8 位 DAC 寄存器发送来的数据进行转换，转换的结果通过 I_{out1} 和 I_{out2} 输出。8 位输入寄存器和 8 位 DAC 寄存器都分别有自己的控制端 $\overline{\text{LE1}}$ 和 $\overline{\text{LE2}}$，$\overline{\text{LE1}}$ 和 $\overline{\text{LE2}}$ 通过相应的控制逻辑电路控制。通过它们，DAC0832 可以很方便地实现双缓冲、单缓冲或直通方式处理。

3. DAC0832 的引脚

DAC0832 有 20 个引脚，采用双列直插式封装，如图 9.3 所示。

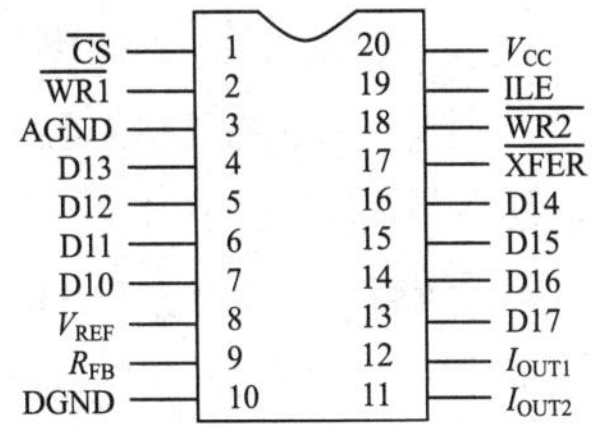

图 9.3　DAC0832 的引脚图

各引脚信号线的功能如下。

DI0～DI7(DI0 为最低位)：8 位数字量输入端。

ILE：数据允许控制输入线，高电平有效。

$\overline{\text{CS}}$：片选信号。

$\overline{\text{WR1}}$：写信号线 1。

$\overline{\text{WR2}}$：写信号线 2。

$\overline{\text{XFER}}$：数据传送控制信号输入线，低电平有效。

R_{FB}：片内反馈电阻引出线，反馈电阻集成在芯片内部，该电阻与内部的电阻网络相匹配。R_{FB} 端一般直接接到外部运算放大器的输出端，相当于将反馈电阻接在运算放大器的输入端和输出端之间，将输出的电流转换为电压输出。

I_{OUT1}：模拟电流输出线 1，它是数字量输入为“1”的模拟电流输出端。当输入数字量为全 1 时，其值最大，约为 V_{REF}；当输入数字量为全 0 时，其值最小，为 0。

I_{OUT2}：模拟电流输出线 2，它是数字量输入为“0”的模拟电流输出端。当输入数字量为全 0 时，其值最大，约为 V_{REF}；当输入数字量为全 1 时，其值最小，为 0。I_{OUT1} 加 I_{OUT2} 等于常数(V_{REF})。采用单极性输出时，I_{OUT2} 常常接地。

V_{REF}：基准电压输入线。电压范围为-10V～+10V。

V_{CC}：工作电源输入端，可接+5V～+15V 电源。

AGND：模拟地。

DGND：数字地。

4. DAC0832 的工作方式

通过改变引脚 ILE、$\overline{\text{WR1}}$、$\overline{\text{WR2}}$、$\overline{\text{CS}}$ 和 $\overline{\text{XFER}}$ 的连接方法。DAC0832 具有直通方式、单缓冲方式和双缓冲方式 3 种工作方式。

1)　直通方式

当引脚 $\overline{\text{WR1}}$、$\overline{\text{WR2}}$、$\overline{\text{CS}}$、$\overline{\text{XFER}}$ 直接接地时，ILE 接电源，DAC0832 工作于直通方式下，此时，8 位输入寄存器和 8 位 DAC 寄存器都直接处于导通状态，当 8 位数字量一到达 DI0～DI7，就立即进行 D/A 转换，从输出端得到转换的模拟量。这种方式处理简单，但 DI0～DI7 不能直接和 MCS-51 单片机的数据线相连，只能通过独立的 I/O 接口来连接。

2)　单缓冲方式

通过连接 ILE、$\overline{WR1}$、$\overline{WR2}$、$\overline{CS}$和$\overline{XFER}$引脚，使得两个寄存器中的一个处于直通状态，另一个处于受控制状态，或者两个同时被控制，DAC0832 就工作于单缓冲方式。对于单缓冲方式，单片机只需对它操作一次，就能将转换的数据送到 DAC0832 的 DAC 寄存器，并立即开始转换，转换结果通过输出端输出。

3)　双缓冲方式

当 8 位输入寄存器和 8 位 DAC 寄存器分开控制导通时，DAC0832 工作于双缓冲方式，此时单片机对 DAC0832 的操作先后分为两步：第一步，使 8 位输入寄存器导通，将 8 位数字量写入 8 位输入寄存器中；第二步，使 8 位 DAC 寄存器导通，8 位数字量从 8 位输入寄存器送入 8 位 DAC 寄存器。第二步只使 DAC 寄存器导通，在数据输入端写入的数据无意义。

9.1.3　DAC0832 与 51 单片机的接口与应用

1. DAC0832 与 51 单片机的接口

51 单片机与 DAC0832 连接时，把 DAC0832 作为外部数据存储器的存储单元来处理。具体的连接和 DAC0832 的工作方式相关。在实际中，如果是单片 DAC0832，通常采用单缓冲方式与 51 单片机连接；如果是多片 DAC0832，通常通过双缓冲方式与 51 单片机连接。

图 9.4 是 PROTEUS 中单片 DAC0832 与 51 单片机通过单缓冲方式连接的电路图。其中 DAC0832 的$\overline{WR2}$和$\overline{XFER}$引脚直接接地，ILE 引脚接电源，$\overline{WR1}$引脚接 51 单片机的片外数据存储器写信号线$\overline{WR}$，$\overline{CS}$引脚接 51 单片机的片外数据存储器地址线最高位 A15(P2.7)，DI0～DI7 与 51 单片机的 P0 口(数据总线)相连。因此，DAC0832 的输入寄存器受 51 单片机控制导通，DAC 寄存器直接导通，当 51 单片机向 DAC0832 的输入寄存器写入转换的数据，就直接通过 DAC 寄存器送 D/A 转换器开始转换，转换结果通过输出端输出。输出端接了运算放大器(LM324)，实现把电流转换成电压送示波器(OSCILLOSCOPE)显示。

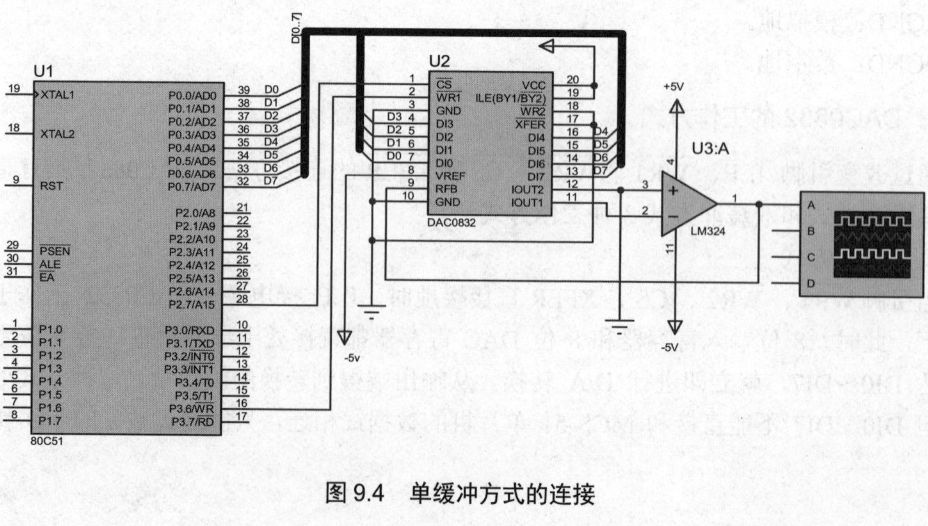

图 9.4　单缓冲方式的连接

图 9.5 是 Proteus 中两片 DAC0832 与 51 单片机通过双缓冲方式连接的电路图，其中两片 DAC0832 的 ILE 都接电源，数据线 DI0～DI7 并联与 51 单片机的 P0 口(数据总线)相连，两片 DAC0832 的 $\overline{WR1}$ 和 $\overline{WR2}$ 都连在一起与 51 单片机的片外数据存储器写信号线 $\overline{WR}$ 相连，第一片 DAC0832 的 $\overline{CS}$ 引脚与 51 单片机的 P2.6 相连，第二片 DAC0832 的 $\overline{CS}$ 引脚与 51 单片机的 P2.7 相连，两片 DAC0832 的 $\overline{XFER}$ 连接在一起与 51 单片机的 P2.5 相连，即：两片 DAC0832 的输入寄存器分开控制，而 DAC 寄存器一起控制。使用时，51 单片机先分别向两片 DAC0832 的输入寄存器写入转换的数据，再让两片 DAC0832 的 DAC 寄存器一起导通，则两个输入寄存器中的数据同时写入 DAC 寄存器一起开始转换，转换结果通过输出端同时输出，这样实现两路模拟量同时输出。

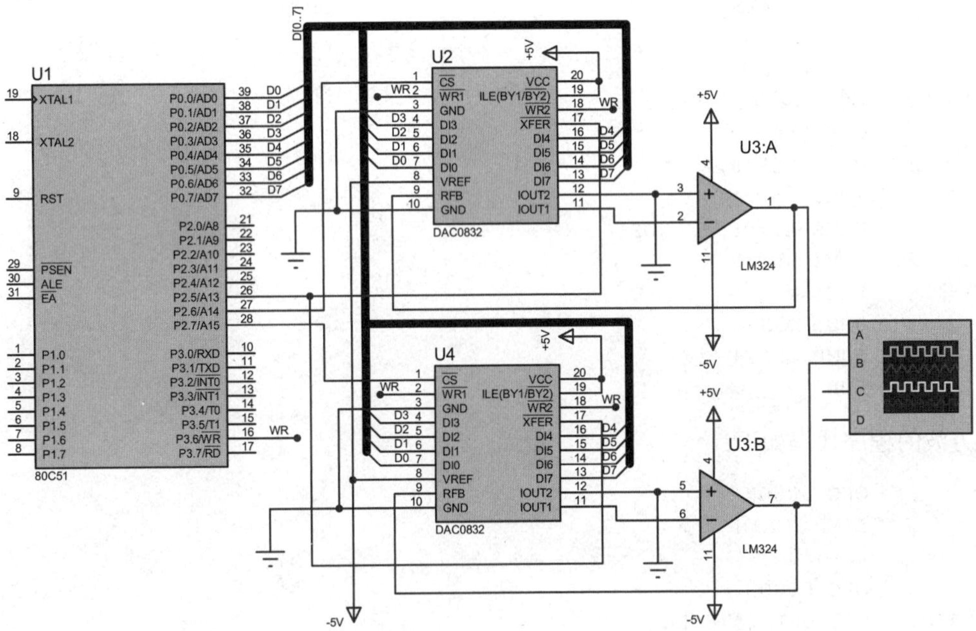

图 9.5　双缓冲方式的连接

2. DAC0832 的应用

D/A 转换器在实际中经常作为波形发生器使用，通过它可以产生各种各样的波形。D/A 转换器产生波形的原理如下：利用 D/A 转换器输出模拟量与输入数字量成正比这一特点，通过程序控制 CPU 向 D/A 转换器送出随时间呈一定规律变化的数字，则 D/A 转换器输出端就可以输出随时间按一定规律变化的波形。

【例 9-1】根据图 9.4 编程。从 DAC0832 输出端分别产生锯齿波、三角波、方波和正弦波。

根据图 9.4 的连接，DAC0832 的输入寄存器地址可取 7FFFH(无关的地址位都取成 1)。

下面是汇编语言程序：

锯齿波的程序代码如下：

```
ORG 0000H
```

```
        LJMP MAIN

        ORG 0100H
MAIN:   MOV DPTR,#7FFFH
        CLR A
LOOP:   MOVX @DPTR,A
        INC  A
        SJMP LOOP
        END
```

三角波的程序代码如下：

```
        ORG 0000H
        LJMP  MAIN

        ORG 0100H
MAIN:   MOV  DPTR,#7FFFH
        CLR  A
LOOP1:  MOVX @DPTR,A
        INC  A
        CJNE A,#0FFH,LOOP1
LOOP2:  MOVX @DPTR,A
        DEC  A
        JNZ  LOOP2
        SJMP LOOP1
        END
```

方波的程序代码如下：

```
        ORG 0000H
        LJMP  MAIN

        ORG 0100H
MAIN:   MOV DPTR,#7FFFH
LOOP:   MOV A,#00H
        MOVX @DPTR,A
        ACALL DELAY
        MOV  A,#0FFH
        MOVX @DPTR,A
        ACALL DELAY
        SJMP  LOOP
DELAY:  MOV  R7,#0FFH
        DJNZ R7,$
        RET
        END
```

正弦波的程序代码如下：

```
        ORG 0000H
        LJMP  MAIN

        ORG 0100H
MAIN:   MOV R1,#63                    ;单位周期内共 64 个采样输出
```

```
SIN:    MOV DPTR,#TAB
        MOV A,R1
        MOVC A,@A+DPTR          ;查找正弦波数据
        MOV DPTR,#7FFFH
        MOVX @DPTR,A                ;输出
        NOP
        DJNZ R1,SIN
        SJMP MAIN
TAB:    DB  80H,8CH,98H,0A5H,0B0H,0BCH,0C7H,0D1H    ;正弦波数据表
        DB  0DAH,0E2H,0EAH,0F0H,0F6H,0FAH,0FDH,0FFH
        DB  0FFH,0FFH,0FDH,0FAH,0F6H,0F0H,0EAH,0E3H
        DB  0DAH,0D1H,0C7H,0BCH,0B1H,0A5H,99H,8CH
        DB  80H,73H,67H,5BH,4FH,43H,39H,2EH
        DB  25H,1DH,15H,0FH,09H,05H,02H,00H
        DB  00H,00H,02H,05H,09H,0EH,15H,1CH
        DB  25H,2EH,38H,43H,4EH,5AH,66H,73H
        END
```

下面是 C 语言程序：

锯齿波的程序代码如下：

```
#include  <absacc.h>       //定义绝对地址访问
#define  uchar  unsigned  char
#define  DAC0832  XBYTE[0x7FFF]
void  main()
{
    uchar  i;
    while(1)
    {
        for  (i=0;i<0xff;i++)
        {DAC0832=i;}
    }
}
```

三角波的程序代码如下：

```
#include  <absacc.h>       //定义绝对地址访问
#define  uchar  unsigned  char
#define  DAC0832  XBYTE[0x7FFF]
void  main()
{
    uchar  i;
    while(1)
     {
       for  (i=0;i<0xff;i++)
       { DAC0832=i; }
       for  (i=0xff;i>0;i--)
       { DAC0832=i; }
     }
}
```

方波的程序代码如下：

```
#include  <absacc.h>        //定义绝对地址访问
#define  uchar  unsigned  char
#define  DAC0832  XBYTE[0x7FFF]
void  delay(void);
void  main()
{
   uchar  i;
   while(1)
   {
     DAC0832=0;            //输出低电平
     delay();                  //延时
     DAC0832=0xff;         //输出高电平
     delay();              //延时
    }
}
void  delay()            //延时函数
{
   uchar  i;
   for (i=0;i<0xff;i++) {;}
}
```

正弦波的程序代码如下：

```
#include  <absacc.h>        //定义绝对地址访问
#define  uchar  unsigned  char
#define  DAC0832  XBYTE[0x7FFF]
uchar sindata[64]=
       {0x80,0x8c,0x98,0xa5,0xb0,0xbc,0xc7,0xd1,
        0xda,0xe2,0xea,0xf0,0xf6,0xfa,0xfd,0xff,
        0xff,0xff,0xfd,0xfa,0xf6,0xf0,0xea,0xe3,
        0xda,0xd1,0xc7,0xbc,0xb1,0xa5,0x99,0x8c,
        0x80,0x73,0x67,0x5b,0x4f,0x43,0x39,0x2e,
        0x25,0x1d,0x15,0xf,0x9,0x5,0x2,0x0,0x0,
        0x0,0x2,0x5,0x9,0xe,0x15,0x1c,0x25,0x2e,
        0x38,0x43,0x4e,0x5a,0x66,0x73};    //正弦波数据表
void delay(uchar m)                            //延时函数
{
   uchar i;
   for(i=0;i<m;i++);
}
void main(void)
{
   uchar k;
   while(1)
   {   for(k=0;k<64;k++)
         {
            DAC0832=sindata[k];            //查找正弦波数据并输出
            delay(1);
         }
    }
}
```

【例 9-2】 根据图 9.5 编程，从第一片 DAC0832 输出端产生锯齿波，同时从第二片 DAC0832 输出端产生正弦波。

根据图 9.5 的连接，第一片 DAC0832 的输入寄存器地址为 BFFFH。第二片 DAC0832 的输入寄存器地址为 7FFFH, 两片 DAC0832 的 DAC 寄存器地址相同，为 DFFFH，其中无关的地址位都取成 1。

汇编语言程序代码如下：

```
        ORG 0000H
        LJMP  MAIN

        ORG 0100H
MAIN:   MOV     R0,#00
        MOV     R1,#00
LOOP:   MOV     DPTR,#0BFFFH       ;指向第一片 DAC0832 的输入寄存器
        MOV     A,R0
        MOVX    @DPTR,A            ;送第一片 DAC0832 的输入寄存器
        INC     R0                 ;按锯齿波关系改变
        MOV     DPTR,#TAB          ;指向正弦波数据表
        MOV     A,R1
        MOVC    A, @A+DPTR         ;查表取正弦波数据
        MOV     DPTR,#7FFFH        ;指向第二片 DAC0832 的输入寄存器
        MOVX    @DPTR,A            ;送第二片 DAC0832 的输入寄存器
        INC     R1
        CJNE    R1,#63,NEXT        ;正弦波到一个周期重新开始
        MOV     R1,#00
NEXT:   MOV     DPTR,#0DFFFH       ;指向两片 DAC0832 的 DAC 寄存器
        MOVX    @DPTR,A            ;两片 DAC0832 的 DAC 寄存器送 DAC 转换器转换
        SJMP    LOOP
TAB:    DB  80H,8CH,98H,0A5H,0B0H,0BCH,0C7H,0D1H    ;正弦波数据表
        DB  0DAH,0E2H,0EAH,0F0H,0F6H,0FAH,0FDH,0FFH
        DB  0FFH,0FFH,0FDH,0FAH,0F6H,0F0H,0EAH,0E3H
        DB  0DAH,0D1H,0C7H,0BCH,0B1H,0A5H,99H,8CH
        DB  80H,73H,67H,5BH,4FH,43H,39H,2EH
        DB  25H,1DH,15H,0FH,09H,05H,02H,00H
        DB  00H,00H,02H,05H,09H,0EH,15H,1CH
        DB  25H,2EH,38H,43H,4EH,5AH,66H,73H
        END
```

C 语言程序代码如下：

```
#include  <absacc.h>         //定义绝对地址访问
#define  uchar  unsigned  char
#define  DAC0832A  XBYTE[0xBFFF]     //第一片 DAC0832 的输入寄存器地址
#define  DAC0832B  XBYTE[0x7FFF]     //第二片 DAC0832 的输入寄存器地址
#define  DAC0832C  XBYTE[0xDFFF]     //两片 DAC0832 的 DAC 寄存器地址
uchar sindata[64]=
        {0x80,0x8c,0x98,0xa5,0xb0,0xbc,0xc7,0xd1,
         0xda,0xe2,0xea,0xf0,0xf6,0xfa,0xfd,0xff,
         0xff,0xff,0xfd,0xfa,0xf6,0xf0,0xea,0xe3,
         0xda,0xd1,0xc7,0xbc,0xb1,0xa5,0x99,0x8c,
```

```
            0x80,0x73,0x67,0x5b,0x4f,0x43,0x39,0x2e,
            0x25,0x1d,0x15,0xf,0x9,0x5,0x2,0x0,0x0,
            0x0,0x2,0x5,0x9,0xe,0x15,0x1c,0x25,0x2e,
            0x38,0x43,0x4e,0x5a,0x66,0x73};       //正弦波数据表
void delay(uchar m)                               //延时函数
{   uchar i;
    for(i=0;i<m;i++);
}
void  main()
{
    uchar  i=0,j=0;
    while(1)
    {
        i++;if (i==0xff) i=0;
        j++;if (j==64) j=0;
        DAC0832A=i;           //给第一片 DAC0832 的输入寄存器送锯齿波数据
        DAC0832B=sindata[j]; //给第二片 DAC0832 的输入寄存器送正弦波数据
        DAC0832C=i;           //两片 DAC0832 的 DAC 寄存器送 DAC 转换器转换
        delay(1);
    }
}
```

9.2 A/D 转换器与 51 单片机的接口

9.2.1 A/D 转换器概述

1. A/D 转换器的类型及原理

A/D 转换器(ADC)的作用是把模拟量转换成数字量，以便于计算机进行处理。

随着超大规模集成电路技术的飞速发展，现在有很多类型的 A/D 转换器芯片，不同的芯片，它们的内部结构不一样，转换原理也不同，各种 A/D 转换芯片根据转换原理可分为计数型 A/D 器、逐次逼近型 A/D 转换器、双重积分型 A/D 转换器和并行式 A/D 转换器等；按转换方法可分为直接 A/D 转换器和间接 A/D 转换器；按其分辨率可分为 4～16 位的 A/D 转换器。

1) 计数型 A/D 转换器

计数型 A/D 转换器由 D/A 转换器、计数器和比较器组成，如图 9.6 所示。工作的时候，计数器由零开始加 1 计数，每计一次数，计数值送往 D/A 转换器进行转换，转换后，将转换得到的模拟信号与输入的模拟信号送比较器进行比较，若前者小于后者，则计数值继续加 1，重复 D/A 转换及比较过程，依此类推，直到当 D/A 转换后的模拟信号与输入的模拟信号相同，则停止计数，这时，计数器中的当前值就为输入模拟量对应的数字量。这种 A/D 转换器结构简单、原理清楚，但它的转换速度与精度之间存在矛盾，当提高精度时，转换的速度就慢，当提高速度时，转换的精度就低，所以在实际中很少使用。

2) 逐次逼近型 A/D 转换器

逐次逼近型 A/D 转换器是由一个比较器、D/A 转换器、寄存器及控制电路组成的，如图 9.7 所示。逐次逼近型 A/D 转换器的转换过程与计数型基本相同，也要进行比较以得

到转换的数字量，但逐次逼近型是用一个寄存器从高位到低位依次开始逐位试探比较。转换过程如下：开始时逐次逼近寄存器所有位清 0，转换时，先将最高位置 1，送 D/A 转换器转换，转换结果与输入的模拟量比较，如果转换的模拟量比输入的模拟量小，则 1 保留，如果转换的模拟量比输入的模拟量大，则 1 不保留，然后从次高位依次重复上述过程直至最低位，最后逐次逼近寄存器中的内容就是输入模拟量对应的数字量，转换结束后，转换结束信号有效。一个 n 位的逐次逼近型 A/D 转换器转换只需要比较 n 次，转换时间只取决于位数和时钟周期。逐次逼近型 A/D 转换器的转换速度快，在实际中使用广泛。

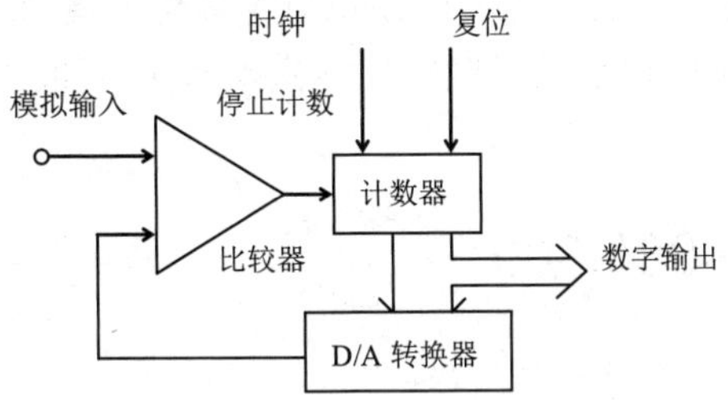

图 9.6　计数型 A/D 转换器

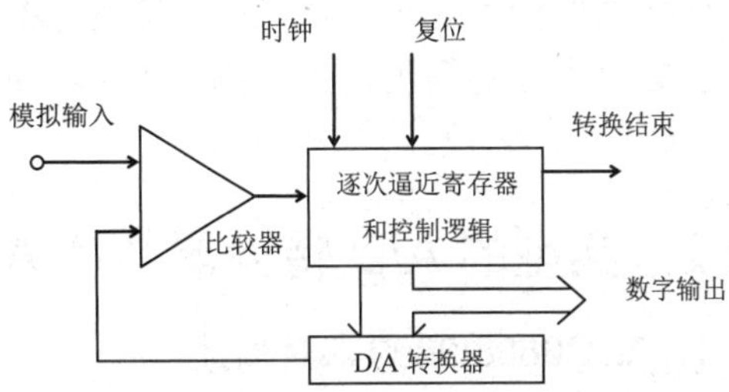

图 9.7　逐次逼近型 A/D 转换器

3)　双重积分型 A/D 转换器

双重积分型 A/D 转换器将输入电压先变换成与其平均值成正比的时间间隔，然后再把此时间间隔转换成数字量，如图 9.8 所示，它属于间接型转换器。它的转换过程分为采样和比较两个过程。采样即用积分器对输入模拟电压 Vin 进行固定时间的积分，输入模拟电压值越大，采样值越大，采样值与输入模拟电压值成正比；比较就是用基准电压(+Vr 或−Vr)对积分器进行反向积分，直至积分器的值为 0。由于基准电压值大小固定，因此采样值越大，反向积分时积分时间越长，积分时间与采样值成正比；综合起来，积分时间就与输入模拟量成正比。最后把积分时间转换成数字量，则该数字量就为输入模拟量对应的数字量。由于在转换过程中进行了两次积分，因此称为双重积分型。双重积分型 A/D 转换器的转换精度高，稳定性好，测量的是输入电压在一段时间的平均值，而不是输入电压的瞬间值，因此它的抗干扰能力强，但是转换速度慢。双重积分型 A/D 转换器在工业上应用比较广泛。

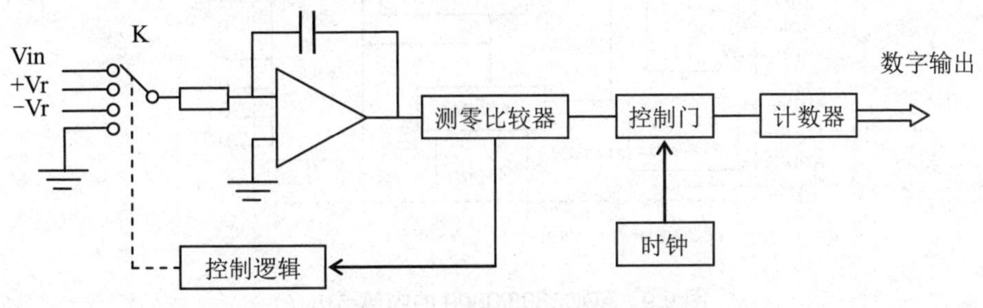

图 9.8　双重积分型 A/D 转换器

2．A/D 转换器的主要性能指标

1)　分辨率

分辨率是指 A/D 转换器能分辨的最小输入模拟量。通常用转换的数字量的位数来表示，如 8 位、10 位、12 位、16 位等。位数越高，分辨率越高。

2) 转换时间

转换时间是指 A/D 转换器完成一次转换所需要的时间，是指从启动 A/D 转换器到转换结束并得到稳定的数字输出量为止的时间。转换时间越短，转换速度越快。

3) 量程

量程是指所能转换的输入电压范畴。

4) 转换精度

转换精度分为绝对精度和相对精度。绝对精度是指实际需要的模拟量与理论上要求的模拟量之差。相对精度是指当满刻度值校准后，任意数字量对应的实际模拟量(中间值)与理论值(中间值)之差。

9.2.2 典型的 A/D 转换器芯片 ADC0808/0809

1. ADC0808/0809 芯片概述

ADC0808/0809 是 8 位 CMOS 逐次逼近型 A/D 转换器，它们的主要区别是 ADC0808 的最小误差为±1/2LSB，0809 为±1LSB。采用单一+5V 电源供电，工作温度范围宽。每片 ADC0808 有 8 路模拟量输入通道，带转换起停控制，输入模拟电压范围 0～+5V，不需零点和满刻度校准，转换时间为 100μs，功耗低，约 15mW。

2. ADC0808/0809 的内部结构

ADC0808/0809 由 8 路模拟通道选择开关、地址锁存与译码器、比较器、8 位开关树形 D/A 转换器、逐次逼近型寄存器、定时和控制电路和三态输出锁存器等组成。ADC0808/0809 的内部结构如图 9.9 所示。

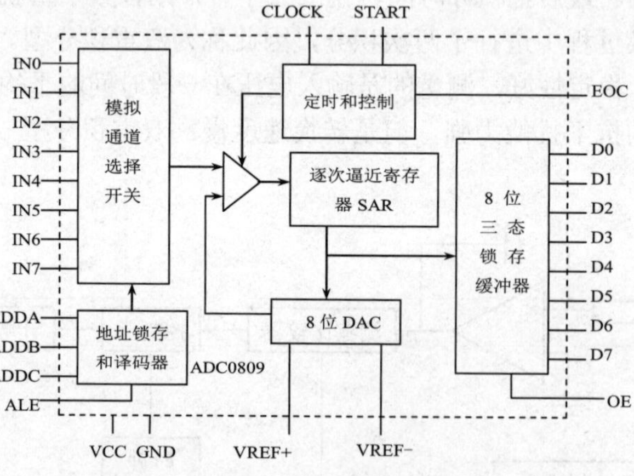

图 9.9 ADC0808/0809 的内部结构

其中：8 路模拟通道选择开关的功能是从 8 路输入模拟量中选择一路送给后面的比较器；地址锁存与译码器用于当 ALE 信号有效时锁存从 ADDA、ADDB、ADDC 三根地址线上送来的三位地址，译码后形成当前模拟通道的选择信号送给 8 路模拟通道选择开关；比较器、8 位开关树形 D/A 转换器、逐次逼近型寄存器、定时和控制电路组成 8 位 A/D

转换器。当 START 信号由高电平变为低电平时，启动转换，同时 EOC 引脚由高电平变为低电平，经过 8 个 CLOCK 时钟，转换结束，转换得到的数字量送到 8 位三态锁存器，同时 EOC 引脚回到高电平。当 OE 信号输入高电平时，保存在三态输出锁存器中，转换结果可通过数据线 D0～D7 送出。

3．ADC0808/0809 的引脚

ADC0808/0809 芯片有 28 条引脚，采用双列直插式封装，如图 9.10 所示。

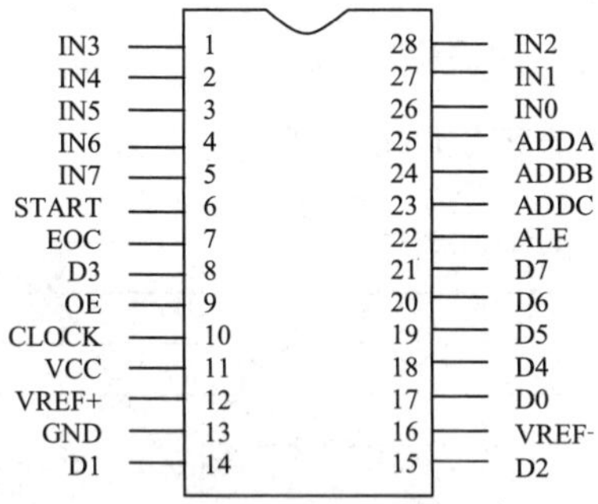

图 9.10　ADC0808/0809 的引脚图

各引脚信号线的功能如下。

IN0～IN7：8 路模拟量输入端。

D0～D7：8 位数字量输出端。

ADDA、ADDB、ADDC：3 位地址输入线，用于选择 8 路模拟通道中的一路，选择情况见表 9.1。

表 9.1　ADC0808/0809 通道地址选择表

ADDC	ADDB	ADDA	选择通道
0	0	0	IN0
0	0	1	IN1
0	1	0	IN2
0	1	1	IN3
1	0	0	IN4
1	0	1	IN5
1	1	0	IN6
1	1	1	IN7

ALE：地址锁存允许信号，输入，高电平有效。

START：A/D 转换启动信号，输入，高电平有效。

EOC：A/D 转换结束信号，输出。当启动转换时，该引脚为低电平，当 A/D 转换结束时，该引脚输出高电平。由于 ADC0808/0809 为 8 位逐次逼近型 A/D 转换器，从启动转换到转换结束的时间固定为 8 个 CLK 时钟，因此，EOC 信号的低电平宽度也固定为 8 个 CLK 时钟。

OE：数据输出允许信号，输入，高电平有效。当转换结束后，如果从该引脚输入高电平，则打开输出三态门，输出锁存器的数据从 D0～D7 送出。

CLK：时钟脉冲输入端。要求时钟频率不高于 640kHz。

VREF+、VREF-：基准电压输入端。在多数情况下，VREF+接+5V，VREF-接 GND。

VCC：电源，接+5V 电源。

GND：地。

4．ADC0808/0809 的工作流程

ADC0808/0809 的工作流程如图 9.11 所示。

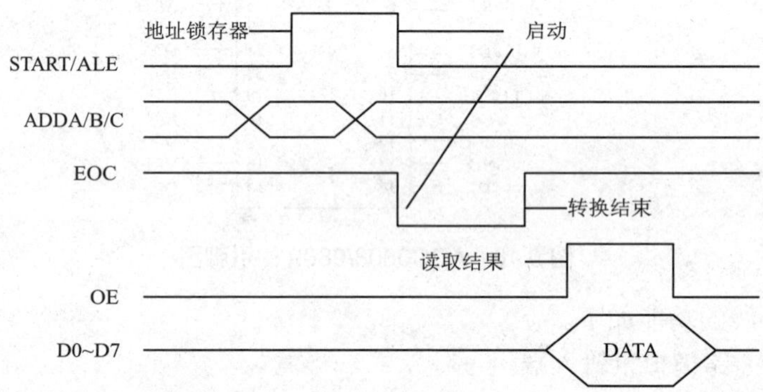

图 9.11　ADC0808/0809 的工作流程图

(1) 给 ADC0808/0809 输入 3 位地址，并使 ALE=1，将地址存入地址锁存器中，经地址译码器译码从 8 路模拟通道中选通一路模拟量送到比较器。

(2) 给 ADC0808/0809 的 START 送一高脉冲，START 的上升沿使逐次逼近寄存器复位，下降沿启动 A/D 转换，并使 EOC 信号为输出电平。

(3) 当 ADC0808/0809 转换结束时，转换的结果送入三态输出锁存器，并使 EOC 信号回到高电平，通知 CPU 已转换结束。

(4) CPU 给 OE 送高电平，ADC0808/0809 三态输出锁存器的数据输出到 D0～D7 端以供 CPU 读取。

5．ADC0808/0809 的工作方式

根据读入转换结果的处理方法，ADC0808/0809 的使用可分为三种方式。不同使用方式的 ADC0808/0809 与单片机的连接略有不同。

(1) 延时方式：连接时 EOC 悬空，启动转换后延时 100μs，跳过转换时间后再读入转换结果。

(2) 查询方式：EOC 接单片机并口线，启动转换后，查询单片机并口线，如果变为高电平，说明转换结束，则读入转换结果。

(3) 中断方式：EOC 经非门接单片机的中断请求端，将转换结束信号作为中断请求信号向单片机提出中断请求，中断后执行中断服务程序，在中断服务中读入转换结果。

6．ADC0808/0809 与 51 单片机的接口

1)　硬件连接

图 9.12 是 Proteus 中 ADC0808 与 51 单片机的一种接口电路图。图中，ADC0808 的数据线 D0～D7 与 51 单片机的 P0 对应相连。地址线 ADDA、ADDB、ADDC 接地，直接选中 0 通道。锁存信号 ALE 和启动信号 START 连接在一起接 51 单片机的 P3.0。输出允许信号 OE 接 51 单片机的 P3.1。转换结束信号 EOC 接 51 单片机的 P3.2，通过查询方式检测是否转换结束。通过这种连接，51 单片机直接通过并口线方式使用 ADC0808。

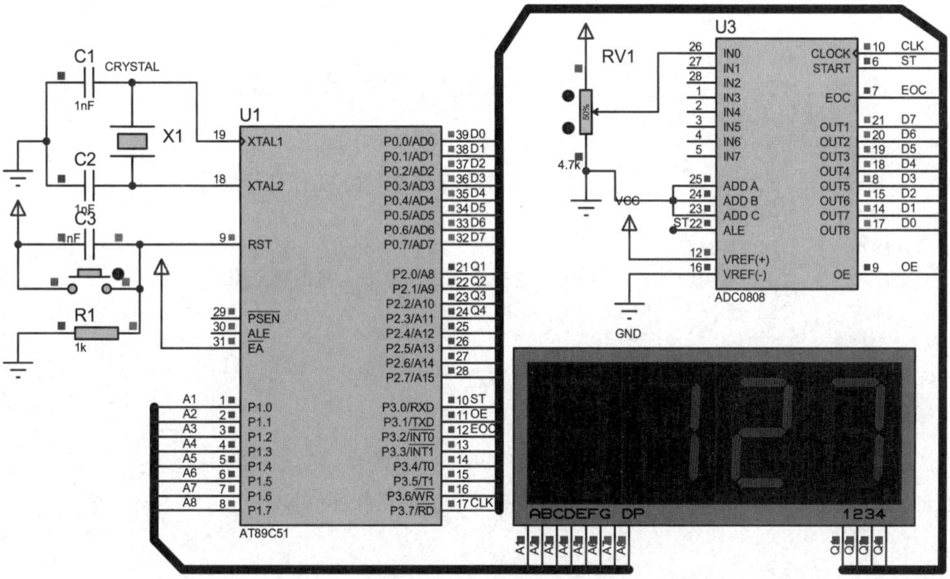

图 9.12　ADC0808 与 8051 的接口电路图

另外，ADC0808 的时钟信号 CLOCK 接 51 单片机的 P3.7，由 51 单片机的定时/计数器 0 工作于方式 2 定时，定时时间 10μs，时间到后对 P3.7 取反，产生 50kHz 周期性信号作 ADC0808 的时钟信号。基准电压正端 VREF+接+5V 电源，负端 VREF-接地。在输入通道 IN0 接模拟量，通过滑动变阻器(POP-HT)输入，最大值为+5V，对应数字量为 255，最小值为 0，对应数字量为 0。

为了显示转换得到的数字量，在 51 单片机的 P1 口和 P2 口接了 4 个共阳极数码管(7SEG-MPX4-CA)，采用动态方式显示，P1 口输出字段码，P2 口的低 4 位输出位选码，数码管通过固定定时方式显示，由 51 定时/计数器 1 产生 20ms 的周期性定时，定时时间到后对 4 个数码管依次显示一次，显示时，把转换得到的 8 位二进制(00000000B～11111111B)转换成 3 位十进制(000～255)通过右边 3 个数码管显示。

2)　软件编程

汇编语言程序代码如下：

```
;设系统时钟频率为 12MHz，转换结果的数字量放于片内 RAM 的 30H 单元，拆分的百位放在片内
RAM 的 33 单元，拆分的十位放在片内 RAM 的 34 单元，拆分的个位放在片内 RAM 的 35 单元。显
示时百位、十位和个位显示在右边三个数码管上。P1 口为字段码口，P2 口为位选码口。
```

```
GETDATA EQU 30H              ;存放 ADC0808 数据输出值
ST      BIT P3.0
OE      BIT P3.1
EOC     BIT P3.2
CLK     BIT P3.7
      ORG    0000H
      LJMP   MAIN

      ORG    000BH
      CPL    CLK             ;定时/计数器 0 中断,产生转换时钟
      RETI

      ORG    001BH
      LJMP   T1X             ;定时/计数器 1 中断,数码管显示

      ORG    0030H
MAIN:MOV     TMOD,#12H       ;T0 工作在模式 2, T1 工作在模式 1
      MOV    TH0,#246
      MOV    TL0,#246
      MOV    TH1,#(65536-20000)/256        ;20ms 延时赋初值
      MOV    TL1,#(65536-20000)MOD 256
      SETB   ET0
      SETB   ET1
      SETB   TR0
      SETB   TR1
      SETB   EA
LOOP:CLR     ST              ;产生启动转换的正脉冲信号
      SETB   ST
      CLR    ST
      JNB    EOC,$           ;等待转换结束
      SETB   OE              ;允许输出
      MOV    GETDATA,P0      ;暂存转换结果
      CLR    OE              ;关闭输出
      MOV    A,GETDATA       ;将转换结果转换为十进制数
      MOV    B,#100
      DIV    AB
      MOV    33H,A           ;存放百位上的数
      MOV    A,B             ;除以 100 后的余数
      MOV    B,#10
      DIV    AB
      MOV    34H,A           ;十位上的数
      MOV    35H,B           ;个位上的数
      LJMP   LOOP

T1X: MOV  TH1,#(65536-20000)/256           ;20ms 延时赋值
      MOV  TL1,#(65536-20000) MOD 256
      MOV  DPTR,#TAB
      MOV  P2,#08H           ;选中右边第一个 LED
      MOV    A,35H           ;个位上的数
      MOVC   A,@A+DPTR
      MOV    P1,A
```

```
      LCALL  DELAY
      MOV    P2,#04H          ;选中右边第二个 LED
      MOV    A,34H            ;十位上的数
      MOVC   A,@A+DPTR
      MOV    P1,A
      LCALL  DELAY
      MOV    P2,#02H          ;选中右边第三个 LED
      MOV    A,33H            ;百位上的数
      MOVC   A,@A+DPTR
      MOV    P1,A
      LCALL  DELAY
      RETI
TAB: DB 0C0H,0F9H,0A4H,0B0H,99H,92H,82H,0F8H,80H,90H   ;0～9 共阳极字段码
DELAY:MOV   R7,#255
      DJNZ  R7,$
      RET
      END
```

C 语言程序代码如下：

```
//设系统时钟频率为 12MHz，P1 口为字段码口，P2 口为位选码口。
#include <reg51.H>
#define  uchar  unsigned char
uchar code dispcode[4]={0x08,0x04,0x02,0x00};//LED 显示的控制代码
uchar code codevalue[10]={0xC0,0xF9,0xA4,0xB0,0x99,0x92,
                        0x82,0xF8,0x80,0x90};//0～9 共阳极字段码
uchar temp;             //存储 ADC0808 转换后处理过程中的临时数值
uchar dispbuf[4];       //存储十进制值
sbit ST=P3^0;
sbit OE=P3^1;
sbit EOC=P3^2;
sbit CLK=P3^7;
uchar count;                //LED 显示位控制
uchar getdata;              //ADC0808 转换后的数值

void delay(uchar m)         //延时
{
  while(m--)
  { }
}

void main(void)
{
   ET0=1;
   ET1=1;
   EA=1;
   TMOD=0x12;                   //T0 工作在模式 2，T1 工作在模式 1
   TH0=246;
   TL0=246;
   TH1=(65536-20000)/256;
   TL1=(65536-20000)%256;
```

```
    TR1=1;
    TR0=1;
    while(1)
    {
       ST=0;
       ST=1;                  //产生启动转换的正脉冲信号
       ST=0;
       while(EOC==0){;}       //等待转换结束
       OE=1;
       getdata=P0;
       OE=0;
       temp=getdata;          //暂存转换结果
       /*将转换结果转换为十进制数*/
       dispbuf[2]=getdata/100;
       temp=temp-dispbuf[2]*100;
       dispbuf[1]=temp/10;
       temp=temp-dispbuf[1]*10;
       dispbuf[0]=temp;
    }
}

void T0X(void)interrupt 1 using 0       //定时/计数器0中断,产生转换时钟
{
    CLK=~CLK;
}

void T1X(void) interrupt 3 using 0      //定时/计数器1中断,数码管显示
{
     TH1=(65536-20000)/256;
     TL1=(65536-20000)%256;
     for(count=0;count<=3;count++)
     {
       P2=dispcode[count];
       P1=codevalue[dispbuf[count]];    //输出字段码
       delay(255);
    }
}
```

9.3 串行A/D、D/A与51单片机的接口

串行A/D、D/A转换器体积小、硬件接口简单，使用非常广泛。串行A/D、D/A芯片有很多种类型，下面分别以一种常见的类型来介绍它们与51单片机的接口。

9.3.1 串行D/A芯片MAX517与51单片机的接口

MAX517是美国MAXIM公司生产的8位电压输出型串行D/A芯片。它采用I^2C总线接口，允许多个设备之间进行通信。

1．MAX517 的主要特点

MAX517 的主要特点如下：

(1) 采用单一+5V 电源供电。

(2) I²C 总线接口。

(3) 8 脚 SO/DIP 封装。

(4) 上电复位所有锁存器。

(5) 掉电模式电流：4μA。

(6) 输出电压最大为电压参考电压。

2．MAX517 的外部特性

MAX517 采用单一+5V 电源工作，其引脚图如图 9.13 所示。

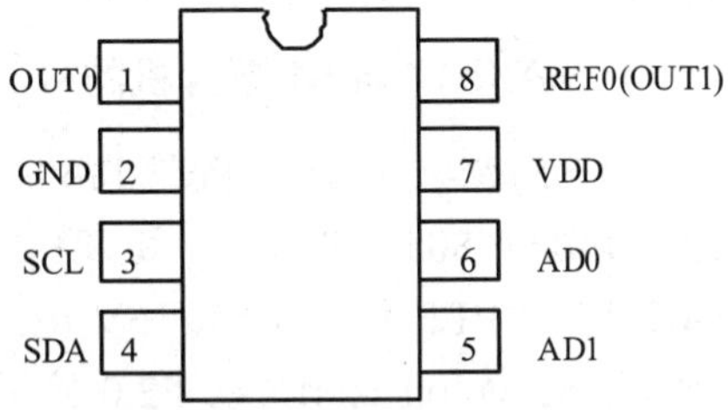

图 9.13　MAX517 的引脚图

其各项功能说明如下。

OUT0：D/A 转换输出端。当数字量为 00H 时，OUT0 输出最小电压 0V，当数字量为 FFH 时，OUT0 输出最大电压(基准电压)。

GND：接地。

SCL：时钟线。

SDA：数据线。

AD1、AD0：芯片地址输入端，一组 I²C 总线可以连接 4 片 MAX517 芯片，通过地址输入端区分不同的芯片。

VDD：工作电源端，电压范围+4.5～+5.5V。

REF0(OUT1)：基准电压输入端。基准电压小于或等于工作电压，对于 MAX518 为第二个 D/A 通道的转换输出端，MAX518 的基准电压为工作电压。

3．MAX517 的工作时序

MAX517 使用 I²C 总线接口，信息传送只需要两根信号线：数据线 SDA 和时钟线 SCL。在每一次信息的传输过程中，主控制器首先产生开始信号，然后给 MAX517 发送一个地址位字节，MAX517 收到地址字节位后，给主控制器发送一个应答信号；其次，主控制器给 MAX517 发送一个控制位字节，MAX517 收到控制字节位后，再给主控制器发送一个应答信号；最后，主控制器给 MAX517 发送 8 位的转换数据。MAX517 收到数据后进行转换，再给主控制器发送一个应答信号；主控制器收到后产生结束信号。至此，一次转换过程完成。每个字节的传送都是高位在前低位在后。数据线 SDA 上每一位信息状态的改变只能发生在时钟线 SCL 为低电平的期间。

MAX517 的一个地址字节格式如下：

BIT7	BIT6	BIT5	BIT4	BIT3	BIT2	BIT1	BIT0
0	1	0	1	1	AD1	AD0	0

其中，前三位 010 出厂时已设定。对于 MAX517，BIT4 和 BIT3 这两位应取为 1 。因

为一个主控制器上可以挂 4 个 MAX517，而具体是对哪一个 MAX517 进行操作，则由 AD1、AD0 的不同取值来控制。

MAX517 的控制字节格式如下：

BIT7	BIT6	BIT5	BIT4	BIT3	BIT2	BIT1	BIT0
R2	R1	R0	RST	PD	X	X	A0

在该字节格式中，R2、R1、R0 已预先设定为 0；RST 为复位位，该位为 1 时，复位所有的寄存器；PD 为电源工作状态位，为 1 时，MAX517 工作在 4μA 的休眠模式，为 0 时，返回正常的操作状态；A0 为地址位，由于 MAX517 只有一个通道 OUT0，该位应设置为 0，A0 为 0 时选择 OUT0 通道输出，A0 为 1 时选择 OUT1 通道输出。

4．MAX517 与 51 单片机的接口

MAX517 与 51 单片机在 Proteus 中的连接电路如图 9.14 所示。MAX517 的 SDA 和 SCL 分别与 8051 的 P1.1 和 P1.0 相连，MAX517 的 AD1、AD0 和 GND 均接地，MAX517 的 REF 和 VDD 接+5V 电源。MAX517 的 OUT 为输出的模拟电压，连接到直流电压表(DC voltmeters)，在 P2.0 接了按钮 K0，每按一次 K0，输出数字量加 1，相应的模拟量增加一个单位。

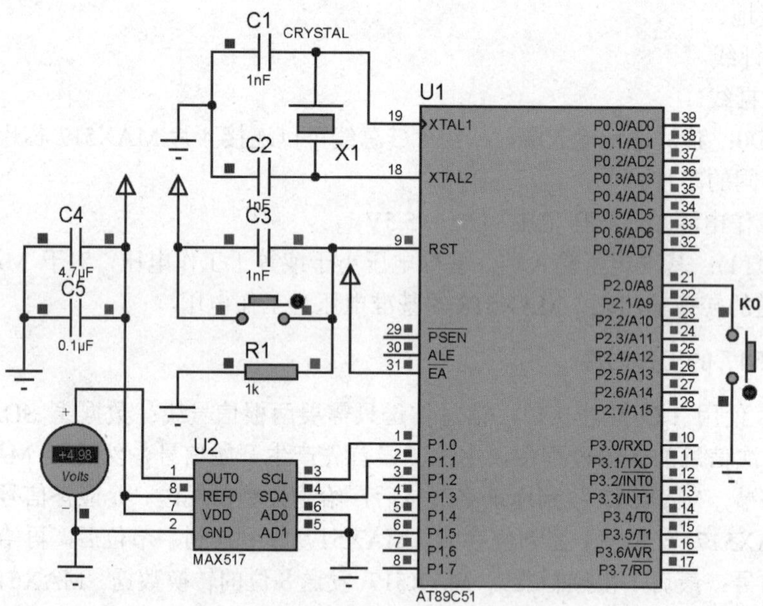

图 9.14 MAX517 与单片机的连接路

汇编语言程序代码如下：

```
;功能：本程序是实现MAX517 芯片的 D/A 转换。每按一次 K0 键数字量加 1，
;显示的模拟量相应地增加一个单位。
        SCL   BIT  P1.0      ;MAX517 串行时钟
        SDA   BIT  P1.1      ;MAX517 串行数据
        KEY   BIT  P2.0      ;定义按键
        ORG   0000H
```

```
        AJMP  MAIN

        ORG   0100H
MAIN:                        ;主程序
        MOV   SP,#50H
        MOV   R7,#0ffh
L1:     JB    KEY,L2
        INC   R7
        JNB   KEY,$
L2:     LCALL DACOUT
        SJMP  L1
START:SETB  SDA              ;发出一个起始位
        SETB  SCL
        NOP
        CLR   SDA
        NOP
        RET
STOP:CLR    SDA              ;发出一个停止位
        SETB  SCL
        NOP
        SETB  SDA
        NOP
        RET
ACK:    CLR   SDA            ;发出一个应答位
        NOP
        SETB  SCL
        NOP
        CLR   SCL
        RET
SHOUT:NOP                    ;发送一个字节
        MOV   B,#8
X42:    CLR   SCL
        RLC   A
        MOV   SDA,C
        SETB  SCL
        NOP
        DJNZ  B,X42
        CLR   SCL
        RET
DACOUT:NOP                   ;串行 D/A 转换
        LCALL START
        MOV   A,#58H
        LCALL SHOUT
        LCALL ACK
        MOV   A,#00H
        LCALL SHOUT
        LCALL ACK
        MOV   A,R7
        LCALL SHOUT
        LCALL ACK
        LCALL STOP
        RET
        END
```

C 语言程序代码如下：

```
/**********************************************************************/
/* 功能：本程序是实现 MAX517 芯片的 D/A 转换。每按一次 K0 键数字量加 1，  */
/*  显示的模拟量相应地增加一个单位。      */
/**********************************************************************/
#include <reg52.h>                //引用标准库的头文件
#include <intrins.h>

#define uchar unsigned char
#define uint unsigned int

sbit SCL = P1^0;                  //MAX517 串行时钟
sbit SDA = P1^1;                  //MAX517 串行数据
sbit K0 = P2^0;                   //定义按键
void start(void)                  //起始条件子程序
{
    SDA = 1;
    SCL = 1;
    _nop_();
    SDA = 0;
    _nop_();
}
void stop(void)                   //停止条件子程序
{
    SDA = 0;
    SCL = 1;
    nop_();
    SDA = 1;
    nop_();
}
void ack(void)                    //应答子程序
{
    SDA = 0;
    nop_();
    SCL = 1;
    nop_();
    SCL = 0;
}
void send(uchar ch)               //发送数据子程序,ch 为要发送的数据
{
    uchar BitCounter = 8;         //位数控制
    uchar tmp;                    //中间变量控制
    do
    {
        tmp = ch;
        SCL = 0;
        nop_();
        if ((tmp&0x80)==0x80)     //如果最高位是 1
            SDA = 1;
        else
```

```
            SDA = 0;
        SCL = 1;
        tmp = ch<<1;                //左移
        ch = tmp;
        BitCounter--;
    }
    while(BitCounter);
    SCL = 0;
}
void DACOut(uchar ch)               //串行 D/A 转换子程序
{
    start();                        //发送启动信号
    send(0x58);                     //发送地址字节
    ack();
    send(0x00);                     //发送命令字节
    ack();
    send(ch);                       //发送数据字节
    ack();
    stop();                         //结束一次转换
}
void main(void)                     //主程序
{
    uchar i;
    SP=0x50;
    i=0xff;
    while(1)
    {
       if (!K0)
       {i++; while(!K0);}
       DACOut(i);                   //对数字作 D/A 转换
    }
}
```

9.3.2　串行 A/D 芯片 MAX1241 与 51 单片机的接口

MAX1241 是 MAXIM 公司推出的一种单通道 12 位逐次逼近型串行 A/D 转换器，具有低功耗、高精度、转换速度快、体积小、接口简单等优点。

1．MAX1241 的功能特点

MAX1241 的功能特点如下。

(1)　+2.7～+5.25 V 单电源供电。

(2)　12 位分辨率。

(3)　8 脚 DIP/SO 封装。

(4)　低功耗：P_{max}=3mW(73 KSPS)，P_{min}=5μW(待机工作方式)。

(5)　内部提供采样/保持电路。

(6)　兼容于 SPI/QSPI/MICROWIRE 串行三线外设接口。

(7)　内部提供转换时钟。

2．MAX1241 的外部特性

MAX1241 采用 8 脚 DIP/SO 封装；它的外部引脚图如图 9.15 所示。

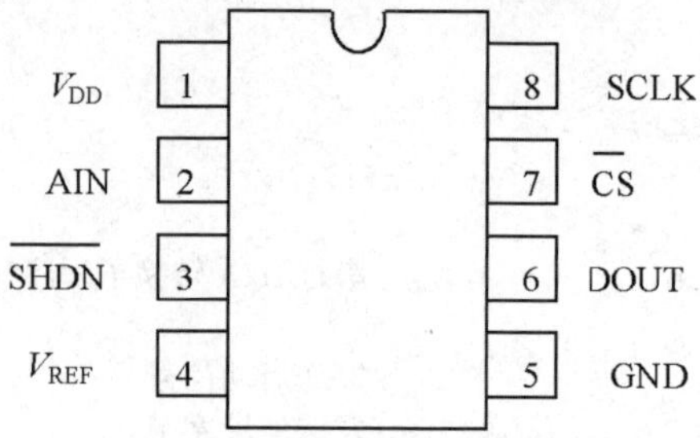

图 9.15　MAX1241 的引脚图

其各项功能说明如下。

V_{DD}：电源输入端，电源电压范围为+2.7～+5.25V。

AIN：模拟信号输入端，输入电压范围 0～V_{REF}，MAX1241 可以在 9μs 内实现把输入信号转换为数字信号。

$\overline{SHDN}$：关断控制输入端，可实现 MAX1241 两种工作模式的切换，$\overline{SHDN}$ 接低电平，MAX1241 工作于待机工作模式，输入电流可减小至 10μA 以下，处于节能模式；$\overline{SHDN}$ 接高电平，MAX1241 工作于正常工作模式，可实现 D/A 转换。

V_{REF}：基准电压输入端，范围为 0～V_{DD}。外接基准电压时须同时通过一个 0.1μF 的电容接地。

GND：接地端。

DOUT：数据输出端。当其 0 变为高电平时，表示数据转换完成，可以读取数据了。

$\overline{CS}$：片选端，低电平有效。

SCLK：外部时钟脉冲输入端。最高频率可达 2.1MHz，当数据转换完成后，输入外部时钟脉冲，每个时钟脉冲的上升沿读出一位数据，低位在前，高位在后，第一个时钟脉冲的下降沿表示数据输出开始。MAX1241 是 12 位 A/D 转换器，所以要完整地读出转换数据，至少需要外部输入 13 个脉冲。

3．MAX1241 的工作过程

MAX1241 的工作时序图如图 9.16 所示，工作过程如下。

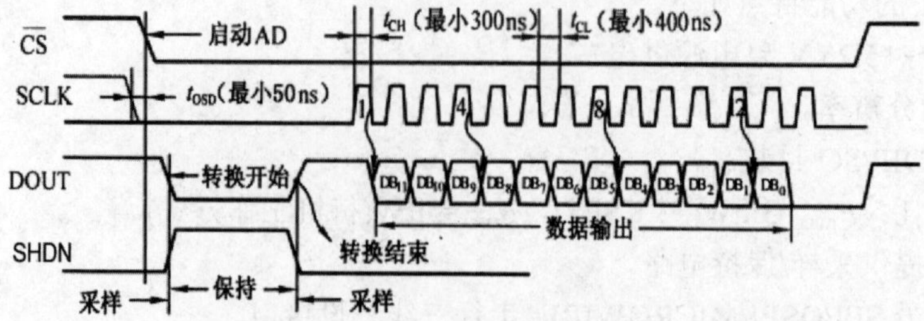

图 9.16　MAXI241 的工作时序图

(1) 在 $\overline{\text{SHDN}}$ 为高电平的条件下，每次使片选信号 $\overline{\text{CS}}$ 由高电平变为低电平则启动转换，此时时钟脉冲 SCLK 必须为低电平。

(2) A/D 转换启动后，内部控制逻辑切换采样/保持电路为保持状态，并使输出数据线 DOUT 变低，转换结束时 DOUT 由低变高。在整个转换期内，SCLK 应保持低电平。

(3) 一次转换结束后，内部控制逻辑将自动把采样/保持电路切换为采样状态。在外部时钟脉冲 SCLK 作用下读出数据，从时序图可以看出每一位数据是在时钟脉冲由高电平变低电平时送到数据输出端 DOUT 上，并一直保持到时钟脉冲下一次下降沿，因而每一位数据可以在时钟脉冲上升沿读出。在 13 个时钟脉冲后，数据读取结束，可将片选信号 $\overline{\text{CS}}$ 置为高电平，DOUT 端输出高电平。只要使片选信号再次有效，就可以重新开始一轮新的 A/D 转换和读取过程。

(4) 数据读取完成后，如果仍然保持片选信号有效，则 DOUT 端始终输出低电平。

4．MAX1241 与 51 单片机的接口

MAX1241 与 51 单片机在 Proteus 中的电路如图 9.17 所示，MAX1241 的电源与基准电压都采用+5V 电源供电，电源引脚配置一个 0.1μF 的滤波电容，基准电压输入端接被测电压，这里通过滑动变阻器(POT-HG)输入。关断控制输入端 $\overline{\text{SHDN}}$ 与 8051 的 P3.4 相连，P3.4 输出高电平处于正常工作模式，输出低电平处于节能模式。数据输出端 DOUT 与 P3.0 相连，外部时钟脉冲输入端 SCLK 与 P3.1 相连，片选端 $\overline{\text{CS}}$ 与 P3.2 相连。另外，连接了液晶显示器 LCD(LM016L)显示 ADC1241 测量的 12 位结果。LCD 与 51 单片机的连接与前面相同。

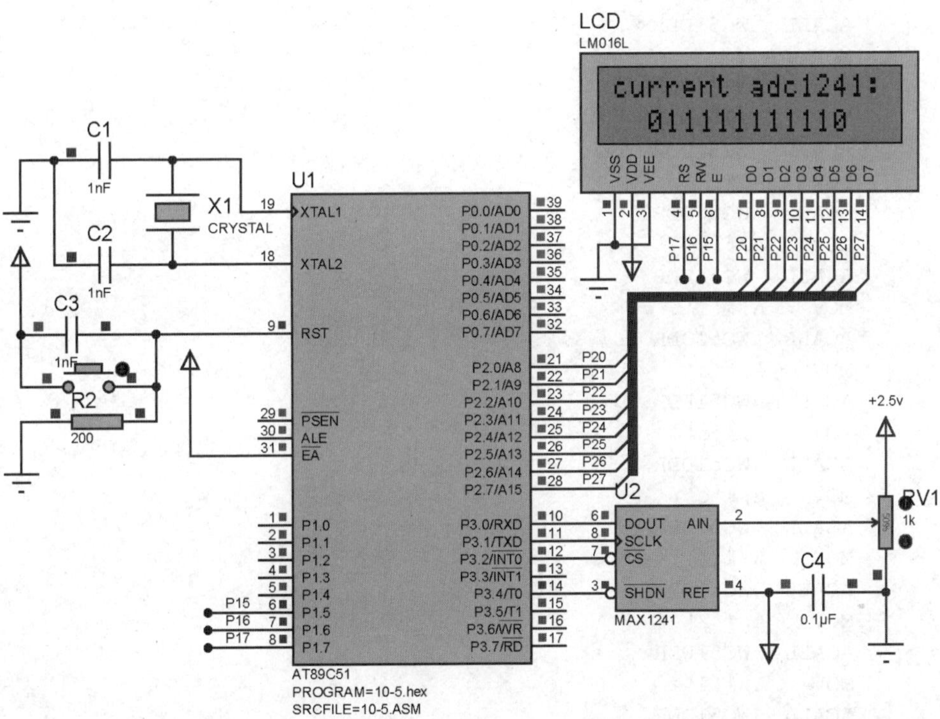

图 9.17　MAX1241 与 8051 的接口电路

汇编语言程序代码如下：

```
;*****************************************************************
; 功能：读出MAX1241芯片的12位转换值并在LCD上显示。MAX1241的
; DOUT数据输出端、 CS片选控制端和SCLK时钟输入端分别由8051
; 的P3.0、P3.1和P3.2控制,而MAX1241的SHDN由P3.4控制
;*****************************************************************
DOUT    EQU P3.0            ;MAX1241控制线定义
SCLK    EQU P3.1
CS      EQU P3.2
SHDN    EQU P3.4
RS      BIT   P1.7          ;LCD1602控制线定义
RW      BIT   P1.6
E       BIT   P1.5
        ORG  0000H
        LJMP   MAIN
        ORG  0100H
MAIN:   MOV   SP,#50H
        CLR   EA
        ACALL   LCD_INIT
        MOV   A,#80H            ;lcd第1行第1列开始显示current adc1241:
        ACALL   WC51R
        MOV    A,#'c'
        ACALL   WC51DDR
        MOV    A,#'u'
        ACALL   WC51DDR
        MOV    A,#'r'
        ACALL   WC51DDR
        MOV    A,#'r'
        ACALL   WC51DDR
        MOV    A,#'e'
        ACALL   WC51DDR
        MOV    A,#'n'
        ACALL   WC51DDR
        MOV    A,#'t'
        ACALL   WC51DDR
        MOV    A,#' '
        ACALL   WC51DDR
        MOV    A,#'a'
        ACALL   WC51DDR
        MOV    A,#'d'
        ACALL   WC51DDR
        MOV    A,#'c'
        ACALL   WC51DDR
        MOV    A,#'1'
        ACALL   WC51DDR
        MOV    A,#'2'
        ACALL   WC51DDR
        MOV    A,#'4'
        ACALL   WC51DDR
        MOV    A,#'1'
        ACALL  WC51DDR
```

```
        MOV     A,#':'
        ACALL   WC51DDR
DC:     MOV     A,#0c2H         ;lcd 第 2 行第 7 列开始显示 1241 的 12 位数据
        ACALL   WC51R
        SETB    SHDN            ;使 SHDN 脚为高电平,MAX1241 处于工作模式
        SETB    DOUT
        SETB    CS
        CLR     SCLK            ;A/D 转换子程序
        CLR     CS
HERE:   JNB     DOUT,HERE       ;没有转换完，等待
        SETB    SCLK
        ACALL   QUS             ;依次读出 12 位值并显示
        MOV     A,#30H
        ADDC    A,#0
        ACALL   WC51DDR
        ACALL   QUS
        MOV     A,#30H
        ADDC    A,#0
        ACALL   WC51DDR
        ACALL   QUS
        MOV     A,#30H
        ADDC    A,#0
        ACALL   WC51DDR
        ACALL   QUS
        MOV     A,#30H
        ADDC    A,#0
        ACALL   WC51DDR
        ACALL   QUS
        MOV     A,#30H
        ADDC    A,#0
        ACALL   WC51DDR
        ACALL   QUS
        MOV     A,#30H
        ADDC    A,#0
        ACALL   WC51DDR
        ACALL   QUS
        MOV     A,#30H
        ADDC    A,#0
        ACALL   WC51DDR
        ACALL   QUS
        MOV     A,#30H
        ADDC    A,#0
        ACALL   WC51DDR
        ACALL   QUS
        MOV     A,#30H
        ADDC    A,#0
        ACALL   WC51DDR
        ACALL   QUS
        MOV     A,#30H
        ADDC    A,#0
        ACALL   WC51DDR
        ACALL   QUS
```

```
        MOV    A,#30H
        ADDC    A,#0
        ACALL  WC51DDR
        ACALL   QUS
        MOV    A,#30H
        ADDC    A,#0
        ACALL  WC51DDR
        SETB    CS
        CLR SHDN                 ;使 SHDN 脚为低电平,MAX1241 工作于关断模式
        LJMP  DC                 ;重复
QUS:    CLR SCLK
        NOP
        SETB    SCLK
        MOV C,DOUT
        RET
;LCD 初始化子程序
LCD_INIT:MOV  A,#00000001H ;清屏
        ACALL  WC51R
        MOV    A,#00111000B  ;使用 8 位数据,显示两行,使用 5×7 的字型
        LCALL  WC51R
        MOV    A,#00001100B ;显示器开,光标关,字符不闪烁
        LCALL  WC51R
        MOV    A,#00000110B ;字符不动,光标自动右移一格
        LCALL  WC51R
        RET
;检查忙子程序
F_BUSY: PUSH   ACC               ;保护现场
        MOV    P2,#0FFH
        CLR    RS
        SETB   RW
WAIT:   CLR    E
        SETB   E
        JB    P2.7,WAIT          ;忙,等待
        POP   ACC                ;不忙,恢复现场
        RET
;写入命令子程序
WC51R:  ACALL   F_BUSY
        CLR    E
        CLR    RS
        CLR    RW
        SETB   E
        MOV    P2,ACC
        CLR    E
        RET
;写入数据子程序
WC51DDR:ACALL  F_BUSY
        CLR    E
        SETB   RS
        CLR    RW
        SETB   E
        MOV    P2,ACC
        CLR    E
```

```
        RET
        END
```

C 语言程序代码如下：

```
/*************************************************************/
//功能：读出 MAX1241 芯片的 12 位转换值并在 LCD 上显示。
//DOUT 数据输出端、 CS 片选控制端和 SCLK 时钟输入端分别由 8051
//的 P3.0、P3.1 和 P3.2 控制,而 MAX1241 的 SHDN 由 P3.4 控制
/*************************************************************/
#include <reg52.h>
#include <intrins.h>
#define uchar unsigned char
sbit    EN=P1^5;            //LCD1602 控制线定义
sbit    RW=P1^6;
sbit    RS=P1^7;
sbit    DOUT=P3^0;          //MAX1241 控制线定义
sbit    SCLK=P3^1;
sbit    CS=P3^2;
sbit    SHDN=P3^4;
uchar buff1[]={"current adc1241:"};//第一行显示内容
uchar buff2[12];           //ADC1241 的 12 位数据缓冲器

//检查忙函数
void  fbusy()
{
    P2 = 0xff;
    RS = 0;
    RW = 1;
    EN = 1;
    EN = 0;
    while((P2 & 0x80))
    {
      EN = 0;
      EN = 1;
    }
}
//写命令函数
void  wc51r(uchar  j)
{
   fbusy();
    EN = 0;
    RS = 0;
    RW = 0;
    EN = 1;
    P2 = j;
    EN = 0;
}
//写数据函数
void  wc51ddr(uchar  j)
{
    fbusy();          //读状态;
```

```
    EN = 0;
    RS = 1;
    RW = 0;
    EN = 1;
    P2 = j;
    EN = 0;
}
void  init()
{
   wc51r(0x01);         //清屏
   wc51r(0x38);         //使用 8 位数据，显示两行，使用 5×7 的字型
   wc51r(0x0c);         //显示器开，光标开，字符不闪烁
   wc51r(0x06);         //字符不动，光标自动右移一格
}
void adc(void)       //读 ADC1241 函数，读出的 12 位编码放缓冲器
{
    uchar   i;
    SHDN=1;SCLK=0;CS=0;
    while(!DOUT){;}
    SCLK=1;
    for (i=0;i<12;i++)
    {
        SCLK=0; _nop_();SCLK=1;
        if (DOUT) buff2[i]=0x31;else buff2[i]=0x30;
    }
    CS=1;SHDN=0;
}
void main()                      //主程序
{
   uchar  k;
   SP=0x50;
   EA=0;
   init();
   wc51r(0x80);
   for (k=0;k<16;k++)         //第一行显示"current adc1241:"
   { wc51ddr(buff1[k]);}
    while(1)
    {
      adc();                       //调用 A/D 转换函数，12 位结果放缓冲器 buff2
      wc51r(0xc2);
      for (k=0;k<12;k++)         //第二行显示 buff2 缓冲器的 12 位结果
      { wc51ddr(buff2[k]);}
    }
}
```

习　　题

1. 简述 D/A 转换器的主要性能指标。
2. 简述逐次逼近型 A/D 转换器的工作原理。

3. 简述双重积分型 A/D 转换器的工作原理。

4. 简述 A/D 转换器的主要性能指标。

5. 简述 DAC0832 的基本组成。

6. DAC0832 有几种工作方式？这几种方式是如何实现的？

7. 简述 ADC0808/0809 的工作过程。

8. 利用 DAC0832 芯片，采用单缓冲方式，产生一个周期具有 8 级阶梯的梯形波，分别用汇编语言和 C 语言编程实现。

9. 设计 8 路模拟量输入的巡回检测系统，使用查询的方法采样数据，采样的数据存放在片内 RAM 的 8 个单元中，分别用汇编语言和 C 语言编程实现。

10. 参考书上 MAX1241 的例子，设计数字电压表，输入电压 0～5V，LCD 显示，显示形式为 0～5.00V，分别用汇编语言和 C 语言编程实现。

11. 参考书上 MAX517 的例子，产生方波、三角波和正弦波，分别用汇编语言和 C 语言编程实现。

第 10 章　51 单片机应用系统设计

前面章节已经介绍了单片机的基本组成、功能及扩展电路，单片机的软、硬件资源的组织和使用。除此之外，一个实际的单片机应用系统设计还涉及很多复杂的内容与问题，比如最优方案的选择，软件、硬件设计与配合等。本章先介绍单片机应用系统的开发过程，再用三个实用例子来具体介绍。另外，考虑到现在复杂的单片机应用程序开发基本上不再用汇编，而是用 C 语言，因此，本章软件程序部分都通过 C 语言编写，没有再给出相应的汇编程序。

10.1　单片机应用系统开发过程

单片机应用系统由硬件系统和软件系统两部分组成。硬件系统是指单片机以及扩展的存储器、I/O 接口、外围扩展的功能芯片以及其接口电路。软件系统包括监控程序和各种应用程序。

10.1.1　单片机应用系统开发的基本过程

开发一个单片机应用系统，一般可分为以下几个步骤。

1. 明确系统的任务和功能要求

开发设计一个单片机应用系统，首先要明白具体任务是什么，要达到什么样的功能要求。不同的任务，具体的功能要求不一样。系统的任务和功能要求一般由开发系统的投资方提出，开发设计人员认可。如开发一套单片机路灯控制系统，首先要明确功能要求，如：定时开灯、关灯，根据季节的变化改变开灯、关灯时间，故障路灯的状态信息及时反馈、某些路灯的单独控制以及成本信息等。目标任务和功能要求应尽可能清晰、完善。有些目标任务在开始设计时并不是非常清楚、完善，随着系统的研制开发、现场的应用以及市场的变化可能会有不断的更新和变化，设计方案要尽可能适应这些变化。

2. 系统的总体方案设计

根据系统的功能技术指标要求，确定系统的总体设计方案。系统的总体方案设计包括系统总体设计思想、方案选择、单片机的选择、关键器件的选型、硬件软件功能的划分以及总体设计方案的确定等。在此阶段要对元器件市场情况有所了解。

在总体方案设计时要综合考虑硬件与软件，硬件选择上要能满足精度要求，软件采用合适的数学模型和算法。硬件、软件功能在一定程度上具有互换性，即有些硬件电路的功能可用软件实现，反之亦然。具体如何选择，要根据具体功能要求、设计难易程度及整个系统的性价比，加以综合平衡后确定。一般而言，使用硬件完成速度较快，精度高，可节省 CPU 的时间，但价格相对昂贵。用软件实现则相对经济，但占用 CPU 较多的时间，精度相对低。一般的原则是：在 CPU 时间允许的情况下，尽量采用软件。

3. 系统详细设计

系统总体方案确定后，就可以进行详细的硬件系统设计和软件系统设计。硬件系统设计主要包括具体芯片的选择、单片机小系统设计和外围相应接口电路设计；软件系统设计主要包含资源分配、模块划分、模块设计与主程序设计，设计时要画出主要模块的流程图，最后给出所有软件程序。

4. 系统仿真与制作

系统详细设计后，系统设计正确与否，我们可以先进行软硬件仿真，现在单片机软硬件仿真系统和工具很多，软件仿真工具如 Keil 51，硬件仿真工具如 Proteus。另外很多单片机系统开发公司都提供自己的仿真和开发工具。仿真完成后就可以进行具体实物制作。实物设计后，就可以用实物进行系统调试与修改。

5. 系统调试与修改

系统调试是检测所设计系统的正确性与可靠性的必要过程。单片机应用系统设计是一个相当复杂的劳动过程，在设计、制作中，难免存在一些局部性的问题或错误。系统调试可发现存在的问题和错误，以便及时地进行修改。调试与修改的过程可能要反复多次，最终使系统试运行成功，并达到设计要求。

6. 生成正式系统或产品

系统硬件、软件调试通过后，就可以把调试完毕的软件固化在 EPROM 中，然后脱机(脱离开发系统)运行。如果脱机运行正常，再在真实环境或模拟真实环境下运行，经反复运行正常，开发过程即告结束。这时的系统只能作为样机系统，给样机系统加上外壳、面板，再配上完整的文档资料，就可生成正式的系统(或产品)。

10.1.2　单片机应用系统的硬件系统设计

单片机应用系统的硬件系统设计是指通过单片机芯片、扩展电路、外围功能芯片以及其接口电路组成相应的具体硬件电路。单片机应用系统的硬件系统设计包括三个部分内容：单片机芯片及主要器件的选择、单片机系统扩展及配置和其他电路设计。

1. 单片机芯片及主要器件的选择

单片机系统的设计是以单片机为核心，合理选择单片机芯片可以使设计更加方便、简洁和经济。现在生产 51 单片机芯片的厂家很多，不同厂家的芯片其内部结构与功能部件各不相同，但它们的基本原理相同，指令相互兼容，选择时要根据当前情况进行。一般可根据下面几个方面进行选择。

1)　程序存储器

现在单片机系统设计时一般都选择内部带程序存储器的，这样可使系统更加简单。带的程序存储器有 ROM、EPROM、EEPROM、FlashROM 或 OTPROM 等类型，容量有 2KB、4KB、8KB、16KB、32KB、64KB 等。通常的做法是在软件开发过程中采用 EEPROM 或 FlashROM 型芯片，而最终产品采用 OTPROM 型芯片(一次性可编程 EPROM 芯片)，这样既可提高系统开发的效率，又可以提高产品的性价比。

2) 数据存储器

单片机片内带 128B 或 256B，在一般数据处理时够用，系统不用再扩展片外数据存储器，这样系统比较简单。如果是大批量数据处理，集成片内数据存储器不够用，这时只有通过随机存储器芯片扩展片外数据存储器。

3) 集成的外部设备

现在生产单片机的厂家很多，很多厂家都在基本系统的基础上又集成相应的外部设备，比如在片内集成看门狗电路 WOT、PWM 发射器、串行 EEPROM、A/D 接口、D/A 接口、比较器等。提供 UART、I2C、SPI、CAN 等通信协议的串行接口。集成的外部设备不同，芯片的功能和价格也不一样，可通过系统使用情况进行选择。

4) 并行 I/O 接口

在单片机应用系统中，外部设备通常是通过并行 I/O 接口来实现连接，单片机带的并行 I/O 口越多，可扩展的外部设备就越多，越方便。但单片机芯片的引脚数目增多必然使得芯片面积大，最后单片机系统的体积增大，选择时一般在够用的情况下有一定的余量即可。

5) 系统速度匹配

51 单片机时钟频率可在 1.2～24MHz 之间，在不影响系统性能的前提下，时钟频率选择低一点好，这样可提高系统中对元器件工作速度的要求，提高系统的可靠性。

单片机应用系统中，除了单片机芯片外，还涉及一些主要器件，比如电子时钟系统中的实时时钟芯片、温度控制系统中的温度传感器芯片、无线数据收发系统中的无线数据收发模块芯片、显示系统中的显示模块等，这些功能模块芯片现在有很多，同种功能的模块也有很多公司生产，不同的公司的产品内部结构不同，使用方法不一样，在使用时根据具体情况进行选择，通过相应的方法进行使用。

2. 单片机系统扩展及配置

单片机系统扩展是指单片机内部的功能单元(如程序存储器、数据存储器、I/O 口、定时/计数器、中断系统等)的容量不能满足应用系统的要求时，必须在片外进行扩展，这时应选择适当的芯片，设计相应的扩展连接电路；系统配置是按照系统功能要求来配置外围设备，如键盘、显示器、打印机、A/D 转换器、D/A 转换器等，设计相应的接口电路。

系统扩展和配置设计遵循的原则如下。

(1) 尽可能选择典型通用的电路，并符合单片机的常规用法。为硬件系统的标准化、模块化奠定良好的基础。

(2) 系统的扩展与外围设备配置的水平应充分满足应用系统当前的功能要求，并留有适当余地，便于以后进行功能的扩充。

(3) 硬件结构应结合应用软件方案一并考虑。硬件结构与软件方案会产生相互影响，考虑的原则是：软件能实现的功能尽可能由软件实现，即尽可能地用软件代硬件，以简化硬件结构，降低成本，提高可靠性。但必须注意，由软件实现的硬件功能，其响应时间要比直接用硬件长。因此，某些功能选择以软件代硬件实现时，应综合考虑系统响应速度、实时要求等相关的技术指标。

(4) 整个系统中相关的器件要尽可能做到性能匹配。例如，选用晶振频率较高时，存储器的存取时间就短，应选择存取速度较快的芯片；选择 CMOS 芯片单片机构成低功耗系统时，系统中的所有芯片都应该选择低功耗产品。如果系统中相关的器件性能差异很大，系统综合性能将降低，甚至不能正常工作。

(5) 可靠性及抗干扰设计是硬件设计中不可忽视的一部分，它包括芯片、器件选择、去耦滤波、印刷电路板布线、通道隔离等。如果设计中只注重功能实现，而忽视可靠性及抗干扰设计，结果会事倍功半，甚至会造成系统崩溃，前功尽弃。

(6) 单片机外接电路较多时，必须考虑其驱动能力。驱动能力不足时，系统工作会不可靠。解决的办法是增加驱动能力，增强总线驱动器或者减少芯片功耗，降低总线负载。

3. 其他电路设计

除了前面的电路外，一般还有下面的几个部分。

1) 译码电路

外部扩展电路比较多时，就需要设计译码电路。译码电路要尽可能简单，这就要求存储空间分配合理，译码方式选择得当。

考虑到修改方便与保密性，译码电路除了可以使用常规的门电路、译码器实现外，还可以利用只读存储器与可编程门阵列来实现。

2) 总线驱动器

如果单片机外部扩展的器件较多，负载过重，就要考虑设计总线驱动器。比如，51 单片机的 P0 口负载能力为 8 个 TTL 芯片，P2 口负载能力为 4 个 TTL 芯片，如果 P0、P2 口实际连接的芯片数目超出上述定额，就必须在 P0、P2 口增加总线驱动器来提高它们的驱动能力。P0 口应使用双向数据总线驱动器(如 74LS245)，P2 口可使用单向总线驱动器(如 74LS244)。

3) 抗干扰电路

针对可能出现的各种干扰，应设计抗干扰电路。在单片机应用系统中，一个不可缺少的抗干扰电路就是抗电源干扰电路。最简单的实现方法是在系统弱电部分(以单片机为核心)的电源入口对地跨接 1 个大电容(100μF 左右)与一个小电容(0.1μF 左右)，在系统内部芯片的电源端对地跨接 1 个小电容(0.01～0.1μF)。

另外，可以采用隔离放大器、光电隔离器件，抗共地干扰，采用差分放大器抗共模干扰，采用平滑滤波器抗白噪声干扰，采用屏蔽手段抗辐射干扰等。

10.1.3 单片机应用系统的软件设计

整个单片机应用系统是一个整体。在进行应用系统总体设计时，软件设计和硬件设计应统一考虑，相结合进行。软、硬件功能可以在一定范围内变化。一些硬件电路的功能可以由软件来实现，反之亦然。在应用系统设计中，系统的软、硬件功能划分要根据系统的要求而定，若要提高速度，减少存储容量和软件研制的工作量，则多用硬件来实现；若要提高灵活性和适应性，节省硬件开支，则多用软件来实现。系统的硬件电路设计定型后，软件的功能也就基本明确了。

一个应用系统中的软件一般是由系统监控程序和应用程序两部分构成的。其中，应用程序是用来完成如测量、计算、显示、打印、输出控制等各种实质性功能的软件；系统监控程序是控制单片机系统按预定操作方式运行的程序，它负责组织调度各应用程序模块，完成系统自检、初始化，处理键盘命令、处理接口命令、处理条件触发和显示等功能。

软件设计时，应根据系统软件功能的要求，将软件分成若干个相对独立的部分，并根据它们之间的联系和时间上的关系，设计出软件的总体结构，画出程序流程框图。画流程框图时还要对系统资源作具体的分配和说明。根据系统特点和用户的了解情况选择编程语言，现在一般用汇编语言和 C 语言。汇编语言编写程序对硬件操作很方便，编写的程序代码短，以前单片机应用系统软件主要用汇编语言来编写；C 语言功能丰富，表达能力强，使用灵活方便，应用面广，目标程序效率高，可移植性好，现在单片机应用系统开发很多都用 C 语言来进行开发和设计。

1. 软件设计的特点

应用系统中的软件是根据系统功能设计的，应可靠地实现系统的各种功能。应用系统种类繁多，应用软件各不相同，但是一个优秀的应用系统的软件应具有以下特点。

(1) 软件结构清晰、简捷、流程合理。

(2) 各功能程序实现模块化、系统化。这样，既便于调试、连接，又便于移植、修改和维护。

(3) 程序存储区、数据存储区规划合理，既能节约存储容量，又能给程序设计与操作带来方便。

(4) 运行状态实现标志化管理。各个功能程序运行状态、运行结果以及运行需求都设置状态标志以便查询，程序的转移、运行、控制都可通过状态标志来控制。

(5) 经过调试修改后的程序应进行规范化，除去修改“痕迹”。规范化的程序便于交流、借鉴，也为以后的软件模块化、标准化打下基础。

(6) 实现全面软件抗干扰设计。软件抗干扰是计算机应用系统提高可靠性的有力措施。

(7) 为了提高运行的可靠性，在应用软件中设置自诊断程序，在系统运行前先运行自诊断程序，用以检查系统各特征参数是否正常。

2. 资源分配

合理地分配资源对软件的正确编写起着很重要的作用。一个单片机应用系统的资源主要分为片内资源和片外资源。片内资源是指单片机内部的中央处理器、程序存储器、数据存储器、定时/计数器、中断、串行口、并行口等。不同的单片机芯片，内部资源的情况各不相同，在设计时就要充分利用内部资源。当内部资源不够用时，就需要有片外扩展。

在这些资源分配中，定时/计数器、中断、串行口等分配比较容易，这里介绍程序存储器和数据存储器的分配。

1) 程序存储器 ROM/EPROM 资源的分配

程序存储器 ROM/EPROM 用于存放程序和数据表格。按照 MCS-51 单片机的复位及中断入口的规定，002FH 以前的地址单元作为中断、复位入口地址区。在这些单元中一般都设置了转移指令，用于转移到相应的中断服务程序或复位启动程序。当程序存储器中存放的功能程序及子程序数量较多时，应尽可能为它们设置入口地址表。一般的常数、表格集中设置在表格区。二次开发、扩展部分尽可能放在高位地址区。

2)　数据存储器 RAM 资源的分配

RAM 分为片内 RAM 和片外 RAM。片外 RAM 的容量比较大，通常用来存放批量大的数据，如采样结果数据；片内 RAM 容量较少，应尽量重叠使用，如数据暂存区与显示、打印缓冲区重叠。

对于 51 单片机来说，片内 RAM 是指 00H～7FH 的单元，这 128 个单元的功能并不完全相同，分配时应注意发挥各自的特点，做到物尽其用。

00H～1FH 这 32 个字节可以作为工作寄存器组，在工作寄存器的 8 个单元中，R0 和 R1 具有指针功能，是编程的重要角色，应充分发挥其作用。系统上电复位时，PSW 等于 00H，当前工作寄存器选择 0 组，而工作寄存器组 1 为堆栈，并向工作寄存器组 2、3 延伸。若在中断服务程序中，也要使用 R1 寄存器且不将原来的数据冲掉，则可在主程序中先将堆栈空间设置在其他位置，然后在进入中断服务程序后选择工作寄存器组 1，这时若再执行如 MOV　R1，#00H 指令时，就不会冲掉主程序 R1(01H 单元)中原来的内容，因为中断服务程序中 R1 的地址已改变为 09H、11H 或 19H。在中断服务程序结束时，可重新选择工作寄存器组 0。因此，通常可在应用程序中，安排主程序及调用的子程序来使用工作寄存器组 0，而安排定时器溢出中断、外部中断、串行口中断来使用工作寄存器组 1、2 或 3。

10.2　单片机电子时钟设计

在日常生活中，电子时钟与我们密切相关，在很多地方都会用到电子时钟。除了专用的时钟、计时显示牌外，许多应用系统常常也带有实时时钟显示，如各种智能化仪器仪表、工业过程控制系统以及家用电器等。

10.2.1　单片机电子时钟的功能要求

本设计电子时钟主要功能如下：

(1)　自动计时功能。

(2)　能显示计时时间，显示效果良好。

(3)　有校时功能，能对时间进行校准。

扩展功能：(用户自己添加)

(4)　具有整点报时功能，在整点时使用蜂鸣器进行报时。

(5)　具有定时闹钟功能，能设定定时闹钟，在时间到时能使蜂鸣器鸣叫。

10.2.2　单片机电子时钟的总体方案

51 单片机电子时钟方案选择主要涉及两个方面：计时方案和显示方案。

1. 计时方案

单片机电子时钟计时有两种方法：第一种是通过单片机内部的定时/计数器，采用软件编程来实现时钟计时，这种实现的时钟一般称为软时钟，这种方法的硬件线路简单，系统的功能一般与软件设计相关，通常用在对时间精度要求不高的场合；第二种是采用专用的硬件时钟芯片计时，采用这种方法实现的时钟一般称为硬时钟。专用的时钟芯片功能比较强大，除了自动实现基本计时外，一般还具有日历和闰年补偿等功能，计时准确，软件编程简单，但硬件成本相对较高，通常用在对时钟精度要求较高的场合。

2. 显示方案

对于电子时钟而言，显示是另一个重要的环节。显示通常采用两种方式：LED 数码管显示和 LCD 液晶显示。其中 LED 数码管显示亮度高，显示内容清晰，根据具体的连接方式可分为静态显示和动态显示，在多个数码管时一般采用动态显示，动态显示时须要占用 CPU 的大量时间来执行动态显示程序，显示效果往往和显示程序的执行相关。LCD 液晶显示一般能显示的信息多，显示效果好，而且液晶显示器一般都带控制器，显示过程由自带的控制器控制，不需要 CPU 参与，但液晶显示器造价相对较高。

比较计时和显示方案，根据系统要求，定时选择硬件定时，显示选择 LCD 液晶显示，总体设计框图如图 10.1 所示。

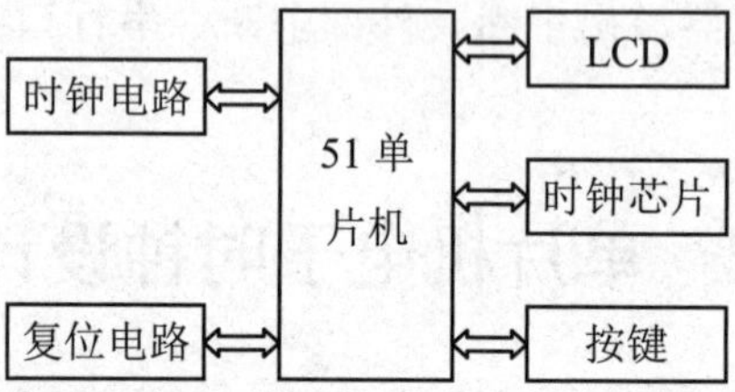

图 10.1 总体设计框图

10.2.3 单片机电子时钟的主要部件介绍

根据系统设计方案，该系统主要部件有三个：51 单片机、时钟芯片和 LCD 模块芯片。51 单片机选择价格便宜、市场容易购买的 AT89C52，LCD 选择 LCD1602，时钟芯片选择 DS1302。AT89C52 是 52 子系列的 51 单片机，集成 8KB 内部程序存储器，内部结构和 8051 相同，不再介绍；LCD1602 在 8.3 节已经介绍；这里只介绍时钟芯片 DS1302。

1. DS1302 简介

DS1302 是 DALLAS 公司推出的高性能低功耗涓流充电时钟芯片，内含有一个实时时钟/日历寄存器和 31 个字节静态 RAM，实时时钟/日历寄存器能提供 2100 年之前的秒、分、时、日、日期、月、年等信息，每月的天数和闰年的天数可自动调整，时钟操作可通过 AM/PM 指示决定采用 24 小时或 12 小时格式。内部 31 个字节静态 RAM 可提供用户访问。对时钟/日历寄存器、RAM 的读/写，可以采用单字节方式或多达 31 个字节的字符组方式；工作电压范围宽，为 2.0～5.5V；与 TTL 兼容，VCC=5V；温度范围宽，可在 -40℃～+85℃正常工作；采用主电源和备份电源双电源供电，备份电源可由电池或大容量电容实现；功耗很低，保持数据和时钟信息时功率小于 1mW。

2. DS1302 引脚功能

DS1302 可采用 8 脚 DIP 封装或 SOIC 封装，引脚图如图 10.2 所示。

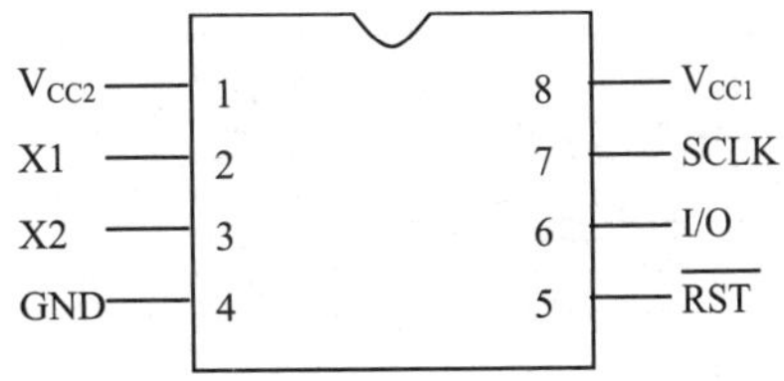

图 10.2　DS1302 的引脚图

引脚功能如下。

X1、X2：32.768kHz 晶振接入引脚。

GND：地。

$\overline{RST}$：复位引脚，低电平有效。

I/O：数据输入/输出引脚，具有三态功能。

SCLK：串行时钟输入引脚。

V_{CC1}：电源 1 引脚。

V_{CC2}：电源 2 引脚。

在单电源与电池供电的系统中，V_{CC1} 提供低电源并提供低功率的备用电源。在双电源系统中，V_{CC2} 提供主电源，V_{CC1} 提供备用电源，以便在没有主电源时能保存时间信息以及数据，DS1302 由 V_{CC1} 和 V_{CC2} 两者中较大的供电。DS1302 与单片机之间能简单地采用同步串行的方式进行通信，通信只需 RST(复位线)、I/O(数据线)和 SCLK(串行时钟)三根信号线。

3. DS1302 的时钟/日历寄存器及片内 RAM

DS1302 有一个控制寄存器、12 个时钟/日历寄存器和 31 个 RAM。

1)　控制寄存器

控制寄存器用于存放 DS1302 的控制命令字，DS1302 的 $\overline{RST}$ 引脚回到高电平后写入的第一个字就为控制命令字。它用于对 DS1302 读写过程进行控制，它的格式如图 10.3 所示。

D7	D6	D5	D4	D3	D2	D1	D0
1	RAM/$\overline{CK}$	A4	A3	A2	A1	A0	RD/$\overline{W}$

图 10.3　控制寄存器的格式

各项功能说明如下。

D7：固定为 1。

D6：RAM/$\overline{CK}$ 位，片内 RAM 或日历、时钟寄存器选择位，当 RAM/$\overline{CK}$=1 时，对片内 RAM 进行读写；当 RAM/$\overline{CK}$=0 时，对日历、时钟寄存器进行读写。

D5～D1：地址位，用于选择进行读写的日历、时钟寄存器或片内 RAM。对日历、时钟寄存器或片内 RAM 的选择如表 10.1 所示。

表 10.1　日历、时钟寄存器的选择

寄存器名称	D7	D6	D5	D4	D3	D2	D1	D0
	1	RAM/$\overline{CK}$	A4	A3	A2	A1	A0	RD/$\overline{W}$
秒寄存器	1	0	0	0	0	0	0	0 或 1
分寄存器	1	0	0	0	0	0	1	0 或 1

续表

寄存器名称	D7	D6	D5	D4	D3	D2	D1	D0
	1	RAM/$\overline{\text{CK}}$	A4	A3	A2	A1	A0	RD/$\overline{\text{W}}$
小时寄存器	1	0	0	0	0	1	0	0 或 1
日寄存器	1	0	0	0	0	1	1	0 或 1
月寄存器	1	0	0	0	1	0	0	0 或 1
星期寄存器	1	0	0	0	1	0	1	0 或 1
年寄存器	1	0	0	0	1	1	0	0 或 1
写保护寄存器	1	0	0	0	1	1	1	0 或 1
涓流充电寄存器	1	0	0	1	0	0	0	0 或 1
时钟突发模式	1	0	1	1	1	1	1	0 或 1
RAM0	1	1	0	0	0	0	0	0 或 1
⋮	1	1	⋮	⋮	⋮	⋮	⋮	0 或 1
RAM30	1	1	1	1	1	1	0	0 或 1
RAM 突发模式	1	1	1	1	1	1	1	0 或 1

D0：读写位，当 RD/$\overline{\text{W}}$=1 时，对日历、时钟寄存器或片内 RAM 进行读操作；当 RD/$\overline{\text{W}}$=0 时，对日历、时钟寄存器或片内 RAM 进行写操作。

2)　日历、时钟寄存器

DS1302 共有 12 个寄存器，其中有 7 个与日历、时钟相关，存放的数据为 BCD 码形式。日历、时钟寄存器的格式如表 10.2 所示。

表 10.2　日历、时钟寄存器的格式

寄存器名称	取值范围	D7	D6	D5	D4	D3	D2	D1	D0
秒寄存器	00～59	CH	秒的十位			秒的个位			
分寄存器	00～59	0	分的十位			分的个位			
小时寄存器	01～12 或 00～23	12/24	0	A/P	HR	小时的个位			
日寄存器	01～31	0	0	日的十位		日的个位			
月寄存器	01～12	0	0	0	1 或 0	月的个位			
星期寄存器	01～07	0	0	0	0	星期几			
年寄存器	01～99	年的十位				年的个位			
写保护寄存器		WP	0	0	0	0	0	0	0
涓流充电寄存器		TCS	TCS	TCS	TCS	DS	DS	RS	RS
时钟突发寄存器									

说明：

(1) 数据都以 BCD 码形式表示。

(2) 小时寄存器的 D7 位为 12 小时制/24 小时制的选择位，当为 1 时选 12 小时制，当为 0 时选 24 小时制。当 12 小时制时，D5 位为 1 是上午，D5 位为 0 是下午，D4 位为小时的十位。当 24 小时制时，D5、D4 位为小时的十位。

(3) 秒寄存器中的 CH 位为时钟暂停位，当为 1 时，时钟暂停；为 0 时，时钟开始启动。

(4) 写保护寄存器中的 WP 为写保护位，当 WP=1 时，写保护；当 WP=0 时，未写保护。当对日历、时钟寄存器或片内 RAM 进行写时，WP 应清零；当对日历、时钟寄存器或片内 RAM 进行读时，WP 一般置 1。

(5) 涓流充电寄存器的 TCS 位控制涓流充电特性，当它为 1010 时才能使涓流充电器工作。DS 为二极管选择位。DS 为 01 选择一个二极管，DS 为 10 选择两个二极管，DS 为 11 或 00 充电器被禁止，与 TCS 无关。RS 用于选择连接在 VCC2 与 VCC1 之间的电阻，RS 为 00，充电器被禁止，与 TCS 无关，电阻选择情况如表 10.3 所示。

表 10.3　RS 对电阻的选择情况表

RS 位	电阻器	阻　值
00	无	无
01	R1	2kΩ
10	R2	4kΩ
11	R3	8kΩ

3) 片内 RAM

DS1302 片内有 31 个 RAM 单元，对片内 RAM 的操作有单字节方式和多字节方式两种。当控制命令字为 C0H～FDH 时为单字节读写方式，命令字中的 D5～D1 用于选择对应的 RAM 单元，其中奇数为读操作，偶数为写操作。当控制命令字为 FEH、FFH 时为多字节操作(表 10.1 中的 RAM 突发模式)，多字节操作可一次把所有的 RAM 单元内容进行读写。FEH 为写操作，FFH 为读操作。

4) DS1302 的输入/输出过程

DS1302 通过 $\overline{RST}$ 引脚驱动输入/输出过程，当置 $\overline{RST}$ 高电平启动输入/输出过程。在 SCLK 时钟的控制下，首先把控制命令字写入 DS1302 的控制寄存器，其次根据写入的控制命令字，依次读写内部寄存器或片内 RAM 单元的数据。对于日历、时钟寄存器，根据控制命令字，一次可以读写一个日历、时钟寄存器，也可以一次读写 8 个字节。对所有的日历、时钟寄存器(表 10.1 中的时钟突发模式)，写的控制命令字为 0BEH，读的控制命令字为 0BFH。对于片内 RAM 单元，根据控制命令字，一次可读写一个字节，一次也可读写 31 个字节。当数据读写完后，$\overline{RST}$ 变为低电平结束输入/输出过程。无论是命令字还是数据，一个字节传送时都是低位在前，高位在后，每一位的读写发生在时钟的上升沿。

4. DS1302 与 51 单片机的接口

图 10.4 是 DS1302 与 51 单片机的一种连接图。

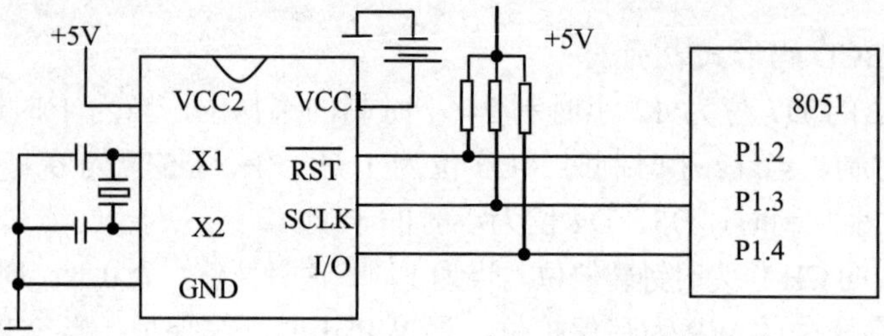

图 10.4 DS1302 与 51 单片机的连接图

DS1302 的 X1 和 X2 接 32kHz 晶体，VCC2 接主电源 *V*cc，VCC1 接备用电源(3V 的电池)。51 单片机与 DS1302 连接只需要 3 条线：时钟线 SCLK 与 P1.2 相连，数据线 I/O 与 P1.3 相连，复位线 $\overline{\text{RST}}$ 与 P1.4 相连。C 语言部分接口程序如下：

```
#include  <reg51.h>
#include  <intrins.h>
sbit T_RST = P1^2;     //DS1302 复位线引脚
sbit T_CLK = P1^3;     //DS1302 时钟线引脚
sbit T_IO = P1^4;      //DS1302 数据线引脚
…

//往 DS1302 写入 1 字节数据
void  WriteB(uchar  ucDa)
{
   uchar  i;
   ACC = ucDa;
   for(i=8; i>0; i--)
   {
      T_IO = ACC0;         //相当于汇编中的 RRC
      T_CLK = 1;
      T_CLK = 0;
      ACC = ACC >> 1;
   }
}
//从 DS1302 读取 1 字节数据
uchar  ReadB(void)
{
   uchar i;
   for(i=8; i>0; i--)
   {
      ACC = ACC >>1;
      ACC7 = T_IO;T_CLK = 1;T_CLK = 0;    //相当于汇编中的 RRC
   }
   return(ACC);
}
//DS1302 单字节写，向指定单元写命令/数据，ucAddr：DS1302 地址，
//ucDa：要写的命令/数据
void  v_W1302(uchar ucAddr,uchar ucDa)
{
   T_RST = 0;
   T_CLK = 0;
```

```
    nop_();_nop_();
    T_RST = 1;
    nop_();_nop_();
    WriteB(ucAddr);          /* 地址，命令 */
    WriteB(ucDa);            /* 写 1 字节数据*/
    T_CLK = 1;
    T_RST =0;
}
//DS1302 单字节读，从指定地址单元读出的数据
uchar  uc_R1302(uchar  ucAddr)
{
    uchar ucDa=0;
    T_RST = 0;T_CLK = 0;
    T_RST = 1;
    WriteB(ucAddr);              /*写地址*/
    ucDa = ReadB();              /*读 1 字节命令/数据 */
    T_CLK = 1;T_RST =0;
    return(ucDa);
}
```

10.2.4　单片机电子时钟的硬件电路

具体硬件电路如图 10.5 所示，单片机采用 AT89C52，系统时钟采用 12MHz 的晶振，时钟芯片采用 DS1302，显示器采用 LCD1602，DS1302 复位线 $\overline{RST}$ 与 89C 52 单片机的 P1.2 相连，时钟线 SCLK 与 P1.3 相连，数据线 I/O 与 P1.4 相连，DS1302 的 X1 和 X2 接 32kHz 晶体，VCC2 接主电源 Vcc，VCC1 接备用电源(3V 的电池)。LCD1602 的数据线与 89C 52 的 P2 口相连，RS 与 P1.7 相连，RD/$\overline{W}$ 与 P1.6 相连，E 端与 P1.5 相连。

另外，根据需要，按键设置了 3 个(K0、K1 和 K2)，采用独立式键位结构，通过 P1 口低 3 位相连。K0 为模式选择键，K1 为加 1 键，K2 为减 1 键。K0 没有按下，则正常走时，K0 按第一次，则可调年，按第二次，则可调月，按第三次，则可调日，按第四次，则可调小时，按第五次，则可调分，按第六次，则又回到正常走时。

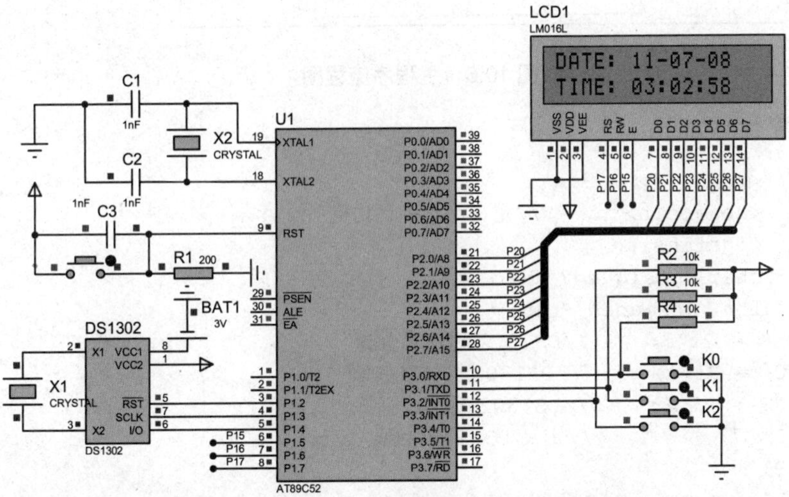

图 10.5　硬件定时 LCD 显示时钟硬件电路图

10.2.5 单片机电子时钟的软件程序

根据系统的功能，软件程序划分为以下几个部分：系统主程序、DS1302 驱动程序、LCD 驱动程序。主程序中调用 DS1302 驱动程序、LCD 驱动程序和独立式按键处理程序。LCD 驱动程序和 DS1302 驱动程序前面已介绍，这里主要介绍主程序。

主程序流程图如图 10.6 所示，先是将 LCD 初始化，其次在 LCD 显示日期和时间的提示信息，然后进入死循环，在循环中先判断是否有键按下，如按下 K0 键，则功能单元加 1；如按下 K1 键，则根据功能单元的内容把日期时间相应位加 1；如按下 K2 键，则根据功能单元的内容把日期时间相应位减 1；并把修改后的日期时间写入 1302(在这个过程中注意日期时间的数据格式的转换)。其次读 DS1302 日历时钟寄存器，读出的内容存入日期、时间缓冲区；最后把日期、时间缓冲区数转化为 ASCII 码放入 LCD 显示缓冲区并调用 LCD 显示程序显示。

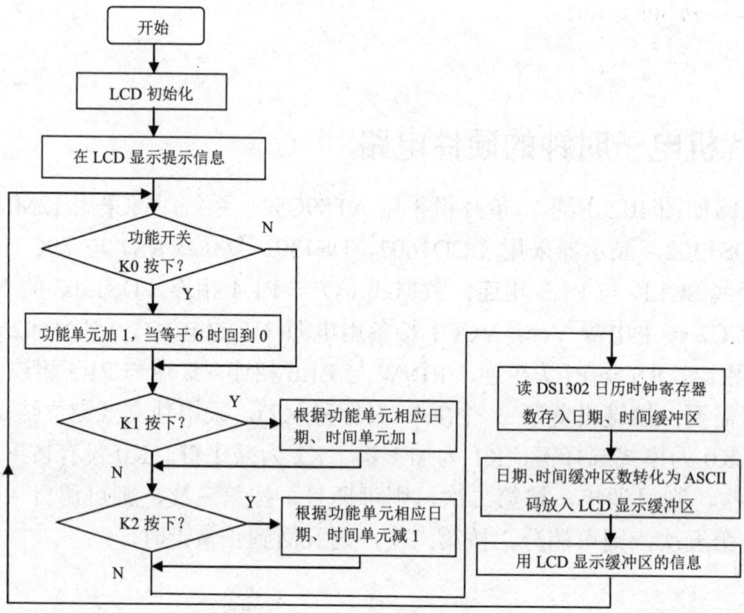

图 10.6 主程序流程图

C 语言程序代码如下：

```
#include  <reg51.h>
#include  <absacc.h>        //定义绝对地址访问
#include  <intrins.h>
#define  uchar  unsigned  char
#define  uint  unsigned  int
sbit T_CLK = P1^3;     //DS1302 时钟线引脚
sbit T_IO  = P1^4;      //DS1302 数据线引脚
sbit T_RST = P1^2;     //DS1302 复位线引脚
sbit RS=P1^7;            //定义 LCD 的控制线
sbit RW=P1^6;
sbit EN=P1^5;
sbit key0=P3^0;      //定义按键
```

```
sbit key1=P3^1;
sbit key2=P3^2;
sbit ACC7 =ACC^7;
sbit ACC0 =ACC^0;
uchar datechar[]={"DATE:"};
uchar timechar[]={"TIME:"};
uchar datebuffer[8]={0,0,0x2d,0,0,0x2d,0,0};      //定义日历显示缓冲区
uchar timebuffer[8]={0,0,0x3a,0,0,0x3a,0,0};      //定义时间显示缓冲区
uchar data ttime[3]={0x00,0x00,0x00};    //分别为秒、分和小时的值
uchar data tdata[3]={0x00,0x00,0x00};    //分别为年、月、日
//往 DS1302 写入 1 字节数据
void  WriteB(uchar  ucDa)
{
    uchar  i;
    ACC = ucDa;
    for(i=8; i>0; i--)
    {
        T_IO = ACC0;         //相当于汇编中的 RRC
        T_CLK = 1;
        T_CLK = 0;
        ACC = ACC >> 1;
    }
}
//从 DS1302 读取 1 字节数据
uchar  ReadB(void)
{
    uchar i;
    for(i=8; i>0; i--)
    {
        ACC = ACC >>1;
        ACC7 = T_IO;T_CLK = 1;T_CLK = 0;    //相当于汇编中的 RRC
    }
    return(ACC);
}
//DS1302 单字节写，向指定单元写命令/数据，ucAddr: DS1302 地址，
//ucDa: 要写的命令/数据
void  v_W1302(uchar ucAddr,uchar ucDa)
{
    T_RST = 0;
    T_CLK = 0;
    nop_();_nop_();
    T_RST = 1;
    nop_();_nop_();
    WriteB(ucAddr);            /* 地址，命令 */
    WriteB(ucDa);              /* 写 1 字节数据*/
    T_CLK = 1;
    T_RST =0;
}
//DS1302 单字节读，从指定地址单元读出的数据
uchar  uc_R1302(uchar  ucAddr)
{
```

```
    uchar ucDa=0;
    T_RST = 0;T_CLK = 0;

    T_RST = 1;
    WriteB(ucAddr);               /*写地址*/
    ucDa = ReadB();               /*读 1 字节命令/数据 */

    T_CLK = 1;T_RST =0;
    return(ucDa);
}
//LCD 检查忙函数
void  fbusy()
{
     P2  =  0xff;
     RS  =  0;
     RW  =  1;
     EN  =  1;
     EN  =  0;
     while((P2 & 0x80))
      {
         EN  =  0;
         EN  =  1;
      }
}
//LCD 写命令函数
void  wc51r(uchar  j)
{
    fbusy();
     EN  =  0;
     RS  =  0;
     RW  =  0;
     EN  =  1;
     P2  =  j;
     EN  =  0;
}
//LCD 写数据函数
void  wc51ddr(uchar  j)
{
     fbusy();          //读状态;
     EN  =  0;
     RS  =  1;
     RW  =  0;
     EN  =  1;
     P2  =  j;
     EN  =  0;
}
void  init()           //LCD1602 初始化
{
    wc51r(0x01);       //清屏
    wc51r(0x38);       //使用 8 位数据，显示两行，使用 5×7 的字型
    wc51r(0x0c);       //显示器开，光标开，字符不闪烁
```

```
    wc51r(0x06);            //字符不动，光标自动右移一格
}
//************延时函数************
void delay(uint i)         //延时函数
{
    uint y,j;
    for (j=0;j<i;j++)
    { for (y=0;y<0xff;y++){;} }
}
void main(void)
{
    uchar i,set;
    uchar data temp;
    SP=0X50;
    delay(10);
    init();
    wc51r(0x80);
    for (i=0;i<5;i++) wc51ddr(datechar[i]);   //第一行开始显示 DATA:
    wc51r(0xc0);
    for (i=0;i<5;i++) wc51ddr(timechar[i]);   //第二行开始显示 TIME:
    while(1)
    { P3=0XFF;
      if(key0==0)
      {  delay(10);
         if (key0==0)
         { while (key0==0); set++; if (set==6) set=0; }
      }
      if(key1==0)
      { delay(10);    //如果是加 1 键，则日历、时钟相应位加 1
        if (key1==0)
        {  while (key1==0);
           switch(set)
           {case 1:
             tdata[0]++;if (tdata[0]==100) tdata[0]=0;
             temp=(tdata[0]/10)*16+tdata[0]%10;
             v_W1302(0x8e,0);
             v_W1302(0x8c,temp);
             v_W1302(0x8e,0x80);
             break;
           case 2:
             tdata[1]++;if (tdata[1]==13) tdata[1]=1;
             temp=(tdata[1]/10)*16+tdata[1]%10;
             v_W1302(0x8e,0);
             v_W1302(0x88,temp);
             v_W1302(0x8e,0x80);
             break;
           case 3:
             tdata[2]++;if (tdata[2]==32) tdata[2]=1;
             temp=(tdata[2]/10)*16+tdata[2]%10;
             v_W1302(0x8e,0);
             v_W1302(0x86,temp);
```

```
                v_W1302(0x8e,0x80);
                break;
              case 4:
                ttime[2]++;if (ttime[2]==24) ttime[2]=0;
                temp=(ttime[2]/10)*16+ttime[2]%10;
                v_W1302(0x8e,0);
                v_W1302(0x84,temp);
                v_W1302(0x8e,0x80);
                break;
              case 5:
                ttime[1]++;if (ttime[1]==60) ttime[1]=0;
                temp=(ttime[1]/10)*16+ttime[1]%10;
                v_W1302(0x8e,0);
                v_W1302(0x82,temp);
                v_W1302(0x8e,0x80);
                break;
              }
          }
      }
      if(key2==0) { delay(10);      //如果是减 1 键，则日历、时钟相应位减 1
          if (key2==0) { while (key2==0);
            switch(set) {
            case 1:
              tdata[0]--;if (tdata[0]==0xff) tdata[0]=99;
              temp=(tdata[0]/10)*16+tdata[0]%10;
              v_W1302(0x8e,0);
              v_W1302(0x8c,temp);
              v_W1302(0x8e,0x80);
              break;
            case 2:
              tdata[1]--;if (tdata[1]==0x00) tdata[1]=12;
              temp=(tdata[1]/10)*16+tdata[1]%10;
              v_W1302(0x8e,0);
              v_W1302(0x88,temp);
              v_W1302(0x8e,0x80);
              break;
            case 3:
              tdata[2]--;if (tdata[2]==0x00) tdata[2]=31;
              temp=(tdata[2]/10)*16+tdata[2]%10;
              v_W1302(0x8e,0);
              v_W1302(0x86,temp);
              v_W1302(0x8e,0x80);
              break;
            case 4:
              ttime[2]--;if (ttime[2]==0xff) ttime[2]=23;
              temp=(ttime[2]/10)*16+ttime[2]%10;
              v_W1302(0x8e,0);
              v_W1302(0x84,temp);
              v_W1302(0x8e,0x80);
              break;
            case 5:
```

```
                ttime[1]--;if (ttime[1]==0xff) ttime[1]=59;
                temp=(ttime[1]/10)*16+ttime[1]%10;
                v_W1302(0x8e,0);
                v_W1302(0x82,temp);
                v_W1302(0x8e,0x80);
                break;
                }
            }
        }
    temp=uc_R1302(0x8d);  //读年，分成十位和个位，转换成字符放入日历显示缓冲区
    tdata[0]=(temp/16)*10+temp%16;     //存入年单元
    datebuffer[0]=0x30+temp/16;datebuffer[1]=0x30+temp%16;
    temp=uc_R1302(0x89);  //读月，分成十位和个位，转换成字符放入日历显示缓冲区
    tdata[1]=(temp/16)*10+temp%16;     //存入月单元
    datebuffer[3]=0x30+temp/16;datebuffer[4]=0x30+temp%16;
    temp=uc_R1302(0x87);  //读日，分成十位和个位，转换成字符放入日历显示缓冲区
    tdata[2]=(temp/16)*10+temp%16;     //存入日单元
    datebuffer[6]=0x30+temp/16;datebuffer[7]=0x30+temp%16;
    temp=uc_R1302(0x85); //读小时，分成十位和个位，转换成字符放入时间显示缓冲区
    temp=temp&0x7f;
    ttime[2]=(temp/16)*10+temp%16;     //存入小时单元
    timebuffer[0]=0x30+temp/16;timebuffer[1]=0x30+temp%16;
    temp=uc_R1302(0x83);  //读分，分成十位和个位，转换成字符放入时间显示缓冲区
    ttime[1]=(temp/16)*10+temp%16;     //存入分单元
    timebuffer[3]=0x30+temp/16;timebuffer[4]=0x30+temp%16;
    temp=uc_R1302(0x81);  //读秒，分成十位和个位，转换成字符放入时间显示缓冲区
    temp = temp & 0x7f;
    ttime[0]=(temp/16)*10+temp%16;
    timebuffer[6]=0x30+temp/16;timebuffer[7]=0x30+temp%16;
    wc51r(0x86);             //第一行后面显示日历
    for (i=0;i<8;i++) wc51ddr(datebuffer[i]);
    wc51r(0xc6);             //第二行后面显示时间
    for (i=0;i<8;i++) wc51ddr(timebuffer[i]);
   }
}
```

10.3　单片机多点温度测量系统设计

温度是我们生活中非常重要的物理量。随着科学技术的不断进步与发展，温度测量在工业控制、电子测温计、医疗仪器、家用电器等各种控制系统中广泛应用。

10.3.1　单片机多点温度测量系统的功能要求

单片机多点温度测量系统功能要求如下：

(1)　能够测量多点温度值。

(2)　精度 0.1℃。

(3)　能通过显示器显示测量点编号和温度值。

(4)　可轮流显示各测量点或指定显示某个测量点。

扩展功能：(用户自己添加)

(5) 可增加温度上下限报警功能。

10.3.2 单片机多点温度测量系统的总体方案

51 单片机多点温度测量系统方案选择主要涉及两个方面：温度测量方案和显示方案。

温度测量，通常可以使用两种方式：一种是用热敏电阻之类的器件，由于感温效应，热敏电阻的阻值能够随温度发生变化，当热敏电阻接入电路，则流过它的电流或其两端的电压就会随温度发生相应的变化，再将随温度变化的电压或电流采集过来，进行 A/D 转换后，发送到单片机进行数据处理，通过显示电路，就可以将被测温度显示出来。这种设计需要用到 A/D 转换电路，其测温电路比较麻烦。第二种方法是用温度传感器芯片。温度传感器芯片能把温度信号转换成数字信号，直接发送给单片机，转换后通过显示电路显示即可。这种方法电路结构简单，设计方便，而且精度较高，可满足绝大部分功能要求，现在使用非常广泛。本设计选择第二种方法设计的单片机数字显示温度计，

显示可以采用 LED 数码管显示和 LCD 液晶显示。LED 数码管显示亮度高，显示内容清晰，但显示信息多时需要数码管个数多，只能通过动态显示方式连接，显示时须占用 CPU 的大量时间。LCD 液晶显示的信息多，显示效果好，一般都带控制器，显示过程由控制器控制，不需要占用 CPU 的时间。因此设计中采用 LCD 显示。

多路温度测量系统的总体结构如图 10.7 所示，系统包含以下几个部分：51 单片机、时钟电路、复位电路组成的 51 单片机小系统；多点测温模块；LCD 显示模块和按键模块。处理时：由 51 单片机控制依次从各个测温模块测量出温度数字量，根据数字量和温度的关系计算出温度值存入缓冲区；由按键控制从缓冲区依次取出在 LCD 显示器显示或显示某个测量点温度值。

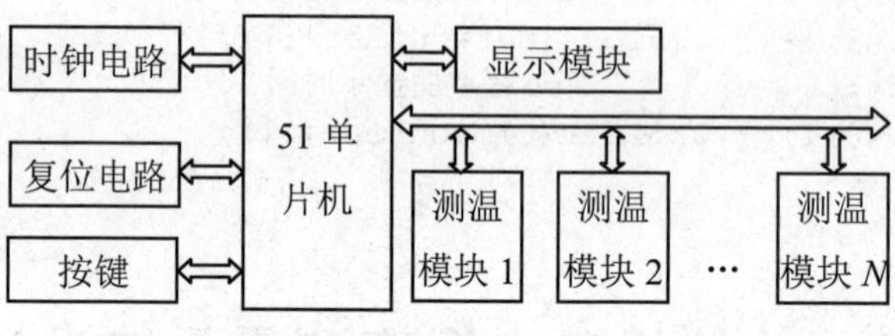

图 10.7 多路数字电压表的总体结构图

10.3.3 单片机多点温度测量系统的主要部件介绍

根据系统设计方案，系统主要部件有三个：51 单片机、温度传感器芯片和 LCD 模块芯片。51 单片机选择价格便宜、市场容易购买的 AT89C52，LCD 选择 LCD1602，温度传感器芯片选择 DS18B20。AT89C52 和 LCD1602 在前面已经介绍，这里不再介绍；下面介绍温度传感器芯片 DS18B20。

1. DS18B20 简介

DS18B20 是 DALLAS 公司生产的单总线数字温度传感器芯片，具有 3 引脚 TO-92 小体积封装形式；温度测量范围为−55℃～+125℃；可编程为 9～12 位 A/D 转换精度；用户可自设定非易失性的报警上下限值；被测温度用 16 位补码方式串行输出；测温分辨率可

达 0.0625℃；其工作电源既可在远端引入，也可采用寄生电源方式产生；多个 DS18B20 可以并联到 3 根或 2 根线上，CPU 只需一根端口线就能与诸多 DS18B20 通信，占用微处理器的端口较少。可广泛用于工业、民用、军事等领域的温度测量及控制仪器、测控系统和大型设备中。

2. DS18B20 的外部结构

DS18B20 芯片可采用 3 脚 TO-92 小体积封装和 8 脚 SOIC 封装。其外形和引脚图如图 10.8 所示。

图中引脚定义如下。

DQ：数字信号输入/输出端。

GND：电源地。

VDD：外接供电电源输入端(在寄生电源接线方式时接地)。

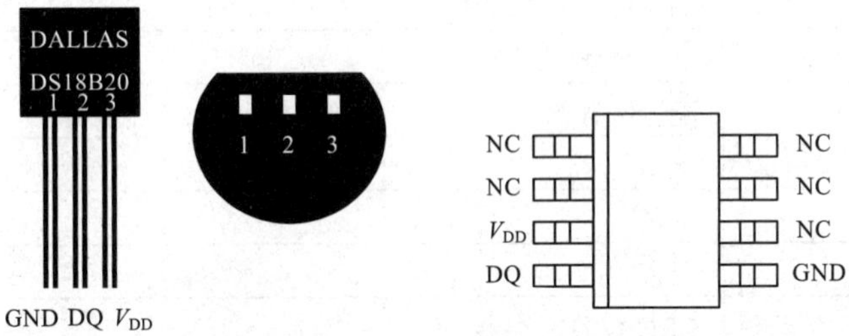

(a)　TO-92 封装　　(b)　SOIC 封装

图 10.8　DS18B20 的外形及引脚图

3. DS18B20 的内部结构

DS18B20 内部主要由 4 部分组成：64 位光刻 ROM、温度传感器、非易失性温度报警触发器 TH 和 TL、配置寄存器等。其内部结构图如图 10.9 所示。

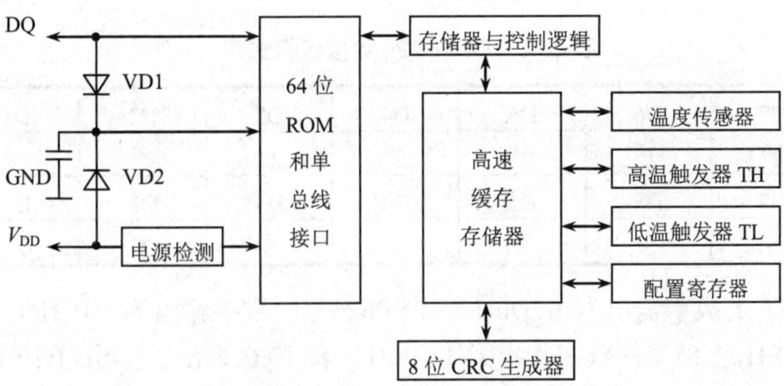

图 10.9　DS18B20 的内部结构图

DS18B20 的存储部件有以下两种。

1)　光刻 ROM 存储器

光刻 ROM 中存放的是 64 位序列号，出厂前已被光刻好，它可以看作是该 DS18B20 的地址序列号。不同的器件地址序列号不同。64 位序列号的排列是：开始 8 位(28H)是产品类型标号，接着的 48 位是该 DS18B20 自身的序列号，最后 8 位是前面 56 位的循环冗余校验码。光刻 ROM 的作用是使每一个 DS18B20 都各不相同，这样就可以实现一根总线上挂接多个 DS18B20 的目的。

2) 高速暂存存储器

高速暂存存储器由 9 个字节组成，其分配如表 10.4 所示。第 0 和第 1 个字节存放转换所得的温度值；第 2 和第 3 个字节分别为高温度触发器 TH 和低温度触发器 TL；第 4 个字节为配置寄存器；第 5、6、7 个字节保留；第 8 个字节为 CRC 校验寄存器。

表 10.4 DS18B20 高速暂存存储器的分布

字节序号	功 能
0	温度转换后的低字节
1	温度转换后的高字节
2	高温度触发器 TH
3	低温度触发器 TL
4	配置寄存器
5	保留
6	保留
7	保留
8	CRC 校验寄存器

DS18B20 中的温度传感器可完成对温度的测量，当温度转换命令发布后，转换后的温度以补码形式存放在高速暂存存储器的第 0 和第 1 个字节中。以 12 位转化为例：用 16 位符号扩展的二进制补码数形式提供，以 0.0625℃/LSB 形式表示，其中 S 为符号位。表 10.5 是 12 位转化后得到的 12 位数据，高字节的前面 5 位是符号位，如果测得的温度大于 0，这 5 位为 0，只要将测到的数值乘以 0.0625 即可得到实际温度；如果温度小于 0，这 5 位为 1，将测得的数值取反加 1 再乘以 0.0625 即可得到实际温度。

表 10.5 DS18B20 温度值格式表

	D7	D6	D5	D4	D3	D2	D1	D0
LS Byte	2^3	2^2	2^1	2^0	2^{-1}	2^{-2}	2^{-3}	2^{-4}
	D7	D6	D5	D4	D3	D2	D1	D0
MS Byte	S	S	S	S	S	2^6	2^5	2^4

例如，+125℃的数字输出为 07D0H，+25.0625℃的数字输出为 0191H，−25.0625℃的数字输出为 FF6FH，−55℃的数字输出为 FC90H。表 10.6 列出了 DS18B20 部分温度值与采样数据的对应关系。

表 10.6 DS18B20 的部分温度数据表

温度/℃	16 位二进制编码	十六进制表示
+125	0000 0111 1101 0000	07D0H
+85	0000 0101 0101 0000	0550H

续表

温度/℃	16 位二进制编码	十六进制表示
+25.0625	0000 0001 1001 0001	0191H
+10.125	0000 0000 1010 0010	00A2H
+0.5	0000 0000 0000 1000	0008H
0	0000 0000 0000 0000	0000H
−0.5	1111 1111 1111 1000	FFF8H
−10.125	1111 1111 0101 1110	FF5EH
−25.0625	1111 1110 0110 1111	FE6FH
−55	1111 1100 1001 0000	FC90H

高温度触发器和低温度触发器分别存放温度报警的上限值 TH 和下限值 TL；DS18B20 完成温度转换后，就把转换后的温度值 *T* 与温度报警的上限值 TH 和下限值 TL 作比较，若 *T*＞TH 或 *T*＜TL，则把该器件的告警标志置位，并对主机发出的告警搜索命令作出响应。

配置寄存器用于确定温度值的数字转换分辨率，该字节各位的意义如图 10.10 所示。

D7	D6	D5	D4	D3	D2	D1	D0
TM	R1	R0	1	1	1	1	1

图 10.10　DS18B20 的内部结构图

其中：低 5 位一直都是 1，TM 是测试模式位，用于设置 DS18B20 是在工作模式还是在测试模式。在 DS18B20 出厂时该位被设置为 0，用户不要去改动。R1 和 R0 用来设置分辨率，如表 10.7 所示(DS18B20 出厂时被设置为 12 位)。

表 10.7　温度值分辨率设置表

R1	R0	分辨率/位	温度最大转换时间/ms
0	0	9	93.75
0	1	10	187.5
1	0	11	275.00
1	1	12	750.00

CRC 校验寄存器存放的是前 8 个字节的 CRC 校验码。

4. DS18B20 的温度转换过程

根据 DS18B20 的通信协议，主机控制 DS18B20 完成温度转换必须经过三个步骤：每一次读写之前都要对 DS18B20 进行复位，复位成功后发送一条 ROM 指令，最后发送 RAM 指令，这样才能对 DS18B20 进行预定的操作。DS18B20 的 ROM 指令和 RAM 指令如表 10.8 和表 10.9 所示。

表 10.8　ROM 指令表

指　令	约定代码	功　能
读 ROM	33H	读 DS18B20 温度传感器 ROM 中的编码(即 64 位地址)
匹配 ROM	55H	发出此命令之后，接着发出 64 位 ROM 编码，访问单总线上与该编码相对应的 DS18B20 使之作出响应，为下一步对该 DS18B20 的读写作准备
搜索 ROM	0F0H	用于确定挂接在同一总线上 DS18B20 的个数和识别 64 位 ROM 地址。为操作各器件做好准备
跳过 ROM	0CCH	忽略 64 位 ROM 地址，直接向 DS18B20 发温度变换命令。适用于单片工作
告警搜索命令	0ECH	执行后只有温度超过设定值上限或下限的片子才作出响应

表 10.9　RAM 指令表

指　令	约定代码	功　能
温度变换	44H	启动 DS18B20 进行温度转换，12 位转换时最长为 750ms(9 位为 93.75ms)。结果存入内部 9 字节 RAM 中
读暂存器	0BEH	读内部 RAM 中 9 字节的内容
写暂存器	4EH	发出向内部 RAM 的第 3、4 字节写上、下限温度数据命令，紧跟该命令之后，是传送两字节的数据
复制暂存器	48H	将 RAM 中第 3、4 字节的内容复制到 EEPROM 中
重调 EEPROM	0B8H	将 EEPROM 中的内容恢复到 RAM 中的第 3、4 字节
读供电方式	0B4H	读 DS18B20 的供电模式。寄生供电时 DS18B20 发送“0”，外接电源供电时 DS18B20 发送“1”

每一步骤都有严格的时序要求，所有时序都是将主机作为主设备，单总线器件作为从设备。而每一次命令和数据的传输都是从主机主动启动写时序开始，如果要求单总线器件回送数据，在进行写命令后，主机需启动读时序完成数据接收。数据和命令的传输都是低位在前。

时序可分为初始化时序、读时序和写时序。复位时要求主 CPU 将数据线下拉 500μs，然后释放，DS18B20 收到信号后等待 15～60μs，后发出 60～240μs 的低电平，主 CPU 收到此信号则表示复位成功。

读时序分为读“0”时序和读“1”时序两个过程。对于 DS18B20 的读时序是从主机把单总线拉低之后，在 15μs 之内就得释放单总线，以让 DS18B20 把数据传输到单总线上。DS18B20 完成一个读时序过程至少需要 60μs。

对于 DS18B20 的写时序仍然分为写“0”时序和写“1”时序两个过程。DS18B20 写“0”时序和写“1”时序的要求不同，当要写“0”时，单总线要被拉低至少 60μs，以保证 DS18B20 能够在 15μs 到 45μs 之间正确地采样 I/O 总线上的“0”电平；当要写“1”时，单总线被拉低之后，在 15μs 之内就得释放单总线。

5. DS18B20 与单片机的接口

DS18B20 可采用外部电源供电，也可采用内部寄生电源供电。可单片连接形成单点测温系统，也能够多片连接组网形成多点测温系统。在多片连接时，DS18B20 必须采用外部电源供电方式。DS18B20 通常与单片机有以下连接方式。

图 10.11 是单片寄生电源供电方式连接图，在寄生电源供电方式下，DS18B20 从单线信号线上汲取能量，在信号线 DQ 处于高电平期间把能量储存在内部电容里，在信号线处于低电平期间消耗电容上的电能工作，直到高电平到来再给寄生电源(电容)充电。寄生电源方式有三个好处：①进行远距离测温时，无须本地电源；②可以在没有常规电源的条件下读取 ROM；③电路更加简洁，仅用一根 I/O 口来实现测温。

图 10.12 为单片外部电源供电方式图。在外部电源供电方式下，DS18B20 工作电源由 VDD 引脚接入，GND 引脚接地。

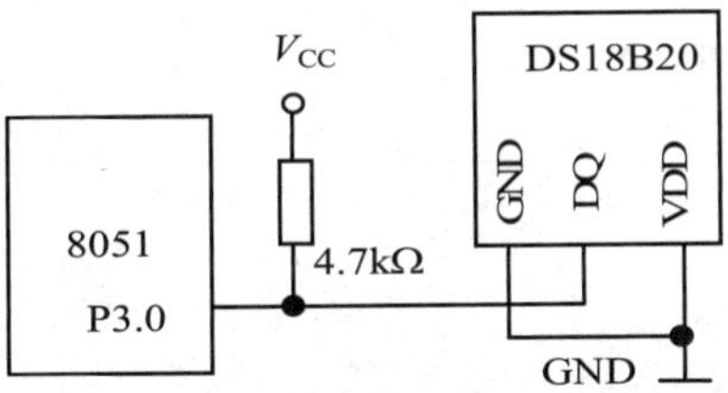

图 10.11　单片寄生电源供电图

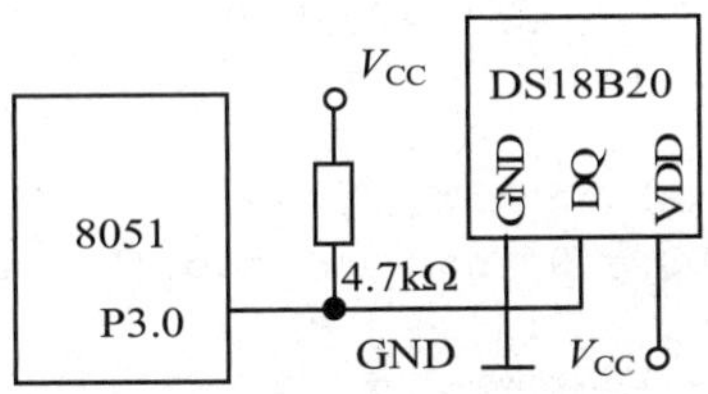

图 10.12　单片外部电源供电图

图 10.13 为外部供电方式的多点测温电路图，多个 DS18B20 直接并联在唯一的三线上，实现组网多点测温。

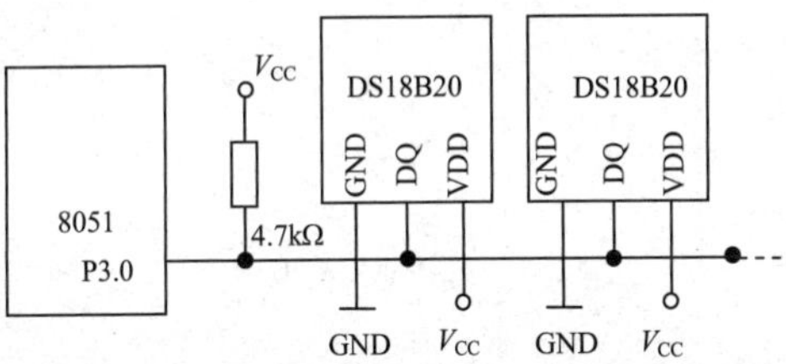

图 10.13　外部供电方式的多点测温电路图

C 语言部分接口程序代码如下：

```
#include<reg51.h>
#include<intrins.h>
#define uchar unsigned char
#define uint unsigned int
sbit DQ=P3^0;              //定义 DS18B20 数据线
uchar DATA_L,DATA_H;       //存放读出的 DS18B20 的 12 位编码
uchar NUM1,NUM2;           //定义存放读 ROM 的编号,存放显示通道的编号
//延时函数
void delay(uint useconds)
{  for(;useconds>0;useconds--); }
//DS18B20 复位
```

```
void ds18b20_init(void)
{
    while(1)
    {
        DQ=1; _nop_();_nop_();
        DQ=0;   delay(50);
        DQ=1;   delay(3);
        if (!DQ){delay(25);break;}
        DQ=0;       //否则再发复位信号
    }
}
//从单总线上读取一个字节
uchar read_byte(void)
{
  uchar i;
  uchar value = 0;
  DQ = 1; _nop_();_nop_();
  for (i=8;i>0;i--)
  {
     value>>=1;
     DQ = 0;_nop_();_nop_();_nop_();
     DQ = 1;
     delay(1);
     if(DQ)value|=0x80;
     delay(6);
  }
  return(value);
}
//向单总线上写一个字节
void write_byte(uchar val)
{
  uchar i;
  DQ = 1; _nop_();_nop_();
  for (i=8; i>0; i--)            //一次写 1 字节
  {
     DQ = 0;
     DQ = val&0x01;
     delay(5);
     DQ = 1;
     val=val/2;
  }
  delay(5);
}
```

10.3.4 单片机多点温度测量系统的硬件电路

单片机多点温度测量系统在 Proteus 中的硬件电路如图 10.14 所示。单片机系统由 AT89C51 单片机、复位电路和时钟电路组成，时钟采用 12MHz 的晶振。

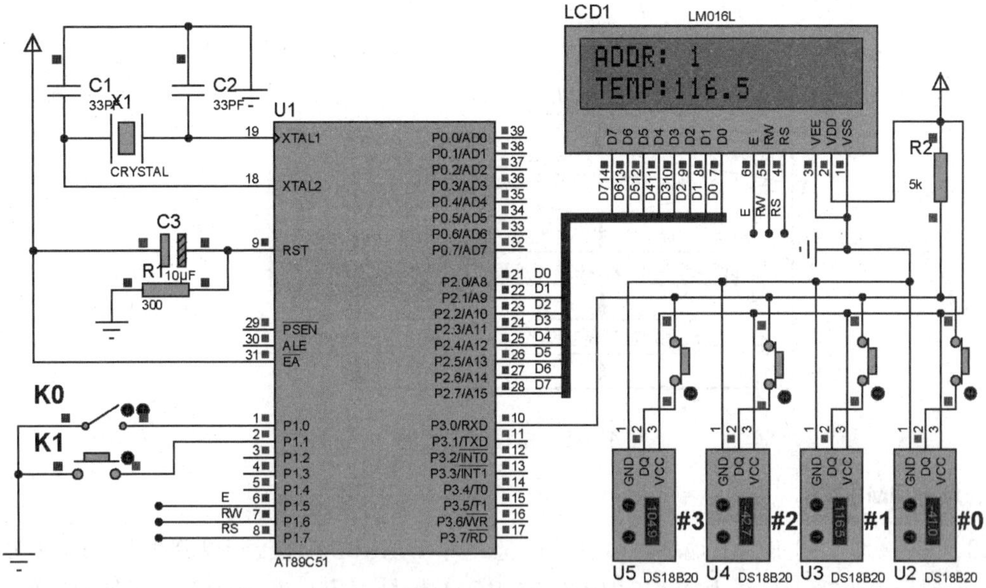

图 10.14　单片机多点温度测量系统硬件电路图

多点温度测量模块使用了 4 个温度传感器 DS18B20，单总线结构，外部电源供电方式，所有的 DS18B20 的 DQ 连接在一起与单片机的 P3.0 相连，通过上拉电阻接电源。每一个 DS18B20 都有一个唯一的 64 位 ROM 地址，只要发送相应的 ROM 地址就能访问该器件。要访问某个 DS18B20，就必须知道它的 64 位 ROM 地址。可以通过程序读出它们的 ROM 地址。由于读 ROM 地址时，一次只能接入一个 DS18B20，因此，4 个 DS18B20 的数据线 DQ 通过开关连接到 AT89C51 的 P3.0。系统测量温度之前首先要读入 4 个 DS18B20 的 ROM 地址，然后才能正常地测出温度值，因此设置了一个模式开关 K0，开关接通读 DS18B20 的 ROM 地址，断开正常测温。

显示器采用 LCD1602(LM016L)，其数据线与 AT89C51 的 P2 口相连，RS 与 P1.7 相连，R/$\overline{W}$与 P1.6 相连，E 端与 P1.5 相连。设定了一个按钮 K1，与 AT89C51 的 P1.0 相连，用于选择 DS18B20，按一次，测量点号加 1，对相应的 DS18B20 进行处理。

10.3.5　单片机多点温度测量系统的软件程序

单片机多点温度测量系统的软件程序主要由主程序、读 DS18B20 器件 ROM 地址程序、显示 DS18B20 器件 ROM 地址、读 DS18B20 器件温度值程序、显示 DS18B20 器件温度值程序和 LCD、DS18B20 器件驱动程序等组成。其主要程序流程如下。

1. 主程序

主程序中首先做 LCD 初始化，其次通过检测按键判断是读 DS18B20 的 ROM 地址还是读 DS18B20 的温度值，如果是读 ROM，则依次调用读 ROM 程序和显示 ROM 程序；如果是读温度，则调用测量温度程序和显示温度程序。注意测量某个模块之前一定要读出该模块的 ROM 并保存到相应的存储单元。主程序流程如图 10.15 所示。

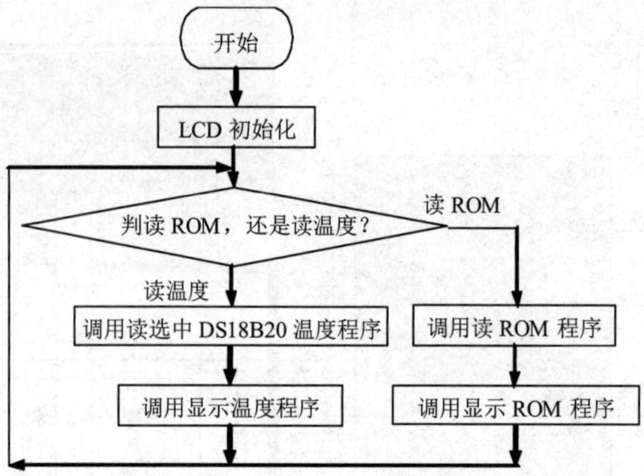

图 10.15　主程序流程图

2. 读 ROM 程序

K0 开关接通，读 ROM 地址，一次只能把一片 DS18B20 连接到单总线上，读 ROM 程序实现把当前连接到总线上的 DS18B20 的 ROM 地址读出。读 ROM 程序处理过程如下：先计算存放当前 DS18B20 ROM 地址的存储单元的偏移地址，然后依次进行 DS18B20 初始化、发读 ROM 命令和读 ROM 地址到存储单元。读 ROM 程序流程如图 10.16 所示。

3. 显示 ROM 地址程序

显示 ROM 地址程序实现依次从当前存放 ROM 地址的缓冲区中取出地址显示，显示 ROM 地址程序流程如图 10.17 所示。

4. 读选中 DS18B20 温度程序

K0 开关断开，读选中 DS18B20 温度程序实现读出选中器件的温度值，处理过程如下：根据当前器件号计算出存放 ROM 地址的偏移量，读选中 DS18B20 器件温度值处理过程分三个步骤，第一是向总线放启动温度转换命令，启动连接总线上的 DS18B20 器件温度转换，由于 12 位 DS18B20 温度转换时间比较长，因此启动转换后一定要调用延时程序等待转换完成才能去读温度值；第二取当前 DS18B20 器件的 64 位 ROM 地址，发送到总线匹配对应的 DS18B20 器件；第三向总线发读暂存器命令读匹配的 DS18B20 器件转换的温度值。读选中 DS18B20 温度程序流程如图 10.18 所示。

5. 显示温度程序

显示温度程序显示读出的温度值及相应提示信息。DS18B20 的温度值是 12 位，存放在两个字节中，其中高字节的高 5 位为符号位，如果温度值是正数，则符号位为 0，如果温度值是负数，则符号位为 1。显示温度程序处理时，先根据高字节的高 5 位判断是正数还是负数，如果是正数，则提取其中的百位、十位、个位及小数位，转换成字符编码放入相应的显示缓冲区；如果是负数，则提取其中的负号(-)、十位、个位及小数位，转换成字符编码放入相应的显示缓冲区；最后把显示缓冲区的内容显示到 LCD 显示器。显示温度程序流程如图 10.19 所示。

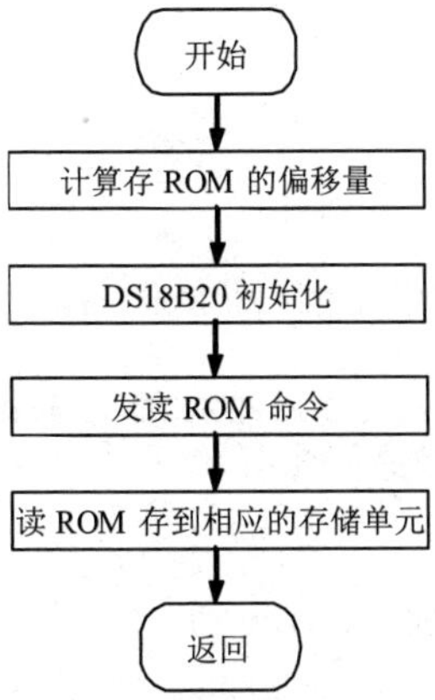

图 10.16　读 ROM 程序流程图

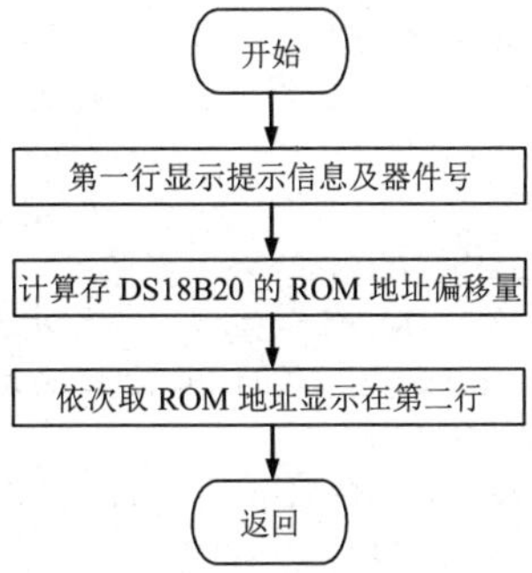

图 10.17　显示 ROM 地址程序流程图

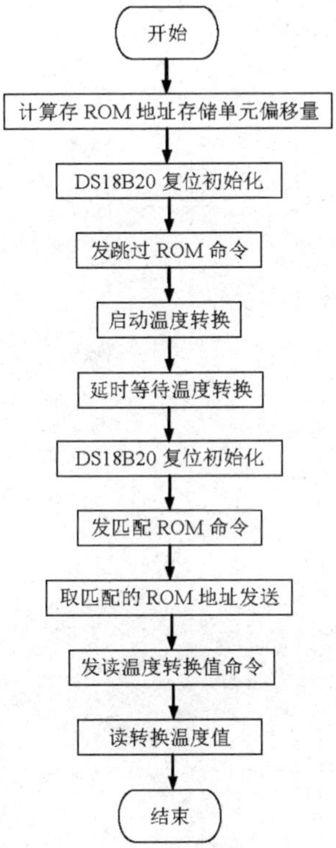

图 10.18　读选中 DS18B20 温度程序流程图

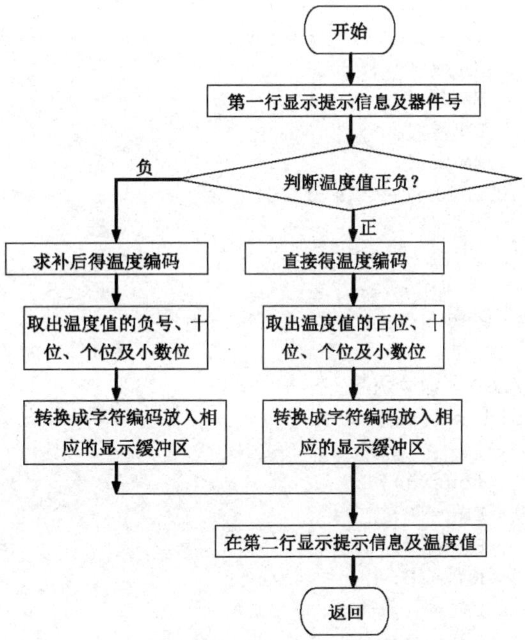

图 10.19　显示温度程序流程图

6. C 语言程序

```
//K0 接通，通过 K1 按钮依次读入 4 个 DS18B20 的 ROM 并显示
//K0 断开，通过 K1 按钮依次读入 4 个 DS18B20 的温度值并显示
#include<reg51.h>
#include<intrins.h>
```

```
#define uchar unsigned char
#define uint unsigned int
sbit DQ=P3^0;          //定义 DS18B20 数据线
sbit  EN=P1^5;
sbit  RW=P1^6;
sbit  RS=P1^7;         //定义 LCD 的控制线
sbit  K0=P1^0;         //定义功能开关，K0 断开，显示温度；K0 接通，读 ROM
sbit  K1=P1^1;         //定义通道选择键
uchar DATA_L,DATA_H;                   //存放读出的 DS18B20 的 12 位编码
uchar NUM1,NUM2;       //定义存放读 ROM 的编号,存放显示通道的编号
//存放 4 个 DS18B20 的 64 位 ROM 地址,第 0~7 单元存放第一个 DS18B20,第 8~15 单元存放
//第二个 DS18B20
//第 16~23 单元存放第三个 DS18B20,第 24~31 单元存放第四个 DS18B20
uchar rom[32];
uchar code  LCDData[] ="0123456789";  //定义 0~9 的字符编码
uchar code  dot_tab[] ="0112334456678899";//定义小数位的对应字符编码
uchar LCD1_line[16]="ADDR:           ";  //LCD 显示第一行
uchar LCD2_line[16]="TEMP:           "; //LCD 显示第二行
//LCD 检查忙函数
void  fbusy()
{
    P2 = 0xff;
    RS = 0;
    RW = 1;
    EN = 1;
    EN = 0;
    while((P2 & 0x80))
    {
      EN = 0;
      EN = 1;
    }
}
//LCD 写命令函数
void  wc51r(uchar  j)
{
    fbusy();
    EN = 0;
    RS = 0;
    RW = 0;
    EN = 1;
    P2 = j;
    EN = 0;
}
//LCD 写数据函数
void  wc51ddr(uchar  j)
{
    fbusy();          //读状态;
    EN = 0;
    RS = 1;
    RW = 0;
    EN = 1;
```

```
    P2 = j;
    EN = 0;
}
//LCD1602 初始化
void  lcd_init()
{
   wc51r(0x01);        //清屏
   wc51r(0x38);        //使用 8 位数据，显示两行，使用 5×7 的字型
   wc51r(0x0c);        //显示器开，光标开，字符不闪烁
   wc51r(0x06);        //字符不动，光标自动右移一格
}
//延时函数
void delay(uint useconds)
{
   for(;useconds>0;useconds--);
}
//DS18B20 复位
void ds18b20_init(void)
{
    while(1)
    {
        DQ=1; _nop_();_nop_();
        DQ=0;   delay(50);
        DQ=1;   delay(3);
        if (!DQ)  {delay(25);   break;}
        DQ=0;       //否则再发复位信号
    }
}
//从单总线上读取一个字节
uchar read_byte(void)
{
  uchar i;
  uchar value = 0;
  DQ = 1; _nop_();_nop_();
  for (i=8;i>0;i--)
  {
     value>>=1;
     DQ = 0;_nop_();_nop_();_nop_();
     DQ = 1;
     delay(1);
     if(DQ)value|=0x80;
     delay(6);
  }
  return(value);
}
//向单总线上写一个字节
void write_byte(uchar val)
{
  uchar i;
  DQ = 1; _nop_();_nop_();
  for (i=8; i>0; i--)              //一次写一个字节
```

```
    {
      DQ = 0;
      DQ = val&0x01;
      delay(5);
      DQ = 1;
      val=val/2;
    }
   delay(5);
  }
  //读出总线上的 DS18B20 器件的 ROM 地址，存入指定的 ROM 单元
  void read_rom()
  {
      uchar i,j;
      j=NUM1*8;                          //计数当前 DS18B20 器件 ROM 的偏移地址
      ds18b20_init();
      write_byte(0x33);                  //发读 ROM 命令
      for(i=0;i<8;i++)
      {
          rom[j+i]=read_byte();
      }
  }
  //显示读出的 DS18B20 器件的 ROM 地址
  void disp_rom()
  {
     uchar k,j;
     uchar temp,temp1,temp2;
     LCD1_line[6]=LCDData[NUM1];
     wc51r(0x80);                         //写入显示缓冲区起始地址为第一行第一列
     for (k=0;k<16;k++)                   //显示第一行
     { wc51ddr(LCD1_line[k]); }
     j=NUM1*8;                            //计数当前 DS18B20 器件 ROM 的偏移地址
     wc51r(0xc0);                         //写入显示缓冲区起始地址为第二行第二列
     for (k=0;k<8;k++)                    //第二行显示读出的 DS18B20 器件的 ROM 地址
      {
         temp=rom[j+k];
         temp1=temp/16;
         temp2=temp%16;
         if (temp1>9) temp1=temp1+0x37;else temp1=temp1+0x30;
         if (temp2>9) temp2=temp2+0x37;else temp2=temp2+0x30;
         wc51ddr(temp1);
         wc51ddr(temp2);
      }
  }
  //读选中的 DS18B20 器件的温度值
  void read_temp()
  {
      uchar i,j;
      j=NUM2*8;                   //计数当前 DS18B20 器件 ROM 的偏移地址
      ds18b20_init();             //DS18B20 初始化
      write_byte(0xcc);           //跳过 ROM 命令
      write_byte(0x44);           //启动温度转换
```

```
    delay(400);
    ds18b20_init();          //DS18B20 初始化
    write_byte(0x55);        //发匹配命令
    for(i=0;i<8;i++)         //送入匹配的 64 位 ROM 地址
    {
       write_byte(rom[j+i]);
    }
    write_byte(0xbe);        //发读暂存器
    DATA_L=read_byte();      //读出温度低字节
    DATA_H=read_byte();      //读出温度高字节
}
//显示匹配的 DS18B20 器件的温度值
void disp_temp()
{
   uchar k;
   uchar temp;
   LCD1_line[6]=LCDData[NUM2];
   wc51r(0x80);                        //写入显示缓冲区起始地址为第一行第一列
   for (k=0;k<16;k++)                  //第一行显示"
    {  wc51ddr(LCD1_line[k]);}
   wc51r(0xc0);                    //写入显示缓冲区起始地址为第二行第一列
   if((DATA_H&0xf0)==0xf0)         //如果温度寄存器中的高位为 1，则温度为负
   {
       DATA_L=~DATA_L;             //负温度时将补码转成二进制,取反再加 1
       if(DATA_L==0xff)
       {
          DATA_L=DATA_L+0x01;
          DATA_H=~DATA_H;
          DATA_H=DATA_H+0x01;
       }
       else
       {
          DATA_L=DATA_L+0x01;
          DATA_H=~DATA_H;
       }
      LCD2_line[10]=dot_tab[DATA_L&0x0f];      //查表得小数位的值
      temp=((DATA_L&0xf0)>>4)|((DATA_H&0x0f)<<4);
      LCD2_line[6]='-';                        //显示"-"号
      LCD2_line[7]=LCDData[(temp%100)/10];     //查表得负温度十位
      LCD2_line[8]=LCDData[(temp%100)%10];     //查表得负温度个位
   }
   else                                        //温度为正
   {
      LCD2_line[10]=dot_tab[DATA_L&0x0f];     //查表得小数位的值
      temp=((DATA_L&0xf0)>>4)|((DATA_H&0x0f)<<4);
      LCD2_line[6]=LCDData[temp/100];         //查表得温度百位
      LCD2_line[7]=LCDData[(temp%100)/10];   //查表得温度十位
      LCD2_line[8]=LCDData[(temp%100)%10];   //查表得温度个位
   }
   LCD2_line[9]='.';
    for (k=0;k<16;k++)                         //第二行显示温度值
```

```
    { wc51ddr(LCD2_line[k]);  }
}
//主函数
void main()
{
   NUM1=0;NUM2=0;                //编号初始化为 0
   lcd_init();                   //LCD 初始化
   while(1)
   {
      if(K0==0)              //判读 ROM，还是显示温度
      {
        if(K1==0)            //读 ROM，默认读 0 号，按一次 K1 编号加 1
        {
           while(K1==0);
           NUM1++;if(NUM1==4) NUM1=0;   //如果加到 4，则回到 0
        }
        read_rom();                //读当前 ROM 的数值并保存
        disp_rom();                //显示当前 ROM 的数值
      }
      else
      {
        if(K1==0)            //显示温度，默认显示 0 号，按一次 K1 编号
        {
           while(K1==0);
           NUM2++;if(NUM2==4) NUM2=0;//如果加到 4，则回到 0
        }
        read_temp();         //读当前匹配 DS18B20 的温度
        disp_temp();
      }                    //显示当前匹配 DS18B20 的温度
   }
}
```

10.4 单片机电子密码锁设计

锁具是人们日常生活中的常用工具。传统锁具采用的是机械锁，通过钥匙开门和携带，使用过程中容易遗失，钥匙多了携带也不方便。电子密码锁就可以避免这些缺点，使用时我们只需记住几组密码，不仅不用携带钥匙还提高了安全性能。

10.4.1 单片机电子密码锁的功能要求

单片机电子密码锁的功能要求如下：

(1) 密码为 6 位数字。

(2) 扫描键盘判断是否密码输入。

(3) 密码输入正确开锁，显示密码正确和相关的提示信息。延时 5 秒系统关锁。

(4) 密码输入错误不开锁，显示密码错误提示信息，蜂鸣器报警。

扩展功能：（用户自己添加）

(5) 用户可修改密码。

10.4.2　单片机电子密码锁的总体方案

单片机电子密码锁总体方案如图 10.20 所示，控制器采用 AT89C52 单片机，密码通过矩阵键盘模块输入，显示器采用 LCD 显示器，存储模块采用 AT24C02 存储芯片，报警模块由扬声器和发光二极管声光报警，开锁模块用继电器完成开锁。

处理过程如下：用户通过矩阵键盘输入密码，确认键按下后，由 AT89C52 单片机对用户输入的密码与保存在 AT24C02 存储芯片的密码进行对比，判断输入的密码是否正确，如果输入正确，通过 LCD 显示模块显示密码正确，报警模块给出正确的绿色指示灯，开锁模块开锁。如果输入错误，LCD 显示模块显示密码错误，报警模块给出错误的红色指示灯，扬声器声音报警，不开锁。

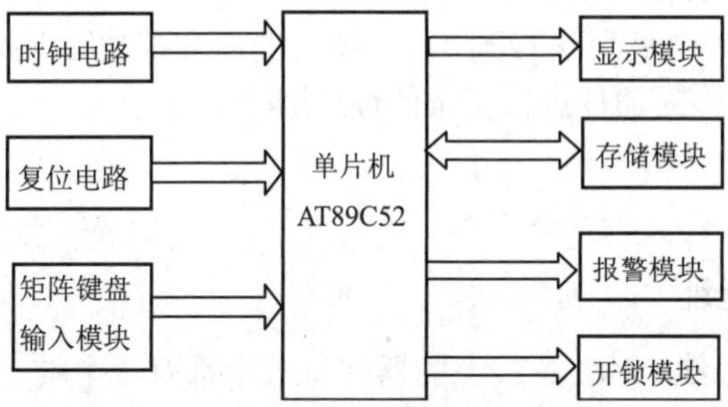

图 10.20　总体结构图

10.4.3　单片机电子密码锁的主要部件介绍

根据系统设计方案，系统主要部件有四个：51 单片机、存储器模块、LCD 模块芯片和矩阵键盘模块。51 单片机选择价格便宜、市场容易购买的 AT89C52，LCD 选择 LCD1602，存储器模块选串行存储器芯片 24C02C 芯片。AT89C52、LCD1602 和矩阵键盘在前面已经介绍，这里不再介绍；下面介绍串行存储器芯片 24C02C。

1. 24C02C 简介

24C02C 是美国 CATALYST 公司出品的串行 CMOS EEPROM 芯片，采用 I^2C 总线传送数据，容量为 2k 位。可用电擦除，可编程自定义写周期，自动擦除时间不超过 10ms，典型时间为 5ms。采用特有的噪声保护施密特触发输入技术和 ESD 技术，强干扰下数据不易丢失，在汽车电子及电度表、水表、煤气表中得到了广泛的应用。

有两种写入方式：一种是字节写入方式；还有一种是页写入方式。允许在一个写周期内同时对 1 个字节到一页的若干字节的编程写入，一页的大小取决于芯片内页寄存器的大小。其中，CAT24WC02 具有 16 字节数据的页面写能力。

2. 24C02C 的引脚

24C02C 可采用标准的 8 脚 DIP 封装和 8 脚表面安装的 SOIC 封装。管脚排列如图

10.21 所示。

引脚功能如下。

SCL：串行时钟线。这是一个输入引脚，用于形成器件所有数据发送或接收的时钟。

SDA：串行数据线。这是一个双向传输线，用于传送地址和所有数据的发送或接收。它是一个漏极开路端，因此要求接一个上拉电阻到 V_{CC} 端(速率为 100kHz 时电阻为 10kΩ，400kHz 时为 1kΩ)。对于一般的数据传输，仅在 SCL 为低电平期间 SDA 才允许变化。SCL 为高电平期间，留给开始信号(START)和停止信号(STOP)。

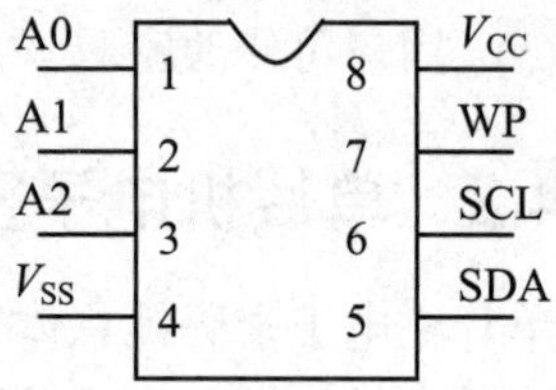

图 10.21 24C02C 引脚图

A0、A1、A2：芯片地址输入端。这些输入端用于多个芯片级联时设置器件地址，使用 24WC02 时一组 I^2C 总线上最大可连接 8 个芯片。如果只有一个 24WC02 在总线上，这些地址输入脚(A0、A1、A2)悬空或连接到 V_{SS}。

WP：写保护。如果 WP 管脚连接到 V_{CC}，所有的内容都被写保护(只能读)。当 WP 管脚连接到 V_{SS} 或悬空，允许对器件进行正常的读/写操作。

V_{CC}：电源线。

V_{SS}：地线。

3. 24C02C 的器件地址

24C02C 采用 I^2C 总线，I^2C 总线上的器件每一个都有一个唯一的器件地址，位数 8 位。24C02C 的器件地址的高 4 位 D7～D4 固定为 1010，接下来的 3 位 D3～D1(A2、A1、A0)为器件的片选地址位，用来定义 8 个中的哪个器件被访问。器件地址的最低位 D0 为读写控制位，“1”表示对器件进行读操作，“0”表示对器件进行写操作，如图 10.22 所示。

D7	D6	D5	D4	D3	D2	D1	D0
1	0	1	0	A2	A1	A0	$R/\overline{W}$

图 10.22 24C02C 的器件地址码

4. 24C02C 的读、写操作

1) 开始信号和结束信号

当 I^2C 总线没有进行信息传送时，由数据线 SDA 和时钟线 SCL 构成，数据传输位速率在标准模式下可达 100kb/s，快速模式下可达 400kb/s，高速模式下可达 3.4Mb/s。连接到同一总线的集成电路数只受 400pF 的最大总线电容的限制。

数据线 SDA 和时钟线 SCL 平时都为高电平。当主器件向某个从器件传送信息时，首先应向总线传送开始信号，然后才能传送信息，信息传送结束时应传送结束信号。开始信号和结束信号的规定如下。

开始信号：SCL 为高电平时，SDA 由高电平向低电平跳变，开始传送数据。

结束信号：SCL 为高电平时，SDA 由低电平向高电平跳变，结束传送数据。

开始信号和结束信号之间传送的是信息，信息的字节数没有限制，但每个字节必须为

8 位，高位在前，低位在后。数据线 SDA 上每一位信息状态的改变只能发生在时钟线 SCL 为低电平的期间，因为 SCL 为高电平的期间 SDA 状态的改变已经被用来表示开始信号和结束信号，如图 10.23 所示。

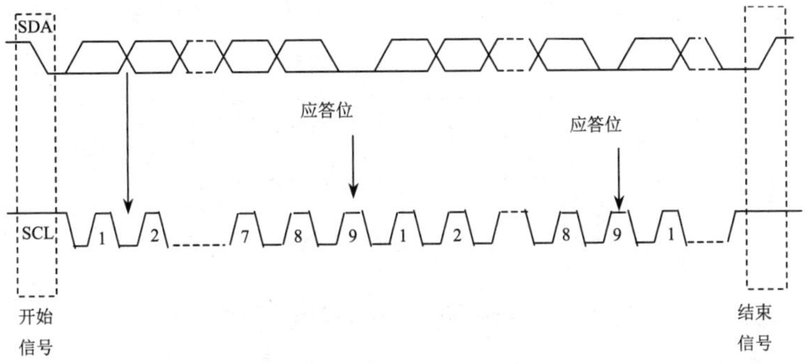

图 10.23　I^2C 总线信息传送图

主器件每次传送信息的第一个字节必须是从器件地址码，选中从器件，并确定对从器件是读还是写，第二个字节为从器件单元地址，用于实现选择从器件的内部单元，第三个字节开始传送数据。主器件每传送一个字节数据后，从器件都必须回应低电平的应答信号，主器件接收到应答信号后，根据实际情况作出是否继续传递信号的判断。若未收到低电平的应答信号，则判断为从器件出现故障。

主器件读从器件数据时，从器件发送数据，主器件接收数据，主器件接收到数据后，也发送一个低电平的应答信号，从器件接收到后继续发送下一个数据，如主器件没有发送低电平的应答信号，而是高电平的非应答信号，则从器件结束数据传送且等待主器件的结束信号后结束读操作。

2)　24C02C 的读操作

24C02C 支持 3 种不同的读操作：指定地址读、当前地址读和顺序地址读。

(1)　指定地址读。

图 10.24 为 24C02C 的指定地址读时序图。指定地址读操作允许主器件对 24C02C 的任意一个字节进行读操作，主器件首先发送起始信号和 24C02C 地址码(R/$\overline{W}$ 位为 0)，收到 24C02C 的应答信号后，主器件再发送 24C02C 内单元地址，再次收到 24C02C 的应答信号后，主器件重新发送起始信号和 24C02C 地址码(此时 R/$\overline{W}$ 位置 1)，24C02C 响应后回送低电平的应答信号，然后输出指定单元的 8 位字节数据，主器件接收到后发送高电平的非应答信号，然后产生停止信号结束随机地址读过程。

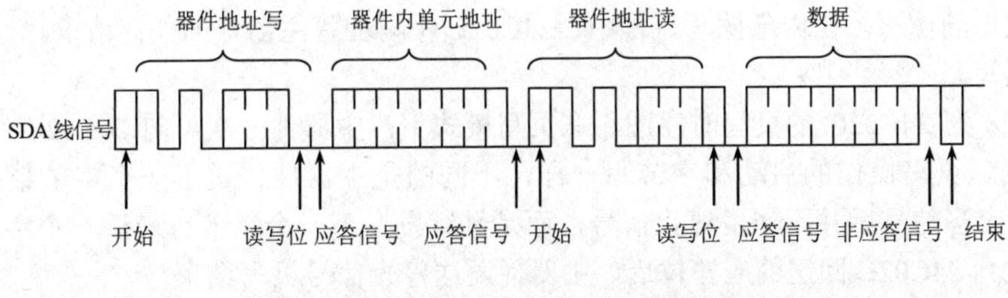

图 10.24　24C02C 指定地址读时序图

(2) 当前地址读。

图 10.25 为 24C02C 的当前地址读时序图。主器件发送起始信号和 24C02C 地址码(R/$\overline{W}$ 位置 1)，24C02C 响应后先回送低电平的应答信号，然后发送一个 8 位字节数据。主器件接收到后发送一个高电平的非应答信号，然后产生停止信号结束当前地址读。

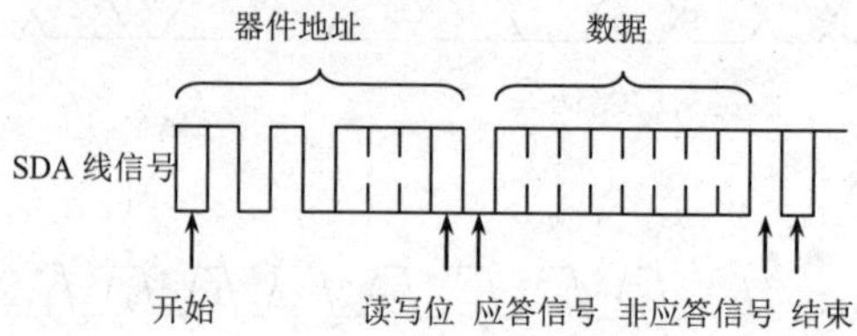

图 10.25　24C02C 当前地址读时序图

(3) 顺序地址读。

图 10.26 为 24C02C 的顺序地址读时序图。顺序读操作可通过当前地址读或指定地址读操作启动。在 24C02C 发送完一个 8 位字节数据后，主器件产生一个低电平的应答信号来响应，告知 24C02C 主器件要求更多的数据，24C02C 接收到应答信号后将继续发送下一个 8 位数据字节。直到主器件发送非应答信号，最后主器件发送停止位时结束顺序地址读操作。

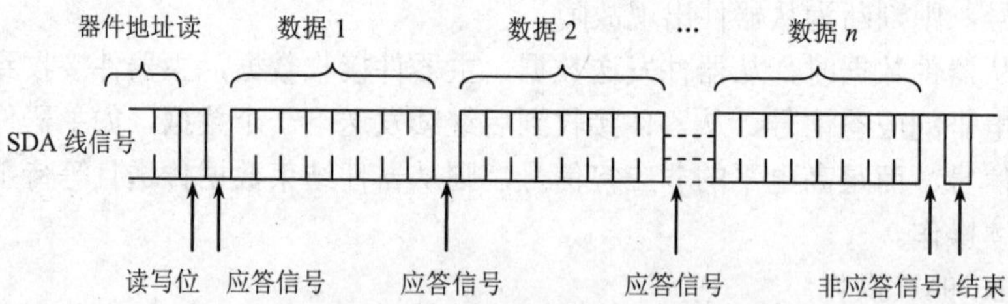

图 10.26　24C02C 顺序地址读时序图

3) 24C02C 的写操作

24C02C 支持字节写和页写。

(1) 字节写。

图 10.27 为 24C02C 的字节写时序图。主器件首先发送起始命令和 24C02C 地址码(R/$\overline{W}$ 位置 0)给 24C02C，收到 24C02C 送回的应答信号，主器件再发送 24C02C 内单元地址，再次收到 24C02C 的应答信号后，再发送 8 位数据，24C02C 收到后再次发送低电平应答信号，主器件收到后产生停止信号后，总线结束。24C02C 在主器件产生停止信号后开始内部数据的擦写，在内部擦写过程中，24C02C 不再应答主器件的任何请求。

(2) 页写。

图 10.28 为 24C02C 的页写时序图。在页写模式下，主器件一次可向 24C02C 写入 16 个字节数据。页写操作的启动和字节写一样，不同的是主器件传送了一个字节数据收到 24C02C 的应答信号后并不产生停止信号，而是继续发送下一个字节。最后一个字节发送完毕，接收到 24C02C 回送的应答位后，主器件发送停止信号页写结束。

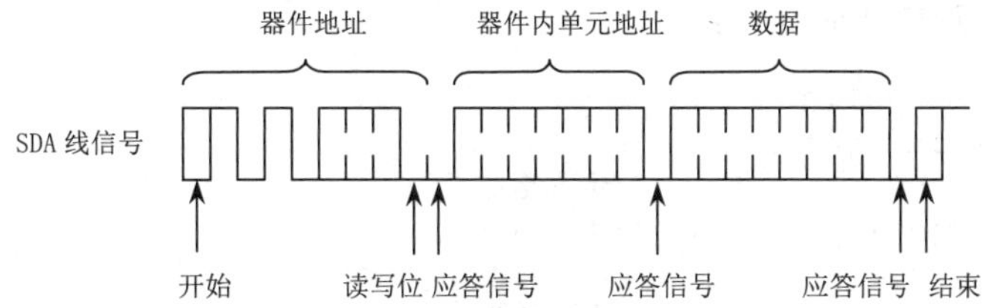

图 10.27　24C02C 字节写时序图

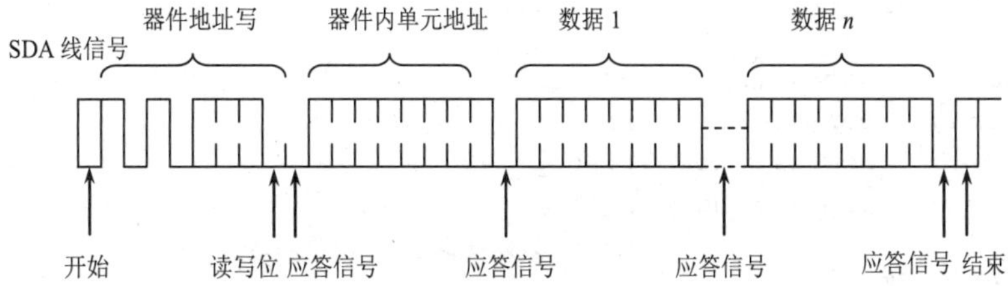

图 10.28　24C02C 页写时序图

4)　24C02C 的写保护

写保护操作特性可使用户避免由于不当操作而造成对存储区域内部数据的改写，当 WP 管脚接高电平时，整个寄存器区全部被保护起来而变为只可读取。24C02C 可以接收从器件地址和字节地址，但是装置在接收到第一个数据字节后不发送应答信号从而避免寄存器区域被编程改写。

5. 24C02C 与单片机的接口

图 10.29 是在 Proteus 中 AT80C51 单片机与 24C02C 的一种接口电路图。AT80C51 单片机的 P1.0、P1.1 作为 I^2C 总线与 24C02C 的 SCL 和 SDA 相连。P1.2 与 WP 相连，24C02C 的地址线 A2、A1、A0 直接接地。片选编码为 000，24C02C 的器件地址码的高 7 位为 1010000。

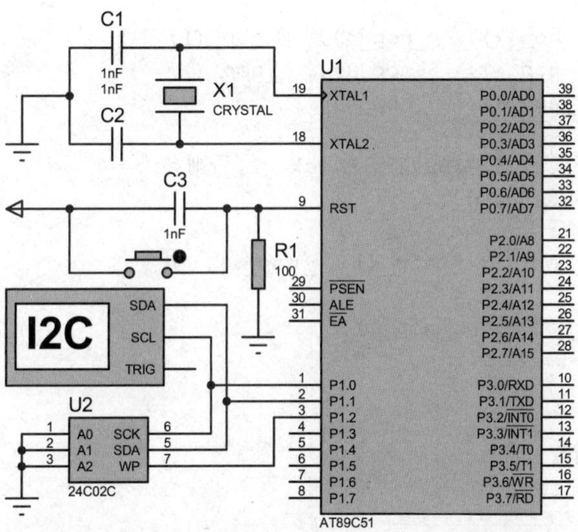

图 10.29　AT80C51 与 24C02C 的接口电路图

C 语言部分接口程序代码如下：

```
#include  <reg51.h>
#include  <intrins.h>
sbit  SCL=P1^0;           //定义数据线
sbit  SDA=P1^1;           //定义时钟线
sbit  WP=P1^2;            //定义写保护线
bit  ack;                 //定义应答位
//I²c 开始函数
void  Start_I2c()
{
    SDA=1;  _nop_();
    SCL=1;  _nop_();_nop_();_nop_();
    SDA=0;  _nop_();_nop_();_nop_();
    SCL=0;  _nop_();_nop_();
}
//I²c 停止函数
void  Stop_I2c()
{
    SDA=0;   _nop_();
    SCL=1;   _nop_();_nop_();_nop_();
    SDA=1;   _nop_();_nop_();_nop_();
}
//主机答 0 程序,主机接收一个字节数据应答 0
void slave_0(void)
{
    SDA=0;  _nop_();  _nop_();  _nop_();
    SCL=1;  _nop_();  _nop_();  _nop_();
    SCL=0;  _nop_();  _nop_();  _nop_();
    SDA=1;  _nop_();
}
//主机答 1 程序，主机接收最后一个字节数据应答 1
void slave_1(void)
{
    SDA=1;   _nop_();   _nop_();   _nop_();
    SCL=1;   _nop_();   _nop_();   _nop_();
    SCL=0;   _nop_();   _nop_();
}
//检查从机应答程序，接收到应答信号 ack =1,否则 ack =0
void check_ACK(void)
{
    SDA=1;  _nop_();  _nop_();  _nop_();
    SCL=1;
    ack=0;  _nop_();  _nop_();
    if (SDA==0) ack=1;
    SCL=0;
}
//写一个字节函数
void  WByte(uchar c)
{
    uchar BitCnt;
```

```
    for(BitCnt=0;BitCnt<8;BitCnt++)
    {
      if((c<<BitCnt)&0x80) SDA=1; else  SDA=0;
    _ nop_();
      SCL=1;
      nop_(); _nop_(); _nop_(); _nop_(); _nop_();
      SCL=0;
    }
}
//接收一个字节函数
uchar  RByte()
{
    uchar  retc;
    uchar  BitCnt;
    retc=0;
    SDA=1;
    for(BitCnt=0;BitCnt<8;BitCnt++)
    {
      _nop_();
       SCL=0;   _nop_(); _nop_(); _nop_(); _nop_(); _nop_();
       SCL=1;   _nop_(); _nop_();
       retc=retc<<1;
       if(SDA==1)retc=retc+1;
       nop_(); _nop_();
    }
    SCL=0; _nop_();  _nop_();
    return(retc);
}
/*****************************************************************
  向器件指定地址按页写函数
  函数原型  bit  WNByte(uchar sla, uchar suba, ucahr *s, uchar no);
  入口参数有四个:器件地址码、器件单元地址、写入的数据串、写入的字节个数
  成功,返回 1,不成功,返回 0,使用后必须结束总线。
*****************************************************************/
bit WNByte(uchar sla,uchar suba,uchar *s,uchar no)
{
    uchar  i;
    WP=0;
    Start_I2c();
    WByte(sla);
    check_ACK();
    if(!ack)return(0);
    WByte(suba);
    check_ACK();
    if(!ack)return(0);
    for(i=0;i<no;i++)
    {
      WByte(*s);
      check_ACK();
      if(!ack)return(0);
      s++;
```

```
    }
    Stop_I2c();
    WP=1;
    return(1);
}
/************************************************************
从器件指定地址读多个字节
  函数原型  bit  RNByte(uchar sla, uchar suba, ucahr *s, uchar no);
  入口参数有四个:器件地址码、器件单元地址、写入的数据串、写入的字节个数
成功, 返回 1, 不成功, 返回 0, 使用后必须结束总线。
************************************************************/
bit RNByte(uchar sla,uchar suba,uchar *s,uchar no)
{
    uchar  i;
    Start_I2c();
    WByte(sla);
    check_ACK();
    if(!ack)return(0);
    WByte(suba);
    check_ACK();
    if(!ack)return(0);
    Start_I2c();
    WByte(sla+1);
    check_ACK();
    if(!ack)return(0);
    for(i=0;i<no-1;i++)
    {
       *s=RByte();
       slave_0();
       s++;
    }
    *s=RByte();
    slave_1();
    Stop_I2c();
    return(1);
}
```

10.4.4 单片机电子密码锁的硬件电路

电子密码锁在 Proteus 中的硬件电路如图 10.30 所示。其中：主芯片选择 AT89C52 单片机芯片，时钟电路和复位电路在 Proteus 中可以隐含。键盘输入模块由 4×4 矩阵键盘(KEYPAD-SMALLCALC)修改面板实现，通过 P2 口连接，P2 口的低 4 位接行线输入，P2 口的高 4 位接列线输出；显示模块由 LCD1602(LM016L)实现，LCD1602 的数据线 D0～D7 和 P0 相连，P0 口输出时需带上拉电阻(RESPACK-8)，3 根控制信号 RS、RW、E 分别和单片机的 P1.7、P1.6、P1.5 相连；存储模块由串行存储器芯片 24C02C 芯片实现，24C02C 的控制信号 SCLK、SDA、WP 分别与单片机的 P1.0、P1.1、P1.2 相连，只用一片 24C02C，其地址线 A0、A1、A2 直接接地；报警模块分 LED 灯警视和声音报警，LED 灯由红灯(LED-RED)和绿灯(LED-GREEN)组成，分别与单片机的 P3.7、P3.6 相连，当密

码输入正确开锁绿灯显示，当密码输入错误不开锁红灯显示。声音报警由扬声器(SPEAKER)实现，由 P1.3 通过三极管 Q2(NPN)驱动，当密码输入错误，P1.3 输出高电平，扬声器报警。开锁模块通过继电器(G2RL-14B-CF-DC5)实现，由 P3.0 通过三极管 Q1(NPN)驱动，当密码输入正确，P3.0 输出高电平，继电器接通开锁。

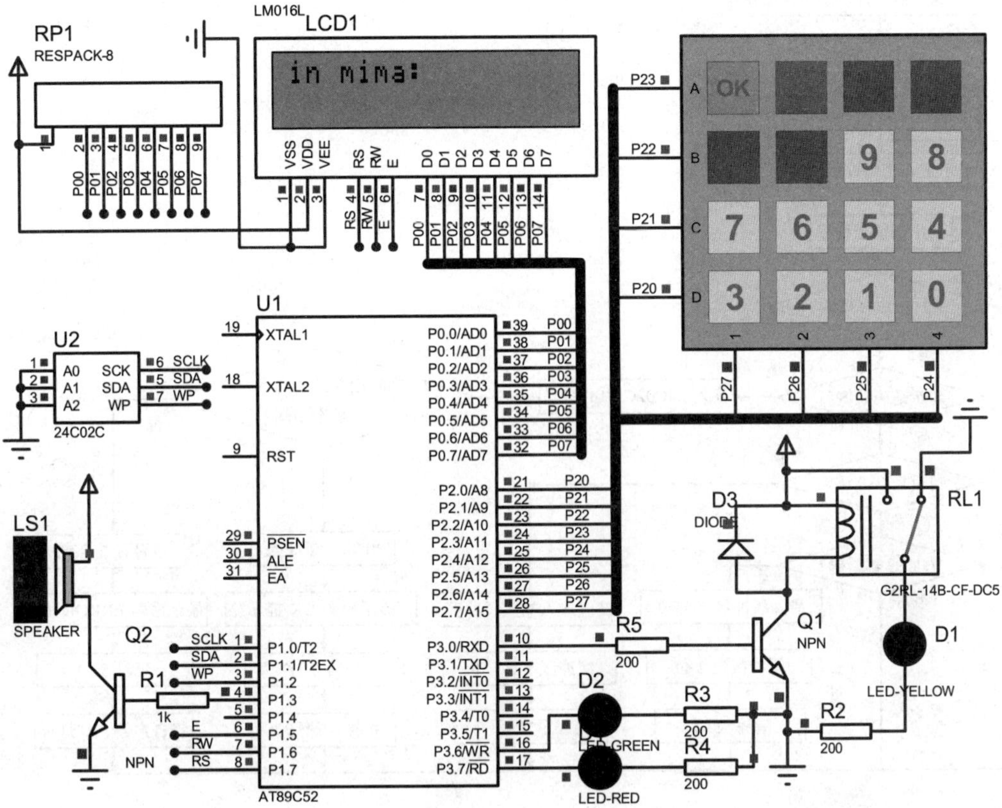

图 10.30　电子密码锁的电路原理图

10.4.5　单片机电子密码锁的软件程序

单片机电子密码锁软件程序由主程序、4×4 键盘驱动程序、LCD1602 显示驱动程序和 24C02C 存储器驱动程序等组成，其他程序前面已介绍，这里只介绍主程序。

1. 主程序

主程序流程如图 10.31 所示。

首先是对红绿指示灯、扬声器报警、开锁模块初始化，指示灯不亮，扬声器不响，继电器不开锁，LCD 初始化，初始密码写入 24C02C，进入循环。在循环中依次为：显示输入密码提示信息，调用键盘处理程序，然后根据按键进行相应处理。如果没有键按下直接返回；如果按下的是确认键，读出 24C02 中的密码，把输入密码和读出的密码比较，相同则密码正确，开锁绿灯亮，显示密码正确提示信息，不同则密码错误，报警红灯亮，显示密码错误提示信息；如果按下的是 0～9 键，键值放入输入缓冲区，显示“*”，如果按下的是删除键，清除当前输入缓冲区，清除当前显示的“*”。另外，按下确认键时，不管密码正确与否，都延时 5 秒，清除相关信息，再回到等待输入密码状态。

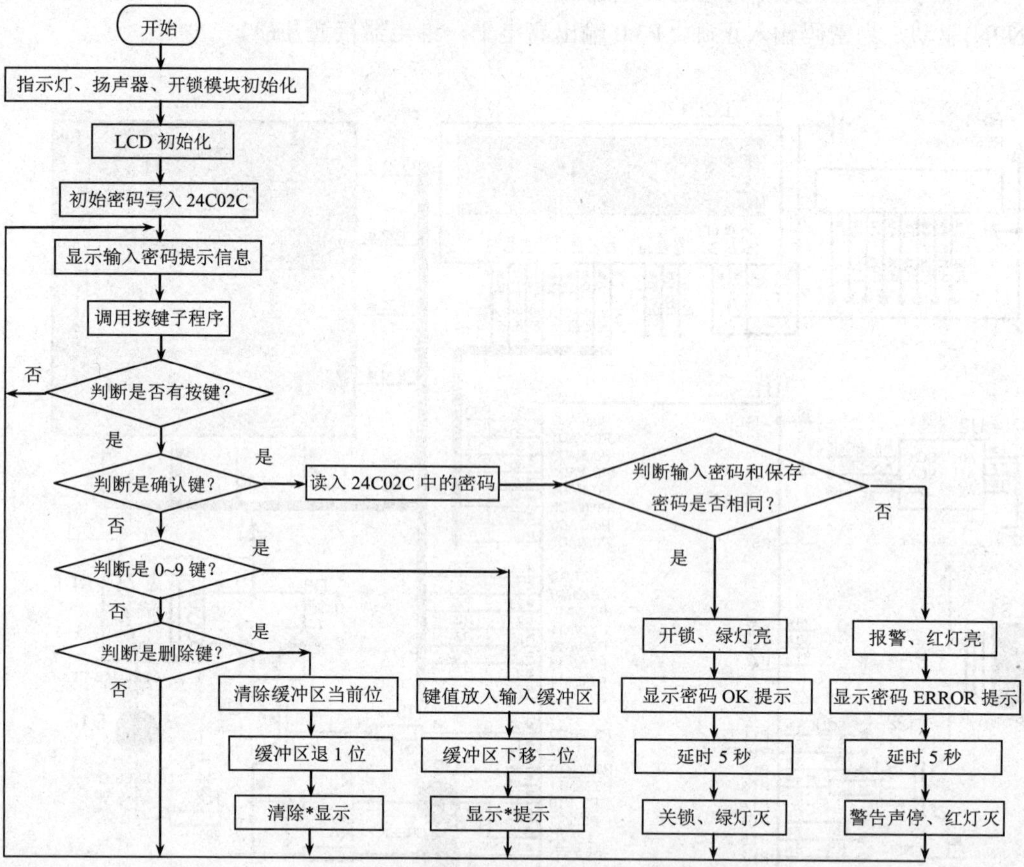

图 10.31　主程序流程图

2. C 语言源程序

```
#include <reg51.h>
#include <intrins.h>
#include <string.h>
#define uchar unsigned char
#define uint unsigned int
////I2C 芯片 24C02C 接口及常量定义
sbit SCL=P1^0;
sbit SDA=P1^1;
sbit WP=P1^2;
bit ack;
uchar sla=0xa0;
uchar suba=0x10;
//I2C 芯片 24C02C 函数声明
void Start_I2c();
void Stop_I2c();
void slave_0(void);
```

```
void slave_1(void);
void check_ACK(void);
void  WByte(uchar c);
uchar  RByte();
bit WNByte(uchar sla,uchar suba,uchar *s,uchar no);
bit RNByte(uchar sla,uchar suba,uchar *s,uchar no);
void delay(uint N);
//LCD1602 接口定义及函数声明
#define LCDDATA  P0
sbit  RS=P1^7;
sbit  RW=P1^6;
sbit  E=P1^5;
void  init();
void  fbusy();
void  wc51r(uchar  j);
void  wc51ddr(uchar  j);
void  lcd1602wstr(uchar hang,uchar lie,uchar length,uchar *str);
//4×4 键盘接口定义及函数声明
#define KEYCTR  P2
uchar  checkkey();
uchar  keyscan();
void delay500ms(unsigned  char  m);
//LED 指示灯、扬声器、继电器接口定义
sbit GREENLED=P3^6;
sbit REDLED=P3^7;
sbit LOCK=P3^0;
sbit SPEAKER=P1^3;
//变量及数组定义
uchar key;                      //按键值
uchar number0=0;                //密码个数
uchar  mm[10]={0,1,2,3,4,5};                //原始密码
uchar  inmm[10]={0,0,0,0,0,0};              //输入密码
uchar code table0[]={"in mima:"};           //输入密码提示
uchar code table1[]={"mima ok"};            //密码正确提示
uchar code table2[]={"mima error"};         //密码错误提示
void main()
{
       REDLED=0;           //指示灯、报警扬声器、开锁继电器初始化
       GREENLED=0;
       LOCK=0;
       SPEAKER=0;
       init();                     //LCD 初始化
       WNByte(sla,suba,mm,6);      //初始密码写入 24C02C
       while(1)
       {
      lcd1602wstr(0,0,strlen(table0),table0);   //显示输入密码提示
          key=keyscan();           //调用键盘程序，返回键值送 key
          if (key!=0xff)           //如果没有键按下，返回
          {                        //有键按下
             if(key==0x0f)         //如果是确认键
             {
```

```
            RNByte(sla,suba,mm,6); //从24C02C中读出密码
            if  ((mm[0]==inmm[0])&&(mm[1]==inmm[1])&&(mm[2]==inmm[2])
              &&(mm[3]==inmm[3])&&(mm[4]==inmm[4])&&(mm[5]==inmm[5]))
               //输入密码和读出密码比较
            {
              GREENLED=1;REDLED=0;LOCK=1;    //密码正确，绿灯亮，开锁
              lcd1602wstr(1,0,strlen(table1),table1);//显示密码正确提示
              number0=0;              //输入密码个数清零
              delay500ms(10);           //延时5s
              GREENLED=0;REDLED=0;LOCK=0;  //绿灯灭，关锁
              init();
            }
            Else
            {
              REDLED=1;GREENLED=0;LOCK=0;SPEAKER=1;//密码错，红灯亮，报警
              lcd1602wstr(1,0,strlen(table2),table2); //显示密码错误提示
              number0=0;              //输入密码个数清零
              delay500ms(10);    SPEAKER=0;REDLED=0; //红灯灭，报警关
              init();
            }
          }
          if((key==0x00)||(key==0x01)||(key==0x02)||(key==0x03)||
             (key==0x04)||(key==0x05)||(key==0x06)||(key==0x07)||
             (key==0x08)||(key==0x09))  //如果为0～9键
          {
            inmm[number0]=key; number0++;  //键值放入输入缓冲区
            wc51r(0x87+number0);wc51ddr('*');       //显示“*”
          }
          if(key==0x0E)        //如果是删除键
          {
            inmm[number0]=0;     //当前输入缓冲区清零
            wc51r(0x87+number0);wc51ddr(' ');//清除当前显示位
            number0--;   //输入个数退1位
          }
      }
    }
}
//延时500ms函数
void delay500ms(unsigned  char  m)
{
      unsigned  char k1,k2;
      TMOD=0X01;      //定时/计数器0选择方式1
      TH0=0x3C;TL0=0xB0;  //50ms计数值的初值
      TR0=1;
      for (k1=0;k1<m;k1++)
      {
          for (k2=0;k2<10;k2++)  //重复10次500ms
          {
              while(!TF0);
              TF0=0;
              TH0=0x3C;TL0=0xB0;
```

```
            }
        }
}
//4×4 矩阵键盘全扫描函数
uchar  checkkey()          //有键按下返回 0，无键按下返回 0xff
{
        uchar  i;
        KEYCTR=0x0F;
        i=KEYCTR;
        i=i|0xF0;
        if  (i==0xff)  return(0xff);
        else  return(0);
}
//4×4 矩阵键盘扫描函数
uchar  keyscan()        //有键按下返回键值，无键按下返回 0xff
{
        uchar  scancode;
        uchar  codevalue;
        uchar  m;
        uchar  k;
        uchar  i,j;
        if  (checkkey()==0xff)  return(0xff);
        else
        {
            delay(20);
            if(checkkey()==0xff)  return(0xff);
            else
            {
                scancode=0xef;
                for  (i=0;i<4;i++)
                {
                    k=0x01;
                    KEYCTR=scancode;
                    m=0x00;
                    for  (j=0;j<4;j++)
                    {
                        if  ((KEYCTR&k)==0)
                        {
                            codevalue=m+i;
                        while  (checkkey()!=0xff);
                        }
                        else
                        {k=k<<1;m=m+4;}
                    }
                    scancode=scancode<<1; scancode++;
                }
            }
            return(codevalue);
        }
}
//延时消抖函数
```

```
void delay(uint N)
{
        uint i;
        for(i = 0;i < N;i++);
}
//LCD初始化函数
void  init()
{
        wc51r(0x38);
        wc51r(0x0c);
        wc51r(0x06);
        wc51r(0x01);
}
//LCD检查忙函数
void  fbusy()
{
        LCDDATA=0Xff;RS=0;RW=1;
        E=0; E=1;
        while (LCDDATA&0x80){E=0;E=1;}
}
//LCD写命令函数，j：命令值
void  wc51r(uchar  j)
{
        fbusy();
        E=0;RS=0;RW=0;
        E=1;
        LCDDATA=j;
        E=0;
}
//LCD写数据函数，j：数据
void  wc51ddr(uchar  j)
{
        fbusy();
        E=0;RS=1;RW=0;
        E=1;
        LCDDATA=j;
        E=0;
}
//LCD写字符串函数，hang:行号，lie:列号，length:写入的长度，str:字符串
void  lcd1602wstr(uchar hang,uchar lie,uchar length,uchar *str)
{
        uchar i;
        wc51r(0x80+0x40*hang+lie);
        for (i=0;i<length;i++)
        {wc51ddr(*str);str++;}
}
//I2c开始函数
void  Start_I2c()
{
   SDA=1;  _nop_();
   SCL=1;  _nop_();_nop_();_nop_();
```

```
  SDA=0;  _nop_();_nop_();_nop_();
  SCL=0;  _nop_();_nop_();
}
//I²c 停止函数
void  Stop_I2c()
{
  SDA=0;   _nop_();
  SCL=1;   _nop_();_nop_();_nop_();
  SDA=1;   _nop_();_nop_();_nop_();
}
//主机答 0 程序，主机接收一个字节数据应答 0
void slave_0(void)
{
  SDA=0;  _nop_();  _nop_();  _nop_();
  SCL=1;  _nop_();  _nop_();  _nop_();
  SCL=0;  _nop_();  _nop_();  _nop_();
  SDA=1;  _nop_();
}
//主机答 1 程序，主机接收最后一个字节数据应答 1
void slave_1(void)
{
  SDA=1;   _nop_();   _nop_();   _nop_();
  SCL=1;   _nop_();   _nop_();   _nop_();
  SCL=0;   _nop_();   _nop_();
}
//检查从机应答程序，接收到应答信号时 ack =1，否则 ack =0
void check_ACK(void)
{
  SDA=1;  _nop_();  _nop_();  _nop_();
  SCL=1;
  ack=0;  _nop_();  _nop_();
  if (SDA==0) ack=1;
  SCL=0;
}
//写一个字节函数
void  WByte(uchar c)
{
   uchar BitCnt;
   for(BitCnt=0;BitCnt<8;BitCnt++)
   {
      if((c<<BitCnt)&0x80) SDA=1;
      else  SDA=0;
     _ nop_();
      SCL=1;
     _nop_(); _nop_(); _nop_(); _nop_(); _nop_();
      SCL=0;
   }
 }
//接收一个字节函数
uchar  RByte()
{
```

```
    uchar  retc;
    uchar  BitCnt;
    retc=0;
    SDA=1;
    for(BitCnt=0;BitCnt<8;BitCnt++)
     {
       nop_();
       SCL=0;   _nop_(); _nop_(); _nop_(); _nop_(); _nop_();
       SCL=1;   _nop_(); _nop_();
       retc=retc<<1;
       if(SDA==1)retc=retc+1;
       nop_(); _nop_();
     }
     SCL=0; _nop_();  _nop_();
     return(retc);
}
/****************************************************************
  向器件指定地址按页写函数
  函数原型  bit  WNByte(uchar sla, uchar suba, ucahr *s, uchar no);
  入口参数有四个:器件地址码、器件单元地址、写入的数据串、写入的字节个数
  成功,返回 1,不成功,返回 0,使用后必须结束总线。
****************************************************************/
bit WNByte(uchar sla,uchar suba,uchar *s,uchar no)
{
      uchar  i;
   WP=0;
   Start_I2c();
   WByte(sla);
   check_ACK();
   if(!ack)return(0);
   WByte(suba);
   check_ACK();
   if(!ack)return(0);
   for(i=0;i<no;i++)
   {
      WByte(*s);
      check_ACK();
      if(!ack)return(0);
      s++;
   }
    Stop_I2c();
    WP=1;
    return(1);
}
/****************************************************************
从器件指定地址读多个字节
  函数原型  bit  RNByte(uchar sla, uchar suba, ucahr *s, uchar no);
  入口参数有四个:器件地址码、器件单元地址、写入的数据串、写入的字节个数
成功,返回 1,不成功,返回 0,使用后必须结束总线。
****************************************************************/
bit RNByte(uchar sla,uchar suba,uchar *s,uchar no)
```

```
{
    uchar  i;
    Start_I2c();
    WByte(sla);
        check_ACK();
    if(!ack)return(0);
    WByte(suba);
        check_ACK();
    if(!ack)return(0);
    Start_I2c();
    WByte(sla+1);
    check_ACK();
    if(!ack)return(0);
    for(i=0;i<no-1;i++)
    {
       *s=RByte();
       slave_0();
       s++;
    }
    *s=RByte();
    slave_1();
    Stop_I2c();
    return(1);
}
```

习　　题

1. 说明单片机应用系统设计需要具备的知识和能力，以及开发的步骤。

2. 简要介绍硬件系统设计在设计时通常要考虑哪些方面的问题。

3. 简要介绍软件设计时如何合理地分配系统资源。

4. 简述 DS1302 的输入/输出过程。

5. 设计题：对单片机电子时钟进行改进，添加扩展功能。

6. 简述 DS18B20 通常有哪些连接方式。

7. 设计题：对单片机多点温度测量系统进行改进，添加扩展功能。

8. 设计题：对单片机电子密码进行改进，添加扩展功能。

9. 根据自己在生活中的经验，可以提出有一定意义的项目，改善原来非自动化的测试和控制方法。先调查其应用价值，然后提出设计思路并开发、调试。

附录 A　MCS-51 系列单片机指令表

A.1　数据传送类指令

助记符		功能说明	机器码	字节数	机器周期
MOV A,	Rn	寄存器内容送入累加器	E8～EF	1	1
	direct	direct 送入累加器	E5(direct)	2	1
	@Ri	@Ri 送入累加器	E6～E7	1	1
	#data8	8 位立即数送入累加器	74 direct	2	1
MOV Rn,	A	累加器内容送入寄存器	F8～FF	1	1
	direct	direct 送入寄存器	A8(direct)	2	2
	#data8	8 位立即数送入寄存器	78(data8)	2	1
MOV direct,	A	累加器内容送入 direct	F5(direct)	2	1
	Rn	寄存器内容送入 direct	88～8F(direct)	2	2
	direct	direct 送入 direct	85(direct)(direct)	3	2
	@Ri	@Ri 送入直接地址单元	86 87(direct)	2	2
	#data8	8 位立即数送入直接地址单元	75(direct)(data8)	3	2
MOV @Ri,	A	累加器内容送入间接 RAM 单元	F6 F7	1	1
	direct	direct 送入间接 RAM 单元	A6 A7(direct)	2	2
	#data8	#data8 送入间接 RAM 单元	76 76(data8)	2	1
MOV DPTR,#data16		#data16 送入 DPTR	90(directH)(directL)	3	2
MOVX A,	@Ri	外部 RAM(8 位地址)送入 A	E2 E3	1	2
	@DPTR	外部 RAM(16 位地址)送入 A	E0	1	2
MOVX @Ri,	A	A 送入外部 RAM(8 位地址)	F2 F3	1	2
MOVX DPTR,	A	A 送入外部 RAM(16 位地址)	F0	1	2
SWAP A		累加器高 4 位与低 4 位互换	C4	1	1
XCHD A,@Ri		@Ri 与 A 进行低半字节交换	D6 D7	1	1
XCH A,	Rn	Rn 与累加器交换	C8～CF	1	1
	direct	direct 与累加器交换	C5(direct)	2	1
	@Ri	@Ri 与累加器交换	C6 C7	1	1
MOVC A, @A+DPTR		以 DPTR 为基址查表	93	1	2

续表

助记符	功能说明	机器码	字节数	机器周期
MOVC A, @A+PC	以 PC 为基址查表	83	1	2
PUSH direct	入栈	D0(direct)	2	2
POP direct	出栈	C0(direct)	2	2

A.2　算术操作类指令

助记符		功能说明	机器码	字节数	机器周期
ADD A,	Rn	寄存器内容加	28～2F	1	1
	direct	直接地址单元加	25(direct)	2	1
	@Ri	间接 RAM 内容加	26 27	1	1
	#data8	8 位立即数加	24(data8)	2	1
ADDC A,	Rn	寄存器内容带进位加	38～3F	1	1
	dirct	直接地址单元带进位加	35(direct)	2	1
	@Ri	间接 RAM 内容带进位加	36 37	1	1
	#data8	8 位立即数带进位加	34(data8)	2	1
INC	A	累加器加 1	04	1	1
	Rn	寄存器加 1	08～0F	1	1
	direct	直接地址单元内容加 1	05(direct)	2	1
	@Ri	间接 RAM 内容加 1	06 07	1	1
	DPTR	DPTR 加 1	A3	1	1
DA　A		累加器进行十进制转换	D4	1	1
SUBB A,	Rn	带借位减寄存器内容	98～9F	1	1
	direct	带借位减直接地址单元	95(direct)	2	1
	@Ri	带借位减间接 RAM 内容	96 97	1	1
	#data8	带借位减 8 位立即数	94(data8)	2	1
DEC	A	累加器减 1	14	1	1
	Rn	寄存器减 1	18～1F	1	1
	direct	直接地址单元内容减 1	15(direct)	2	1
	@Ri	间接 RAM 内容减 1	16 17	1	1
MUL A,B		A 乘以 B	A4	1	4
DIV A,B		A 除以 B	84	1	4

A.3 逻辑操作类指令

助记符		功能说明	机器码	字节数	机器周期
CLR A		累加器清零	E4	1	1
CPL A		累加器求反	F4	1	1
ANL A,	Rn	累加器与寄存器相与	58～5F	1	1
	direct	累加器与 direct 相与	55（direct）	2	1
	@Ri	累加器与间接 RAM 内容相与	56 57	1	1
	#data8	累加器与 8 位立即数相与	54(data8)	2	1
ANL direct,	A	direct 与累加器相与	52(direct)	2	1
	#data8	direct 与#data8 相与	53(direct)(data8)	3	2
ORL A,	Rn	累加器与寄存器相或	48～4F	1	1
	direct	累加器与直接地址单元相或	45(direct)	2	1
	@Ri	累加器与间接 RAM 内容相或	46 47	1	1
	#data8	累加器与 8 位立即数相或	44(data8)	2	1
ORL direct,	A	direct 与累加器相或	42(direct)	2	1
	#data8	direct 与#data8 相或	43(direct)(data8)	3	2
XRL A,	Rn	累加器与寄存器相异或	68～6F	1	1
	direct	累加器与 direct 相异或	65(direct)	2	1
	@Ri	累加器与@Ri 相异或	66 67	1	1
	#data8	累加器与#data8 相异或	64(data8)	2	1
XRL direct,	A	direct 与累加器相异或	62(direct)	2	1
	#data8	direct 与#data8 相异或	63(direct)(data8)	3	2
循环/移位类指令:					
RL A		累加器循环左移	23	1	1
RLC A		累加器带进位循环左移	33	1	1
RR A		累加器循环右移	03	1	1
RRC A		累加器带进位循环右移	13	1	1

A.4 控制转移类指令

助记符	功能说明	机器码	字节数	机器周期
LJMP addr16	长转移	02（addrH）(addrL)	3	2
AJMP addr11	绝对短转移	(addrH*20+1)(addrL)	2	2
SJMP rel	相对转移	80(rel)	2	2
JMP @A+DPTR	相对于 DPTR 的间接转移	73	1	2
JZ rel	累加器为零转移	60(rel)	2	2

续表

助记符	功能说明	机器码	字节数	机器周期
JNZ rel	累加器非零转移	70(rel)	2	2
CJNE A,direct,rel	A 与 direct 比较不等则转移	B5(direct)(rel)	3	2
CJNE A,#data8,rel	A 与#data8 比较不等则转移	B4(data8)(rel)	3	2
CJNE Rn,#data8,rel	Rn 与#data8 比较不等则转移	B8～BF(data8)(rel)	3	2
CJNE @Ri,#data8,rel	@Ri 与#data8 比较不等则转移	B6 B7(data8)(rel)	3	2
DJNZ Rn,rel	寄存器减 1 非零转移	D8～DF(rel)	3	2
DJNZ direct,rel	direct 减 1 非零转移	D5(direct)(rel)	3	2
ACALL addr11	绝对短调用子程序	(addrH*20+11)(addrL)	2	2
LACLL addr16	长调用子程序	12（addrH）(addrL)	3	2
RET	子程序返回	22	1	2
RETI	中断返回	32	1	2
NOP	空操作	00	1	1

A.5　位操作类指令

助记符	功能说明	机器码	字节数	机器周期
CLR C	清进位位	C3	1	1
CLR bit	清直接地址位	C2(bit)	2	1
SETB C	置进位位	D3	1	1
SETB bit	置直接地址位	D2(bit)	2	1
CPL C	进位位求反	B3	1	1
CPL bit	直接地址位求反	B2(bit)	2	1
ANL C,bit	进位位和 bit 相与	82(bit)	2	2
ANL C,/bit	进位位和 bit 的反码相与	B0(bit)	2	2
ORL C,bit	进位位和 bit 相或	72(bit)	2	2
ORL C,/bit	进位位和 bit 的反码相或	A0(bit)	2	2
MOV C,bit	直接地址位送入进位位	A2(bit)	2	1
MOV bit,C	进位位送入直接地址位	92(bit)	2	2
JC rel	进位位为 1 则转移	40(rel)	2	2
JNC rel	进位位为 0 则转移	50(rel)	2	2
JB bit,rel	直接地址位为 1 则转移	20(bit)(rel)	3	2
JNB bit,rel	直接地址位为 0 则转移	10(bit)(rel)	3	2
JBC bit,rel	bit 为 1 则转移该位清零	30(bit)(rel)	3	2

附录 B　C51 运算符优先级和结合规则

优先级	运算符	名称或含义	使用形式	结合规则	说　明
	[ ]	数组下标	数组名[常量表达式]		
1	()	圆括号	（表达式）/函数名(形参表)	从左到右	
	.	成员选择（对象）	对象.成员名		
	->	成员选择（指针）	对象指针->成员名		
	-	负号运算符	-表达式		单目运算符
	(类型)	强制类型转换	(数据类型)表达式		
	++	自增运算符	++变量名/变量名++		单目运算符
	--	自减运算符	--变量名/变量名--		单目运算符
2	*	取值运算符	*指针变量	从右到左	单目运算符
	&	取地址运算符	&变量名		单目运算符
	!	逻辑非运算符	!表达式		单目运算符
	～	按位取反运算符	～表达式		单目运算符
	sizeof	长度运算符	sizeof(表达式)		
	/	除	表达式/表达式		双目运算符
3	*	乘	表达式*表达式	从左到右	双目运算符
	%	余数（取模）	整型表达式/整型表达式		双目运算符
4	+	加	表达式+表达式	从左到右	双目运算符
	-	减	表达式-表达式		双目运算符
5	<<	左移	变量<<表达式	从左到右	双目运算符
	>>	右移	变量>>表达式		双目运算符
	>	大于	表达式>表达式		双目运算符
6	>=	大于等于	表达式>=表达式	从左到右	双目运算符
	<	小于	表达式<表达式		双目运算符
	<=	小于等于	表达式<=表达式		双目运算符
7	==	等于	表达式==表达式	从左到右	双目运算符
	!=	不等于	表达式!=表达式		双目运算符
8	&	按位与	表达式&表达式	从左到右	双目运算符
9	^	按位异或	表达式^表达式	从左到右	双目运算符
10	|	按位或	表达式|表达式	从左到右	双目运算符
11	&&	逻辑与	表达式&&表达式	从左到右	双目运算符
12	||	逻辑或	表达式||表达式	从左到右	双目运算符
13	?:	条件运算符	表达式 1? 表达式 2: 表达式 3	从右到左	三目运算符

续表

优先级	运算符	名称或含义	使用形式	结合规则	说　明
14	=	赋值运算符	变量=表达式	从右到左	
	/=	除后赋值	变量/=表达式		
	*=	乘后赋值	变量*=表达式		
	%=	取模后赋值	变量%=表达式		
	+=	加后赋值	变量+=表达式		
	-=	减后赋值	变量-=表达式		
	<<=	左移后赋值	变量<<=表达式		
	>>=	右移后赋值	变量>>=表达式		
	&=	按位与后赋值	变量&=表达式		
	^=	按位异或后赋值	变量^=表达式		
	|=	按位或后赋值	变量|=表达式		
15	,	逗号运算符	表达式，表达式，……	从左到右	从左向右顺序运算

按优先级从高到低分15级，总体的规则如下：

(1) 单目运算符优先级高，双目运算符其次，三目运算符较低。

(2) 双目运算中，算术运算符较高，关系运算符其次，逻辑运算符较低。位运算符中，移位运算符高于关系运算符，位逻辑运算符低于关系运算符。

(3) 圆括号运算符优先级最高，逗号运算符优先级最低。赋值运算符和复合赋值运算符优先级仅高于逗号运算符。

(4) 同时有多个优先级相同的运算符时，按结合性从左至右或从右至左依次运算。

附录C　C51的库函数

C51 编译器提供了丰富的库函数，使用库函数可以大大简化用户的程序设计工作从而提高编程效率，基于 MCS-51 系列单片机本身的特点，某些库函数的参数和调用格式与 ANSIC 标准有所不同。

每个库函数都在相应的头文件中给出了函数原型声明，用户如果需要使用库函数，必须在源程序的开始处采用预处理命令#include，将有关的头文件包含进来。下面是 C51 中常见的库函数(下面各节标题所列文件名是该库函数的头文件)。

C.1　寄存器库函数 reg×××.h

在 reg×××.h 的头文件中定义了 MCS-51 的所有特殊功能寄存器和相应的位，定义时都用大写字母。当在程序的头部把寄存器库函数 reg×××.h 包含后，在程序中就可以直接使用 MCS-51 中的特殊功能寄存器和相应的位。

C.2　字符函数 ctype.h

函数原型：extern　bit　isalpha (char　c);
再入属性：reentrant
功能：检查参数字符是否为英文字母，是则返回 1，否则返回 0。

函数原型：extern　bit　isalnum(char　c);
再入属性：reentrant
功能：检查参数字符是否为英文字母或数字字符，是则返回 1，否则返回 0。

函数原型：extern　bit　iscntrl (char　c);
再入属性：reentrant
功能：检查参数字符是否在 0x00～0x1f 之间或等于 0x7f，是则返回 1，否则返回 0。

函数原型：extern　bit　isdigit(char　c);
再入属性：reentrant
功能：检查参数字符是否为数字字符，是则返回 1，否则返回 0。

函数原型：extern　bit　isgraph (char　c);
再入属性：reentrant
功能：检查参数字符是否为可打印字符，可打印字符的 ASCII 值为 0x21～0x7e，是则返回 1，否则返回 0。

函数原型：extern　bit　isprint (char　c);

再入属性：reentrant

功能：除了与 isgraph 相同之外，还接收空格符(0x20)。

函数原型：extern　bit　ispunct (char　c);

再入属性：reentrant

功能：检查参数字符是否为标点、空格和格式字符，是则返回 1，否则返回 0。

函数原型：extern　bit　islower (char　c);

再入属性：reentrant

功能：检查参数字符是否为小写英文字母，是则返回 1，否则返回 0。

函数原型：extern　bit　isupper (char　c);

再入属性：reentrant

功能：检查参数字符是否为大写英文字母，是则返回 1，否则返回 0。

函数原型：extern　bit　isspace (char　c);

再入属性：reentrant

功能：检查参数字符是否为空格、制表符、回车、换行、垂直制表符和送纸之一，是则返回 1，否则返回 0。

函数原型：extern　bit　isxdigit (char　c);

再入属性：reentrant

功能：检查参数字符是否为十六进制数字字符，是则返回 1，否则返回 0。

函数原型：extern　char　toint (char　c);

再入属性：reentrant

功能：将 ASCII 字符的 0～9、A～F 转换为十六进制数，返回值为 0～F。

函数原型：extern　char　tolower (char　c);

再入属性：reentrant

功能：将大写字母转换成小写字母，如果不是大写字母，则不作转换直接返回相应的内容。

函数原型：extern　char　toupper (char　c);

再入属性：reentrant

功能：将小写字母转换成大写字母，如果不是小写字母，则不作转换直接返回相应的内容。

C.3　一般输入/输出函数 stdio.h

C51 库中包含的输入/输出函数 stdio.h 是通过 MCS-51 的串行口工作的。在使用输入/输出函数 stdio.h 库中的函数之前，应先对串行口进行初始化。例如，以 2400 波特率(时钟频率为 12MHz)，初始化程序为：

```
SCON=0x52;
TMOD=0x20;
TH1=0xf3;
TR1=1;
```

当然也可以用其他的波特率。

在输入/输出函数 stdio.h 中，库中的所有其他的函数都依赖 getkey()和 putchar()函数，如果希望支持其他 I/O 接口，只须修改这两个函数。

函数原型：extern char _getkey(void);
再入属性：reentrant
功能：从串口读入一个字符，不显示。

函数原型：extern char getkey(void);
再入属性：reentrant
功能：从串口读入一个字符，并通过串口输出对应的字符。

函数原型：extern char putchar(char c);
再入属性：reentrant
功能：从串口输出一个字符。

函数原型：extern char *gets(char * string,int len);
再入属性：non-reentrant
功能：从串口读入一个长度为 len 的字符串存入 string 指定的位置。输入以换行符结束。输入成功则返回传入的参数指针，失败则返回 NULL。

函数原型：extern char ungetchar(char c);
再入属性：reentrant
功能：将输入的字符送到输入缓冲区并将其值返回给调用者，下次使用 gets 或 getchar 时可得到该字符，但不能返回多个字符。

函数原型：extern char ungetkey(char c);
再入属性：reentrant
功能：将输入的字符送到输入缓冲区并将其值返回给调用者，下次使用_getkey 时可得到该字符，但不能返回多个字符。

函数原型：extern int printf(const char * fmtstr[,argument]…);
再入属性：non-reentrant
功能：以一定的格式通过 MCS-51 的串口输出数值或字符串，返回实际输出的字符数。

函数原型：extern int sprintf(char * buffer,const char*fmtstr[,argument]);
再入属性：non-reentrant
功能：sprintf 与 printf 的功能相似，但数据不是输出到串口，而是通过一个指针 buffer，送入可寻址的内存缓冲区，并以 ASCII 码形式存放。

函数原型：extern　int　puts (const char * string);

再入属性：reentrant

功能：将字符串和换行符写入串行口，错误时返回 EOF，否则返回一个非负数。

函数原型：extern　int　scanf(const char * fmtstr[,argument]…)；

再入属性：non-reentrant

功能：以一定的格式通过 MCS-51 的串口读入数据或字符串，存入指定的存储单元，注意，每个参数都必须是指针类型。scanf 返回输入的项数，错误时返回 EOF。

函数原型：extern　int　sscanf(char *buffer,const char * fmtstr[,argument]);

再入属性：non-reentrant

功能：sscanf 与 scanf 功能相似，但字符串的输入不是通过串口，而是通过另一个以空结束的指针。

C.4　内部函数 intrins.h

函数原型：unsigned　char　_crol_(unsigned char var,unsigned char n)；
　　　　　unsigned　int　_irol_(unsigned int var,unsigned char n)；
　　　　　unsigned　long　_irol_(unsigned long var,unsigned char n)；

再入属性：reentrant/intrinse

功能：将变量 var 循环左移 *n* 位，它们与 MCS-51 单片机的 RL　A 指令相关。这 3 个函数的不同之处在于变量的类型与返回值的类型不一样。

函数原型：unsigned　char　_cror_(unsigned char var,unsigned char n)；
　　　　　unsigned　int　_iror_(unsigned int var,unsigned char n)；
　　　　　unsigned　long　_iror_(unsigned long var,unsigned char n)；

再入属性：reentrant/intrinse

功能：将变量 var 循环右移 *n* 位，它们与 MCS-51 单片机的 RR　A 指令相关。这 3 个函数不同之处在于变量的类型与返回值的类型不一样。

函数原型：void _nop_(void)；

再入属性：reentrant/intrinse

功能：产生一个 MCS-51 单片机的 NOP 指令。

函数原型：bit　_testbit_(bit　b)；

再入属性：reentrant/intrinse

功能：产生一个 MCS-51 单片机的 JBC 指令。该函数对字节中的一位进行测试。如为 1 返回 1，如为 0 返回 0。该函数只能对可寻址位进行测试。

C.5 标准函数 stdlib.h

函数原型：float atof(void *string);

再入属性：non-reentrant

功能：将字符串 string 转换成浮点数值并返回。

函数原型：long atol(void *string);

再入属性：non-reentrant

功能：将字符串 string 转换成长整型数值并返回。

函数原型：int atoi(void *string);

再入属性：non-reentrant

功能：将字符串 string 转换成整型数值并返回。

函数原型：void *calloc(unsigned int num,unsigned int len);

再入属性：non-reentrant

功能：返回 *n* 个具有 len 长度的内存指针，如果无内存空间可用，则返回 NULL。所分配的内存区域用 0 进行初始化。

函数原型：void *malloc(unsigned int size);

再入属性：non-reentrant

功能：返回一个具有 size 长度的内存指针，如果无内存空间可用，则返回 NULL。所分配的内存区域不进行初始化。

函数原型：void *realloc (void xdata *p,unsigned int size);

再入属性：non-reentrant

功能：改变指针 p 所指向的内存单元的大小，原内存单元的内容被复制到新的存储单元中，如果该内存单元的区域较大，多出的部分不作初始化。

realloc 函数返回指向新存储区的指针，如果无足够大的内存可用，则返回 NULL。

函数原型：void free(void xdata *p);

再入属性：non-reentrant

功能：释放指针 p 所指向的存储器区域，如果返回值为 NULL，则该函数无效，p 必须为以前用 callon、malloc 或 realloc 函数分配的存储器区域。

函数原型：void init_mempool(void *data *p,unsigned int size);

再入属性：non-reentrant

功能：对被 callon、malloc 或 realloc 函数分配的存储器区域进行初始化。指针 p 指向存储器区域的首地址，size 表示存储区域的大小。

C.6 字符串函数 string.h

函数原型：void *memccpy(void *dest,void *src,char val,int len);

再入属性：non-reentrant

功能：复制字符串 src 中 len 个元素到字符串 dest 中。如果实际复制了 len 个字符则返回 NULL。复制过程在复制完字符 val 后停止，此时返回指向 dest 中下一个元素的指针。

函数原型：void *memmove (void *dest,void *src,int len);

再入属性：reentrant/intrinse

功能：memmove 的工作方式与 memcpy 相同，只是复制的区域可以交叠。

函数原型：void *memchr (void *buf,char c,int len);

再入属性：reentrant/intrinse

功能：顺序搜索字符串 buf 的头 len 个字符以找出字符 val，成功后返回 buf 中指向 val 的指针，失败时返回 NULL。

函数原型：char memcmp(void *buf1,void *buf2,int len);

再入属性：reentrant/intrinse

功能：逐个字符比较串 buf1 和 buf2 的前 len 个字符，相等时返回 0，如 buf1 大于 buf2，则返回一个正数；如 buf1 小于 buf2，则返回一个负数。

函数原型：void *memcopy (void *dest,void *src,int len);

再入属性：reentrant/intrinse

功能：从 src 所指向的存储器单元复制 len 个字符到 dest 中，返回指向 dest 中最后一个字符的指针。

函数原型：void *memset (void *buf,char c,int len);

再入属性：reentrant/intrinse

功能：用 val 来填充指针 buf 中 len 个字符。

函数原型：char *strcat (char *dest,char *src);

再入属性：non-reentrant

功能：将串 dest 复制到串 src 的尾部。

函数原型：char *strncat (char *dest,char *src,int len);

再入属性：non-reentrant

功能：将串 dest 的 len 个字符复制到串 src 的尾部。

函数原型：char strcmp (char *string1,char *string2);

再入属性：reentrant/intrinse

功能：比较串 string1 和串 string2，相等则返回 0；string1>string2，则返回一个正数；string1<string2，则返回一个负数。

函数原型：char strncmp(char *string1,char *string2,int len);

再入属性：non-reentrant

功能：比较串 string1 与串 string2 的前 len 个字符，返回值与 strcmp 相同。

函数原型：char *strcpy (char *dest,char *src);

再入属性：reentrant/intrinse

功能：将串 src，包括结束符，复制到串 dest 中，返回指向 dest 中第一个字符的指针。

函数原型：char strncpy (char *dest,char *src,int len);

再入属性：reentrant/intrinse

功能：strncpy 与 strcpy 相似，但它只复制 len 个字符。如果 src 的长度小于 len，则 dest 串以 0 补齐到长度 len。

函数原型：int strlen (char *src);

再入属性：reentrant

功能：返回串 src 中的字符个数，包括结束符。

函数原型：char *strchr (const char *string,char c);

int strpos (const char *string,char c);

再入属性：reentrant

功能：strchr 搜索 string 串中第一个出现的字符 c，如果找到则返回指向该字符的指针，否则返回 NULL。被搜索的字符可以是串结束符，此时返回值是指向串结束符的指针。strpos 的功能与 strchr 类似，但返回的是字符 c 在串中出现的位置值或-1，string 中首字符的位置值是 0。

函数原型：int strspn(char *string,char *set);

int strcspn(char *string,char * set);

char *strpbrk (char *string,char *set);

char *strrpbrk (char *string,char *set);

再入属性：non-reentrant

功能：strspn 搜索 string 串中第一个不包括在 set 串中的字符，返回值是 string 中包括在 set 里的字符个数。如果 string 中所有的字符都包括在 set 里面，则返回 string 的长度(不包括结束符)，如果 set 是空串则返回 0。

strcspn 与 strspn 相似，但它搜索的是 string 串中第一个包含在 set 里的字符。strpbrk 与 strspn 相似，但返回指向搜索到的字符的指针，而不是个数，如果未搜索到，则返回 NULL。strrpbrk 与 strpbrk 相似，但它返回指向搜索到的字符的最后一个的字符指针。

C.7 数学函数 math.h

函数原型：extern int abs(int i)

extern char cabs(char i)

extern float fabs(float i)

extern long labs(long i)

再入属性：reentrant

功能：计算并返回 i 的绝对值。这 4 个函数除了变量和返回值类型不同之外，其他功能完全相同。

函数原型：extern float exp(float i)

extern float log(float i)

extern float log10(float i)

再入属性：non-reentrant

功能：exp 返回以 e 为底的 i 的幂，log 返回 i 的自然对数(e = 2.718282)，log10 返回以 10 为底的 i 的对数。

函数原型：extern float sqrt(float i)

再入属性：non-reentrant

功能：返回 i 的正平方根。

函数原型：extern int rand( )

extern void srand(int i)

再入属性：reentrant/non-reentrant

功能：rand 返回一个 0～32 767 之间的伪随机数，srand 用来将随机数发生器初始化成一个已知的值，对 rand 的相继调用将产生相同序列的随机数。

函数原型：extern float cos(float i)

extern float sin(float i)

extern float tan(float i)

再入属性：non-reentrant

功能：cos 返回 i 的余弦值，sin 返回 i 的正弦值，tan 返回 i 的正切值，所有函数的变量范围都是-π/2～+π/2，变量的值必须在±65 535 之间，否则产生一个 NaN 错误。

函数原型：extern float acos(float i)

extern float asin(float i)

extern float atan(float i)

extern float atan2(float i,float j)

再入属性：non-reentrant

功能：acos 返回 i 的反余弦值，asin 返回 i 的反正弦值，atan 返回 i 的反正切值，所有函数的值域都是-π/2～+π/2，atan2 返回 x/y 的反正切值，其值域为-π～+π。

函数原型：extern float cosh(float i)

extern float sinh(float i)

extern float tanh(float i)

再入属性：non-reentrant

功能：cosh 返回 i 的双曲余弦值，sinh 返回 i 的双曲正弦值，tanh 返回 i 的双曲正切值。

C.8 绝对地址访问函数 absacc.h

函数原型：

```
#define   CBYTE((unsigned char *)0x50000L)
#define   DBYTE((unsigned char *)0x40000L)
#define   PBYTE((unsigned char *)0x30000L)
#define   XBYTE((unsigned char *)0x20000L)
#define   CWORD((unsigned int *)0x50000L)
#define   DWORD((unsigned int *)0x50000L)
#define   PWORD((unsigned int *)0x50000L)
#define   XWORD((unsigned int *)0x50000L)
```

再入属性：reentrant

功能：CBYTE 以字节形式对 CODE 区寻址，DBYTE 以字节形式对 DATA 区寻址，PBYTE 以字节形式对 PDATA 区寻址，XBYTE 以字节形式对 XDATA 区寻址，CWORD 以字形式对 CODE 区寻址，DWORD 以字形式对 DATA 区寻址，PWORD 以字形式对 PDATA 区寻址，XWORD 以字形式对 XDATA 区寻址。例如，XBYTE[0x0001]是以字节形式对片外 RAM 的 0001H 单元进行访问。

附录 D　单片机技术及嵌入式系统的网络资源

D.1　单片机技术及嵌入式系统的常见网站

STC 宏晶科技 http://www.stcmcu.com/index.htm
中国电子网（21IC 电子网） http://www.21ic.com/
周立功单片机 http://www.zlgmcu.com/
单片机教程网 http://www.51hei.com/
电路城 http://www.cndzz.com/
单片机之家 http://www.dpj100.com/
电子发烧友 http://www.elecfans.com/
电工学习网-嵌入式系统学习 https://www.diangon.com/zhishi/jrs/

D.2　单片机技术及嵌入式系统的官方网站

ARM 官方网站 http://www.arm.com/
Intel 开发中心 http://developer.intel.com/

参 考 文 献

[1] 张培仁. 基于C语言编程 MCS-51 单片机原理与应用[M]. 北京：清华大学出版社，2003.

[2] 张毅刚，等. 新编 MCS-51 单片机应用设计[M]. 哈尔滨：哈尔滨工业大学出版社，2003.

[3] 张齐，等. 单片机应用系统设计技术——基于C语言编程[M]. 北京：电子工业出版社，2004.

[4] 李建忠. 单片机原理及应用[M]. 西安：西安电子科技大学出版社，2002.

[5] 丁元杰. 单片微机原理及应用[M]. 北京：机械工业出版社，2000.

[6] 赵亮，侯国锐. 单片机C语言编程与实例[M]. 北京：人民邮电出版社，2003.

[7] 王建校，杨建国. 51 系列单片机及 C51 程序设计[M]. 北京：科学出版社，2002.

[8] 吴延海. 微型计算机接口技术[M]. 重庆：重庆大学出版社，1997.

[9] 严天峰. 单片机应用系统设计与仿真调试[M]. 北京：北京航空航天大学出版社，2005.

[10] 李光飞，等. 单片机课程设计实例指导[M]. 北京：北京航空航天大学出版社，2005.

[11] 谭浩强. C 程序设计[M]. 2 版. 北京：清华大学出版社，1999.

[12] 蔡菲娜. 单片微型计算机原理和应用[M]. 杭州：杭州大学出版社，1995.

[13] 蒋辉平，周国雄. 基于 Proteus 的单片机系统设计与仿真实例[M]. 北京：机械工业出版社，2009.

[14] 周润景，等. 基于 Proteus 的电路及单片机系统设计与仿真[M]. 北京：北京航空航天大学出版社，2006.

[15] 马淑华，等. 单片机原理与接口技术[M]. 2 版. 北京：北京邮电大学出版社，2005.

[16] 谢维成，杨加国. 单片机原理、接口及应用程序设计[M]. 北京：电子工业出版社，2011.

[17] 谢维成，牛勇. 微机原理与接口技术[M]. 武汉：华中科技大学出版社，2009.

[18] 张靖武，周灵彬，等. 单片机原理、应用与 Proteus 仿真[M]. 2 版. 北京：电子工业出版社，2011.

[19] 韩克，薛迎霄，等. 单片机应用技术——基于 Proteus 的项目设计与仿真[M]. 北京：电子工业出版社，2013.

[20] 华清远见嵌入式培训中心，袁东，等. 51 单片机应用开发实战手册[M]. 北京：电子工业出版社，2011.